大数据与人工智能技术丛书

U0094329

大数据可视化技术

微课视频+题库版

◎ 吕云翔 姚泽良 主编 谢吉力 朱英豪 仇善召 韩延刚 黄泽桓 副主编

清华大学出版社

北京

内 容 简 介

本书分为三个部分：基础理论、大数据可视化、大数据可视化工具及应用。

基础理论部分包括第1、2章。第1章回顾了可视化发展进程，介绍了可视化领域的一些基础概念及应用；第2章介绍了可视化的一般流程及设计组件。

大数据可视化部分包括第3～7章，主要介绍了不同类型数据的可视化方法，分别为：比例数据、关系数据、文本数据、复杂数据。

大数据可视化工具及应用部分包括第8～18章，选取了市场上主流的一些可视化工具，围绕它们的使用方法和应用案例展开。这些工具包括商业软件 Excel、Power BI、FineBI、D3. js、DataV、Tableau，开源包 ECharts，以及编程语言 Python、R。

本书既可以作为高等院校计算机与软件相关专业的教材，也可以作为软件从业人员、计算机爱好者的学习指导用书。

图书在版编目（CIP）数据

大数据可视化技术：微课视频＋题库版/吕云翔，姚泽良主编.—北京：清华大学出版社，2023.5
（大数据与人工智能技术丛书）
ISBN 978-7-302-60977-3

Ⅰ．①大…　Ⅱ．①吕…　②姚…　Ⅲ．①可视化软件－数据处理　Ⅳ．①TP31

中国版本图书馆 CIP 数据核字（2022）第 089517 号

策划编辑：魏江江
责任编辑：王冰飞　薛　阳
封面设计：刘　键
责任校对：徐俊伟
责任印制：丛怀宇

出版发行：清华大学出版社
　　　　　网　　　址：http://www.tup.com.cn，http://www.wqbook.com
　　　　　地　　　址：北京清华大学学研大厦 A 座　　　邮　　编：100084
　　　　　社 总 机：010-83470000　　　　　　　　　　邮　　购：010-62786544
　　　　　投稿与读者服务：010-62776969，c-service@tup.tsinghua.edu.cn
　　　　　质量反馈：010-62772015，zhiliang@tup.tsinghua.edu.cn
　　　　　课件下载：http://www.tup.com.cn，010-83470236
印 装 者：三河市铭诚印务有限公司
经　　销：全国新华书店
开　　本：185mm×260mm　　印　张：22　　　　　　字　　数：525 千字
版　　次：2023 年 5 月第 1 版　　　　　　　　　　　印　　次：2023 年 5 月第 1 次印刷
印　　数：1～1500
定　　价：69.90 元

产品编号：093217-01

前 言

当前，在教学、研究和开发领域，数据可视化是一个极为活跃而又关键的方向。特别是在大数据时代，面对规模、种类快速增长的数据，可视化已然成为各个领域传递信息不可缺少的手段，是快速理解数据的必然要求。通过合理的可视化设计，管理者可以将自己关心的所有数据都汇集到一张仪表盘中，把人从浩如烟海的表格中解放出来。大数据可视化还可辅以机器学习等技术，使管理者不仅可以了解过去数据的规律，还可以借助计算机强大的预测、拟合等能力，来窥探未来的趋势，借此在瞬息万变的网络时代占得先机。

可以说，现代社会几乎每个领域都在主动或者被动地应用大数据思维、大数据方法，并借此得以优化管理，促进生产力的提升。然而很多人对大数据可视化还存在一定误区。大数据是大容量、高速度并且数据之间存在很大差异的数据集，但大数据可视化并不意味着所有数据都必须可视化。虽然现在计算机硬件性能在飞速提升，但是这么做还是会带来算力的浪费、成本的提高以及可视化速度的下降。优秀的可视化展示出的都是最有价值、最能影响决策的信息，而某些数据并不需要可视化方法来表达。另外，并不是高质量的数据才值得做可视化，对于低质量数据，简单的可视化便于快速定位错误。可视化省去了很多麻烦，但是不一定总能依靠可视化做出正确的决定，它并不能替代批评思维，一些糟糕的可视化还可能因为过于注重视觉效果而给人传达出误导性信息。

本书的主要内容——大数据可视化技术，一直是应用和研究领域的热点，也是一门非常复杂的技术。本书着重于基础知识和常用软件的讲解，对前沿技术进行了简单介绍。此外，还涉及一些大数据可视化支持技术的介绍，如数据库等。希望本书能给想了解大数据可视化技术的读者带来帮助。

本书的主编为吕云翔、姚泽良，副主编为谢吉力、朱英豪、仇善召、韩延刚、黄泽桓，闫坤审核，曾洪立参与了部分内容的编写并进行了素材整理及配套资源制作等。

由于主编水平有限，书中难免会有内容的疏漏，恳请各位同仁和广大读者给予批评指正，也希望各位读者能将实践过程中的经验和心得与我们交流。

编者

2023 年 3 月

目 录

随书资源

第1部分　基础理论

第 1 章

数据可视化概述

本章将介绍一些与数据可视化有关的概念,然后回顾一下数据可视化的发展历史,说明数据可视化的作用。最后会简单介绍数据可视化的发展方向。

1.1 什么是数据可视化

数据是指对客观事件进行记录并可以鉴别的符号,主要记载客观事物的性质、状态以及相互关系。它是可识别的、抽象的符号。

数据不仅指狭义上的数字,还可以是具有一定意义的文字、字母、数字符号的组合及图形、图像、视频、音频等,也是客观事物的属性、数量、位置及其相互关系的抽象表示。例如,"0,1,2…""阴、雨、下降、气温""学生的档案记录、货物的运输情况"等都是数据。

在计算机科学中,数据是指所有能输入到计算机并被计算机程序处理的符号的介质的总称,是用于输入电子计算机进行处理,具有一定意义的数字、字母、符号和模拟量等的通称。计算机存储和处理的对象十分广泛,表示这些对象的数据也随之变得越来越复杂。

数据经过加工后就成为信息。两者既有联系,又有区别。数据是信息的表现形式和载体,可以是符号、文字、数字、语音、图像、视频等。而信息是数据的内涵,信息是加载于数据之上,对数据做具有含义的解释。数据和信息是不可分离的,信息依赖数据来表达,数据则生动具体地表达出信息。数据是符号,是物理性的,信息是对数据进行加工处理之后所得到的并对决策产生影响的数据,是逻辑性和观念性的;数据是信息的表现形式,信息是数据有意义的表示。数据是信息的表达、载体,信息是数据的内涵,是形与质的关系。数据本身没有意义,数据只有对实体行为产生影响时才成为信息。

数据可视化就是数据中信息的可视化。人类对图形、图像等可视化符号的处理效率要比对数字、文本的处理效率高很多。经过可视化的数据,可以让人更直观、清晰地了解到数据中蕴含的信息,从而最大化数据的价值。

数据可视化是一门科学。它主要借助图形化的手段,达到有效传达与沟通信息的目的。它与信息图形化、信息可视化、科学可视化和统计图形化等领域密切相关。近些年,数据可视化已经在商业中发挥了巨大的价值,是商务智能重要的一部分,其主要形式包括报表、图表,以及各种用于制作计分卡(scorecards)和仪表盘(dashboards)的可视化元素。

数据可视化又是一门艺术。它需要在功能与美学形式之间达到一种平衡。太注重实现复杂的功能会令可视化结果枯燥乏味,太注重美学形式会将信息埋没在绚丽多彩的图形中,让人难以捕捉。

当前,在研究、教学和开发领域,数据可视化乃是一个极为活跃而又关键的方面。特别是在大数据时代,面对规模、种类快速增长的数据,可视化已然成为各个领域传递信息不可缺少的手段,是快速理解数据的必然要求。

数据可视化主要从数据中寻找三个方面的信息:模式、关系和异常。

(1) 模式,指数据中的规律。例如,城市交通流量在不同时刻差异很大,而流量变化的规律就蕴含在海量传感器源源不断地传来的数据中。如果能及时从中发现交通运行模式,就可以为交通的管理和调控提供依据,进而减轻堵塞现象。

(2) 关系,指数据之间的相关性。统计学中,通常代表关联性和因果关系。无论数据的总量和复杂程度如何大,数据间的关系大多可分为三类:数据间的比较、数据的构成,以及数据的分布或联系。例如,收入水平与幸福感之间的关系是否成正比,经统计,对于月收入在1万元以下的人来说,一旦收入增加,幸福感会随之提升,但对于月收入水平在1万元以上的人来说,幸福感并不会随着收入水平的提高而提升,这种非线性关系也是一种关系。

(3) 异常,指有问题的数据。异常的数据不一定都是错误的数据,有些异常数据可能是设备出错或者人为错误输入,有些可能就是正确的数据。通过异常分析,用户可以及时发现各种异常情况。如图1-1所示,图中大部分点都集中在一个区域,极少数点分散在其他区域,这些点可能会影响对数据相关性的判断,通过可视化可以初步将其识别出来。

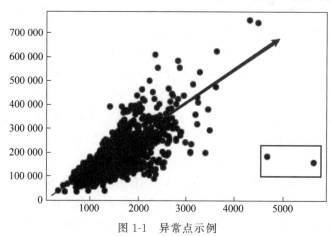

图 1-1 异常点示例

1.2 数据可视化的发展历史

数据可视化的起源可追溯到公元 2 世纪,但是在之后的很长一段时间并没有特别大的发展。数据可视化的主要进展都是在最近两个半世纪才出现,尤其是近四十年。

虽然可视化作为一门学科很晚才被广泛认可,但是目前最热门的可视化形式可以追溯到 17 世纪,那时的地质探索、数学和历史的普及促进了早期的地图、图表和时间线的出现。现代图表的发明者威廉·普莱费尔(William Playfair)在 1786 年出版了《商业和政治地图集》(*Commercial and Political Atlas*)中发明了广泛流传的折线图和柱状图,在 1801 年出版的《统计摘要》(*Statistical Breviary*)中发明了饼状图,如图 1-2 所示。

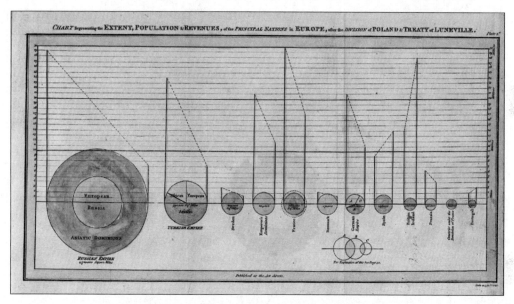

图 1-2 威廉·普莱费尔发明的饼状图

随着工艺技术的完善,到 19 世纪上半叶,人们已经掌握了整套统计数据可视化工具(包括柱状图、饼图、直方图、折线图、时间线、轮廓线等),关于社会、地理、医学和基金的统计数据越来越多。将国家的统计数据与其可视表达放在地图上,从而产生了概念制图的方式。这种方式开始体现在政府规划和运营中。人们在采用统计图表来辅助思考的同时衍生了可视化思考的新方式:图表用于表达数据证明和函数,列线图用于辅助计算,各类可视化显示用于表达数据的趋势和分布。这些方式便于人们进行交流、数据获取和可视化观察。

到 19 世纪下半叶,系统构建可视化方法的条件日渐成熟,人类社会进入了统计图形学的黄金时期。其中,法国人查尔斯·约瑟夫·密纳德(Charles Joseph Minard)是将可视化应用于工程和统计的先驱。他用图形描绘了 1812 年拿破仑的军队在俄国战役中遭受的损失,如图 1-3 所示。开始在波兰与俄国,粗带状图形代表了每个地点上军队的规模。拿破仑军队在严寒的冬季从莫斯科撤退的路径则用下方较暗的带状图形表示,图中标注了对应的温度和时间。著名的可视化专家、作家和评论家爱德华·塔夫特(Edward

Tufte)评论该图说："这是迄今为止最好的统计图。"在这张图中,密纳德用一种艺术的方式,详尽地表达了多个数据的维度(军队的规模、行军方向、军队汇聚、分散和重聚的时间与地点、军队减员过程、地理位置和温度等)。19世纪出现了许多伟大的可视化作品,其中许多都记载在塔夫特的网站和可视化书籍中。

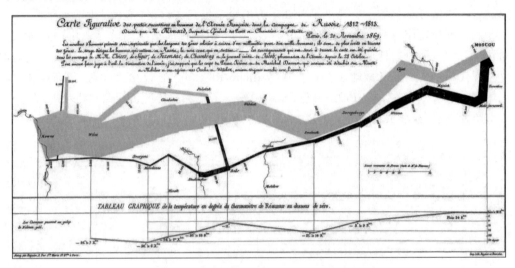

图1-3　拿破仑进军莫斯科大败而归流图

到了20世纪上半叶,政府、商业机构和科研部门开始大量使用可视化统计图形。同时,可视化在航空、物理、天文和生物等科学与工程领域的应用也取得突破性进展。可视化的广泛应用让人们意识到图形可视化的巨大潜力。这个时期的一个重要特点是多维数据可视化和心理学的引入,人们要求可视化更加严谨和实用,更倾向于关注图表的颜色、数值比例和标签。20世纪中期,制图师和理论家贾可·伯金(Jacques Bergin)出版了《图形符号学》(Semiology Graphique),在某种程度上可以认为该书是现代信息可视化的理论基础。由于信息技术的快速发展,贾可·伯金提出的大部分模式已经过时,甚至完全不适用于数字媒体,但是他的很多方法为信息时代的数据可视化提供了借鉴和参考。

进入21世纪,新的可视化媒介互联网出现,这催生了许多新的可视化技术和功能。随着互联网的普及,数据和可视化传播的受众越来越大,许多数据有着全球范围的可视化传播需求,进一步促进了各种新形式的可视化快速发展。现在的屏幕媒体中大多融入了各种交互、动画和图像渲染技术,并加入了实时的数据反馈,可以创建出沉浸式(immersive)的数据交流和实用环境。除了商业机构、科研部门和政府外,普罗大众每天也要在自己的屏幕上接触大量的经过可视化的数据,可以说可视化已经渗透到了互联网上每个人的生活。如图1-4所示,这是一项令人印象深刻的工作,它收集了2001—2009年全美在不同道路上的交通事故,将事故按类型分类(行人事故、司机和年份等),并将所有信息都汇集到一张地图上。这个研究团队还制作了一个类似的关于英国大规模枪击事件的地图,其中无言的悲剧令人震惊。

在媒体的推波助澜的宣传下,现在似乎所有企业和个人都对数据非常感兴趣,这激发了使用可视化工具更好地理解数据的需求。廉价的硬件传感器和自己动手创建系统的框

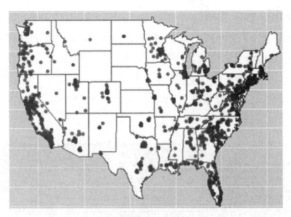

图 1-4　全美交通事故可视化分析

架降低了收集与处理数据的成本。出现了数不胜数的应用、软件工具和底层代码库,帮助人们收集、组织、操作、可视化和理解各种来源的数据。互联网还扮演了可视化的传播通道,来自不同社区的设计师、程序员、制图师、游戏设计者和数据分析师聚在一起,分享各种处理数据的新思路和新工具,包含可视化与非可视化方法。如图 1-5 所示,这是在某视频网站上搜索数据可视化出现的结果。可以看出,可视化在各个领域都有应用,而且展示出的结果非常受用户们欢迎。可视化帮助人们直观地了解自己感兴趣领域的数据,各种自媒体都倾向于使用可视化来增加关注度,吸引流量。

图 1-5　关于数据可视化的各种视频

直到现在,可视化技术的发展也不曾停下。谷歌地图使界面操作的习惯(单击平移、双击缩放)和交互式地图的显示技术变得大众化,这使得大部分人在面对在线地图时都知道如何使用,使用截图如图1-6所示。Flash已作为一种跨浏览器的平台,在上面可以开发丰富、漂亮的应用,融入可交互的数据可视化和地图。现在,出现了新型的浏览器显示技术,例如canvas和SVG(有时统称HTML 5技术),正在挑战Flash的主导地位,同时也将动态的可视化界面扩展到移动设备上。

图1-6　谷歌地图截图示例

1.3　大数据可视化的分类

数据可视化的处理对象是数据。根据所处理的数据对象的不同,数据可视化可分为科学可视化与信息可视化。科学可视化面向科学和工程领域数据,如三维空间测量数据、计算模拟数据和医学影像数据等,重点探索如何以几何、拓扑和形状特征来呈现数据中蕴含的规律;信息可视化的处理对象则是非结构化的数据,如金融交易、社交网络和文本数据,其核心挑战是如何从大规模高维复杂数据中提取出有用信息。

由于数据分析的重要性,将可视化与数据分析结合,可形成一个新的学科:可视分析学。

1.3.1　科学可视化

科学可视化是可视化领域发展最早、最成熟的一个学科,其应用领域包括物理、化学、气象气候、航空航天、医学、生物学等各个学科,涉及对这些学科中数据和模型的解释、操作与处理,旨在寻找其中的模式、特点、关系以及异常情况,如图1-7所示就是一个化学实验结果可视化的例子,我们可以很直观地看出其中峰值数据的数量,以及它们横纵坐标的大小。

科学可视化的基础理论与方法已经相对成熟,其中有一些方法已广泛应用于各个领域。最简单的科学可视化方法是颜色映射法,它将不同的值映射成不同的颜色,热力图就是其中一种,如图 1-8 所示。科学可视化方法还包括轮廓法(Contouring),轮廓法是将数值等于某一指定阈值的点连接起来的可视化方法,地图上的等高线、天气预报中的等温线都是典型的轮廓可视化的例子,如图 1-9 所示。

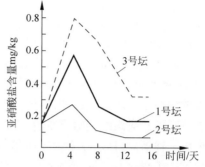

图 1-7　科学可视化:某一化学实验结果可视化

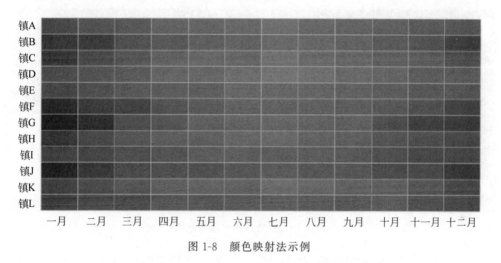

图 1-8　颜色映射法示例

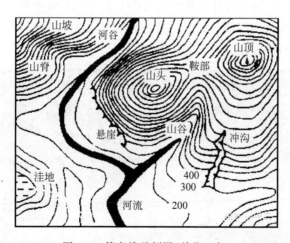

图 1-9　等高线示例图(单位:米)

1.3.2　信息可视化

与科学可视化相比,信息可视化的数据更贴近人们的生活与工作,包括地理信息可视化、时变数据可视化、层次数据可视化、网络数据可视化、非结构化数据可视化等。

我们常见的地图是地理信息数据,属于信息可视化的范畴。现在很多地图不仅有地理信息,还有很多其他信息,如交通流量数据等。如图 1-10 所示,这是谷歌感恩节航班动态地图的一张截图,在给定时间内,将太空中移动的物体进行了可视化,由 Google 趋势提供支持。该趋势跟踪了感恩节前一天飞往美国的航班。从第一天开始,随着时间的推移像电影一样播放,显示在全国各地移动的航班。在没有显示任何数字的情况下,观众可以看到一天中哪些时段更适合国际航班,国内航班以及往返全国不同枢纽的航班。

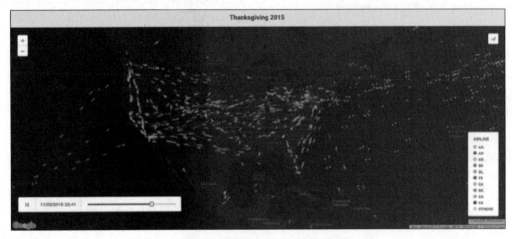

图 1-10　谷歌感恩节航班地图

时变数据可视化采用多视角、数据比较等方法体现数据随时间变化的趋势和规律。如图 1-11 所示,在这个案例中,每一条线的灰色代表一个人原来可以活到多少岁,但因为枪支却提前死亡了,死之前用橘色表现。每条线条的颜色汇集在一起,从而直观地表现出因为枪支死亡的是中青年。

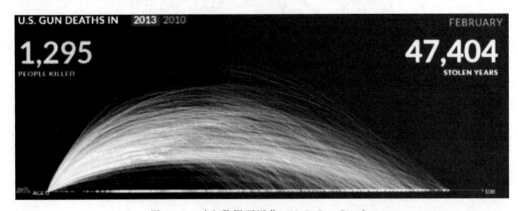

图 1-11　时空数据可视化:U. S. Gun Deaths

在层次数据可视化中,层次数据表达各个个体之间的层次关系。树图是层次数据可视化的典型案例,树图是对现实世界事物关系的抽象,其数据本身具有层次结构的信息。

在网络结构数据可视化中,网络数据不具备层次结构,关系更加复杂和自由,如人与人之间的关系、城市道路连接、科研论文的引用等。

非结构化数据可视化通常是将非结构化数据转换为结构化数据再进行可视化显示。

1.3.3　可视分析学

可视分析学被定义为一门以可视交互界面为基础的分析推理科学,综合了图形学、数据挖掘和人机交互等技术。可视分析学是一门综合性学科,与多个领域相关:在可视化领域,与信息可视化、科学可视化、计算机图形学相关;在数据分析相关的领域,与信息获取、数据处理、数据挖掘相关;在交互领域,则与人机交互、认知科学和感知等学科融合。

可视分析学所包含的研究内容非常广泛,如图 1-12 所示。其中,感知与认知科学研究在可视化分析学中起到重要作用;数据管理和知识表达是可视分析构建数据到知识转换的基础理论;地理分析、信息技术、自然科学、统计分析、知识管理和知识表达等是可视分析学的核心分析方法;在整个可视分析过程中,人机交互必不可少,用于控制模型构建、分析推理和信息呈现等整个过程;可视分析流程中推导出的结论与知识最终需要由用户传播和应用。

图 1-12　可视分析学

可视化分析的含义包括可视化和预测性分析两部分。信息可视化的目的是回答"发生了什么"和"正在发生什么",这与商务智能(日常报表、计分卡、仪表盘)有密切联系。而可视化分析主要回答"为什么会发生"和"将来可能发生什么",与业务分析(预测、分割、关联分析)有关。许多数据可视化供应商都在产品中加入了相关功能,使它们可以被称为可视化分析供应商。例如,最著名的、创立最久的数据分析提供商 SAS,将分析技术嵌入一个高性能数据可视化环境中,称之为可视化分析。

1.4　大数据可视化作用

数据可视化的作用包括记录信息、分析推理、信息传播与协同等。

1.4.1　记录信息

用图形的方式描述各种具体或抽象的事物是最早的可视化,这种可视化的目的就是将抽象的事物和信息记录下来。例如,古代将观察到的星象信息记录下来,用以推算历法,如图 1-13 所示。

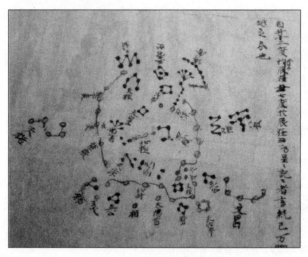

图 1-13　中国古代的星图

1.4.2　分析推理

　　数据可视化极大地降低了数据理解的复杂度,有效地提升了信息认知的效率,从而有助于人们更快地分析和推理出有效信息。例如,在篮球等职业比赛中,会有专业的数据分析师,他们通常会借助数据可视化等手段,分析选手的特点,进而对选手进行指导,对队伍战术进行调整。如图 1-14 所示,这是某一篮球职业选手的投篮点可视化结果。

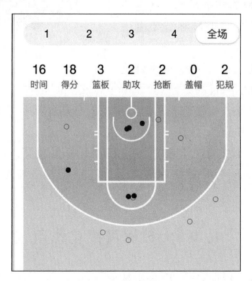

图 1-14　职业选手投篮点可视化结果

1.4.3　信息传播与协同

　　一张好的可视化图可以让人留下深刻印象,更好地理解数据中的信息,进而带来更多传播流量,这对互联网时代的媒体尤为重要。如图 1-15 所示,这是某一售卖热干面店铺评论的可视化。对于消费者来说,这样一张图能够更好地帮助其了解店铺的情况。即使是时间紧张的人也可以一眼从这张图中大致了解到这家店铺的特色,不需要逐条地阅读大量评论。在信息碎片化的时代,这就能带来更快的传播与关注。这样一张图也有助于老板快速发现自己店铺的优势和劣势,对自己的营销策略做出调整,在市场竞争中抢占先机。

图 1-15　店铺评论可视化

随着计算机技术的普及,数据无论从数量上还是从维度层次上都变得日益繁杂,如图 1-16 所示。

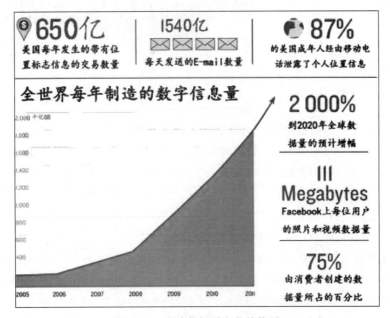

图 1-16　全球数据量变化趋势图

面对海量而又复杂的数据,各个科研机构和商业组织普遍遇到以下问题。

(1) 大量数据不能有效利用,弃之可惜,想用却不知如何下手。

(2) 数据展示模式繁杂晦涩,无法快速甄别有效信息。

数据可视化就是将海量数据经过抽取、加工、提炼,通过可视化方式展示出来,改变传统的文字描述识别模式,达到更高效地掌握重要信息和了解重要细节的目的。

数据可视化在大数据分析中的作用主要体现在以下几个方面。

(1) 动作更快。使用图表来总结复杂的数据,可以确保对关系的理解要比那些混乱的报告或电子表格更快。可视化提供了一种非常清晰的交互方式,从而能够使用户更快地理解和处理这些信息。如图 1-17 所示,这是一张美国风图,它实时显示了美国所有当前的风速和方向,用户可以快速处理这些信息:速度由缓慢或快速移动的线条表示,方向由线条移动的方向表示。

图 1-17　美国某一时刻风图

(2) 以建设性方式提供结果。大数据可视化工具能够用一些简短的图形描述复杂的信息。通过可交互的图表界面,轻松地理解各种不同类型的数据。例如,许多企业通过收集消费者行为数据,再使用大数据可视化来监控关键指标,从而更容易发现各种市场变化和趋势。例如,一家服装企业发现,在西南地区,深色西装和领带的销量正在上升,这促使该企业在全国范围内推销这两类产品。通过这种策略,这家企业的产品销量远远领先于那些尚未注意到这一潮流的竞争对手。

(3) 理解数据之间的联系。在市场竞争环境中,找到业务和市场之间的相关性是至关重要的。例如,一家软件公司的销售总监在条形图中看到,他们的旗舰产品在西南地区的销售额下降了 8%,销售总监可以深入了解问题出现在哪里,并着手制定改进计划。通过这种方式,数据可视化可以让管理人员立即发现问题并采取行动。

1.5　大数据可视化发展方向

伴随大数据时代的来临,数据可视化日益受到关注,可视化技术也日益成熟。然而,数据可视化依然存在许多问题,且面临着巨大的挑战。具体包括以下几个方面。

(1) 数据规模大,已超越单机、外存模型甚至小型计算集群处理能力的极限,而当前软件和工具运行效率不高,需探索全新思路解决该问题。

(2) 在数据获取与分析处理过程中,易产生数据质量问题,需特别关注数据的不确定性。

(3) 数据快速动态变化,常以流式数据形式存在,需要寻找流数据的实时分析与可视化方法。

(4) 面临复杂高维数据,当前的软件系统以统计和基本分析为主,分析能力不足。

(5) 多来源数据的类型和结构各异,已有方法难以满足非结构化、异构数据方面的处理需求。

数据可视化技术的发展主要集中在以下 4 个方向。

(1) 可视化技术与数据挖掘技术的紧密结合。数据可视化可以帮助人类洞察出数据背后隐藏的潜在规律,进而提高数据挖掘的效率,因此,可视化与数据挖掘紧密结合是可视化研究的一个重要方向。

(2) 可视化技术与人机交互技术的紧密结合。可视化的目的,是为了反映数据的数值、特征和模式,以更加直观、易于理解的方式,将数据背后的信息呈现给目标用户,辅助其做出正确的决策。但是通常,我们面对的数据是复杂的,数据所蕴含的信息是丰富的。如果在可视化图形中,将所有的信息不经过组织和筛选,全部机械地摆放出来,不仅会让整个页面显得特别臃肿和混乱,缺乏美感;而且模糊了重点,分散用户的注意力,降低用户单位时间获取信息的能力。良好的人机交互可以有效地解决这个问题,让用户在庞大而复杂的可视化结果中抽丝剥茧,根据自己的信息需求有选择地呈现可视化结果。如图 1-18 所示是人机交互可视化的示例。

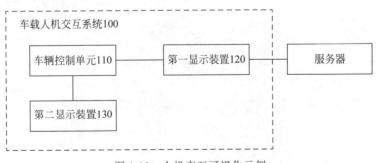

图 1-18　人机交互可视化示例

(3) 可视化技术广泛应用于大规模、高维度、非结构化数据的处理与分析。目前,我们处在大数据时代,大规模、高维度、非结构化数据层出不穷,若将这些数据以可视化形式完美地展示出来,将提高可视化技术展示抽象信息、解决复杂决策问题的能力。因此,可视化与大规模、高维度、非结构化数据结合是可视化研究的一个重要发展方向。如图 1-19 所

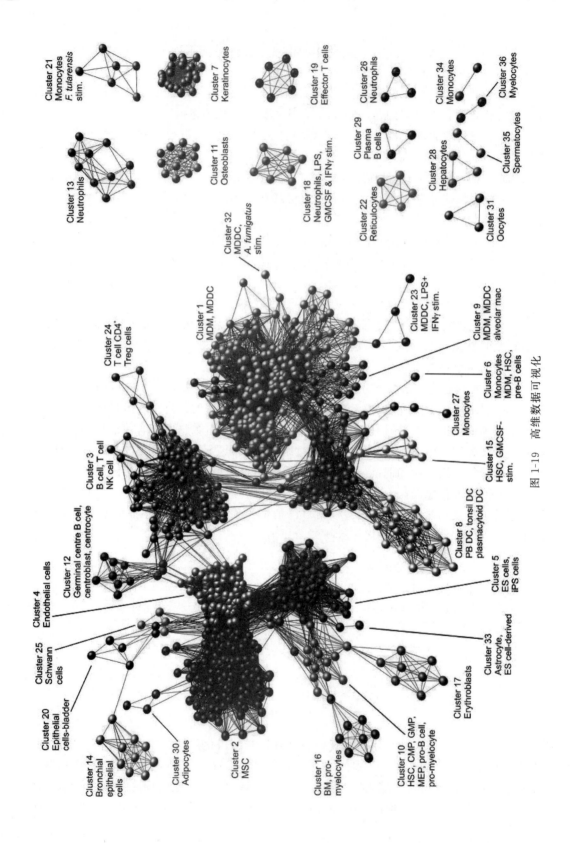

图 1-19　高维数据可视化

示是高维数据可视化的一个示例。

（4）处理数据能力的弹性变化。可视化技术应该针对不同规模的数据进行优化设计，并且具有可扩展性，以满足不同组织不同时期的需要。

习 题

1. 什么是数据？什么是数据可视化？
2. 请举出历史上著名的数据可视化例子。
3. 现在的数据可视化和一百年前相比有哪些新变化？
4. 数据可视化有哪些难点？

第 **2** 章

数据可视化基础

本章将从数据可视化的一般流程和数据可视化的设计组件两方面阐述数据可视化的基本知识。

2.1 可视化流程

大多数人对数据可视化的第一印象,可能就是各种图形,如 Excel 图表模块中的柱状图、条形图、折线图、饼图、散点图等,就不一一列举了。以上所述,只是数据可视化的具体体现。

数据可视化不是简单的视觉映射,而是一个以数据流向为主线的完整流程,主要包括数据采集、数据处理和变换、可视化映射、用户交互和用户感知。一个完整的可视化过程,可以看成数据流经过一系列处理模块并得到转换的过程,用户通过可视化交互从可视化映射后的结果中获取知识和灵感。

1. 数据采集

数据采集是数据分析和可视化的第一步,俗话说"巧妇难为无米之炊",数据采集的方法和质量,很大程度上就决定了数据可视化的最终效果。数据采集的分类方法有很多,从数据的来源来看,可以分为内部数据采集和外部数据采集。

(1)内部数据采集:指的是采集企业内部经营活动的数据,通常数据来源于业务数据库,如订单的交易情况。如果要分析用户的行为数据、APP 的使用情况,还需要一部分行为日志数据,这个时候就需要用"埋点"这种方法来进行 APP 或 Web 的数据采集。

(2)外部数据采集:指的是通过一些方法获取企业外部的一些数据。具体目的包括:获取竞品的数据、获取官方机构官网公布的一些行业数据等。获取外部数据,通常采用的数据采集方法为"网络爬虫"。

以上两类数据采集方法得来的数据都是二手数据。通过调查和实验采集数据,属于一手数据,在市场调研和科学研究实验中比较常用,不在本书的探讨范围之内。

2. 数据处理和变换

数据处理和数据变换,是进行数据可视化的前提条件,包括数据预处理和数据挖掘两个过程。

一方面,通过前期数据采集得到的数据,不可避免地含有噪声和误差,数据质量较低,所以需要数据预处理;另一方面,数据的特征、模式往往隐藏在海量的数据中,需要进一步的数据挖掘才能提取出来。

以下列出了常见的数据质量问题。

(1) 数据收集错误,遗漏了数据对象,或者包含本不应包含的其他数据对象。

(2) 数据中的离群点,即不同于数据集中其他大部分数据对象特征的数据对象。

(3) 存在遗漏值,数据对象的一个或多个属性值缺失,导致数据收集不全。

(4) 数据不一致,收集到的数据明显不合常理,或者多个属性值之间互相矛盾。例如,体重是负数,或者所填的邮政编码和城市之间并没有对应关系。

(5) 重复值的存在,数据集中包含完全重复或几乎重复的数据。

正是因为有以上问题的存在,直接拿采集的数据进行分析或者可视化,得出的结论往往会误导用户做出错误的决策。因此,对采集到的原始数据进行数据清洗和规范化,是数据可视化流程中不可缺少的一环。

数据可视化的显示空间通常是二维的,如计算机屏幕、大屏显示器等,3D图形绘制技术解决了在二维平面显示三维物体的问题。

但是在大数据时代,我们所采集到的数据通常具有 4V 特性:Volume(大量)、Variety(多样)、Velocity(高速)、Value(价值)。如何从高维、海量、多样化的数据中,挖掘有价值的信息来支持决策,除了需要对数据进行清洗、去除噪声之外,还需要依据业务目的对数据进行二次处理。

常用的数据处理方法包括:降维、数据聚类和切分、抽样等统计学和机器学习中的方法。

3. 可视化映射与人机交互

对数据进行清洗、去噪,并按照业务目的进行数据处理之后,接下来就到了可视化映射环节。可视化映射是整个数据可视化流程的核心,是指将处理后的数据信息映射成可视化元素的过程,是与数据、感知、人机交互等方面相互依托,共同实现的。

可视化元素由 3 部分组成:可视化空间、标记和视觉通道。

(1) 数据可视化的显示空间,通常是二维的。三维物体的可视化,通过图形绘制技术,解决了在二维平面显示的问题,如 3D 环形图,3D 地图等。

(2) 标记,是数据属性到可视化几何图形元素的映射,用来代表数据属性的归类。根据空间自由度的差别,标记可以分为点、线、面、体,分别具有零自由度、一维、二维、三维自由度。如常见的散点图、折线图、矩形树图、三维柱状图,分别采用了点、线、面、体这四种不同类型的标记。

(3) 数据属性的值到标记的视觉呈现参数的映射,叫作视觉通道,通常用于展示数据属性的定量信息。常用的视觉通道包括:标记的位置、大小(长度、面积、体积、……)、形状(三角形、圆、立方体、……)、方向、颜色(色调、饱和度、亮度、透明度、……)等。如图 2-1 所示,这个词语图就很好地利用了位置、大小、颜色等视觉通道来进行数据信息的可视化呈现。"标记""视觉通道"是可视化编码元素的两个方面,两者的结合,可以完整地将数据信息进行可视化表达,从而完成可视化映射这一过程。

图 2-1　视觉通道运用示例

如果在可视化图形中,将所有的信息不经过组织和筛选,全部机械地摆放出来,不仅会让整个页面显得特别臃肿和混乱,缺乏美感;而且模糊了重点,分散用户的注意力,降低用户单位时间获取信息的能力。这时人机交互的重要性就体现出来了。

常见的交互方式如下。

(1) 滚动和缩放:当数据在当前分辨率的设备上无法完整展示时,滚动和缩放是一种非常有效的交互方式,如地图、折线图的信息细节等。但是,滚动与缩放的具体效果,除了与页面布局有关系外,还与具体的显示设备有关。

（2）颜色映射的控制：一些可视化的开源工具，会提供调色板，如 D3。用户可以根据自己的喜好，去进行可视化图形颜色的配置。这个在自助分析等平台型工具中，会相对多一点，但是在一些自研的可视化产品中，一般有专业的设计师来负责这项工作，从而使可视化的视觉传达具有美感。

（3）数据映射方式的控制：这个是指用户对数据可视化映射元素的选择，一般一个数据集是具有多组特征的，提供灵活的数据映射方式给用户，可以方便用户按照自己感兴趣的维度去探索数据背后的信息。这在常用的可视化分析工具中都有提供，如 tableau、PowerBI 等。

（4）数据细节层次控制：如隐藏数据细节，悬停或单击时才出现。

4. 用户感知

可视化映射后的结果只有通过用户感知才能转换成知识和灵感。用户从数据的可视化结果中进行信息融合、提炼、总结知识和获得灵感。数据可视化可让用户从数据中探索新的信息，也可证实自己的想法是否与数据所展示的信息相符合，用户还可以利用可视化结果向他人展示数据所包含的信息。用户可以与可视化模块进行交互。交互功能在可视化辅助分析决策方面发挥了重要作用。如何让用户更好地感知可视化的结果，将结果转换为有价值的信息用来指导决策，涉及的影响因素很多，如心理学、统计学、人机交互等多个学科的知识

直到今天，还有很多科学可视化和信息可视化工作者在不断地优化可视化工作流程。

图 2-2 是由 Haber 和 Mcnabb 提出的可视化流水线，描述了从数据空间到可视空间的映射，包含数据分析、数据过滤、数据可视映射和渲染绘制等各个阶段。这个流水线常用于科学计算可视化系统中。

图 2-2 Haber 和 Mcnabb 提出的可视化流水线

在具体的领域，可视化流水线可能各不相同，但是人始终是核心要素。机器高效率地完成了大部分的计算和分析工作，但人始终是最终决策者。

2.2 可视化设计工具和原则

2.2.1 可视化数据组织与管理工具

数据良好的组织与管理是优秀数据可视化方案的前提条件。在大数据时代，只有选择适合的数据组织与管理方式，才能得到最好的可视化性能，才有可能实现实时数据的可视化展示。

大数据存储利用的是分布式存储与访问技术，它具有高效、容错性强等特点。分布式

存储技术与数据存储介质的类型和数据的组织与管理形式有关。目前。主要的数据存储介质类型包括机械硬盘、固态硬盘、U盘、光盘、闪存卡等,主要的数据组织形式包括按行组织、按列组织、按键值组织和按关系组织,主要的数据组织管理层次包括按块级、文件级及数据库级组织管理等。不同的存储介质和组织管理形式对应于不同的大数据特征和应用场景。

1. 分布式文件系统

分布式文件系统是指文件在物理上可能被分散存储在不同地点的节点上,各节点通过计算机网络进行通信和数据传输,但在逻辑上仍然是一个完整的文件。用户在使用分布式文件系统时,无须知道数据存储在哪个具体的节点上,只需像操作本地文件系统一样进行管理和存储数据即可。

常用的分布式文件系统有 HDFS(Hadoop 分布式文件系统)、GFS(Google 分布式文件系统)、KFS(Kosmos 分布式文件系统)等,常用的分布式内存文件系统有 Tachyon 等。

2. 文档存储

文档存储支持对结构化数据的访问,一般以键值对的方式进行存储。

文档存储模型支持嵌套结构。例如,文档存储模型支持 XML 和 JSON 文档,字段的“值”又可以嵌套存储其他文档。MongoDB 数据库通过支持在查询中指定 JSON 字段路径实现类似的功能。

文档存储模型也支持数组和列值键。

主流的文档数据库有 MongoDB、CouchDB、Terrastore、RavenDB 等。

3. 列式存储

列式存储是指以流的方式在列中存储所有的数据。列式数据库把一列中的数据值串在一起存储,然后再存储下一列的数据,以此类推。列式数据库由于查询时需要读取的数据块少,所以查询速度快。因为同一类型的列存储在一起,所以数据压缩比高,简化了数据建模的复杂性。但它是按列存储的,插入更新的速度比较慢,不太适合用于数据频繁变化的数据库。它适合用于决策支持系统、数据集市、数据仓库,不适合用于联机事务处理(OLTP)。

使用列式存储的数据库产品,有传统的数据仓库产品,如 Sybase IQ、InfiniDB、Vertica 等,也有开源的数据库产品,如 Hadoop HBase、Infobright 等。

4. 键值存储

键值存储,即 Key-Value 存储,简称 KV 存储。它是 NOSQL 存储的一种方式。它的数据按照键值对的形式进行组织、索引和存储。键值存储能有效地减少读写磁盘的次数,比 SQL 数据库存储拥有更好的读写性能。

键值存储实际是分布式表格系统的一种。主流的键值数据库产品有 Redis、Apache、Cassandra、Google Bigtable 等。

5．图形数据库

当事物与事物之间呈现复杂的网络关系(这些关系可以简单地称为图形数据)时,最常见的例子就是社会网络中人与人之间的关系,用关系型数据库存储这种"关系型"数据的效果并不好,其查询复杂、缓慢,并超出预期,而图形数据库的出现则弥补了这个缺陷。

图形数据库是 NoSQL 数据库的一种类型,是一种非关系型数据库,它应用图形理论存储实体之间的关系信息。图形数据库采用不同的技术很好地满足了图形数据的查询、遍历、求最短路径等需求。在图形数据库领域,有不同的图模型来映射这些网络关系,可用于对真实世界的各种对象进行建模,如社交图谱可用于反映事物之间的相互关系。主流的图形数据库有 Google Pregel、Neo4j、Infinite Graph、DEX、InfoGrid、HyperGraphDB 等。

6．关系数据库

关系模型是最传统的数据存储模型,数据按行存储在有架构界定的表中。表中的每个列都有名称和类型,表中的所有记录都要符合表的定义。用户可使用基于关系代数演算的结构化查询语言(Structured Query Language,SQL)提供相应的语法查找符合条件的记录,通过表连接在多表之间查询记录,表中的记录可以被创建和删除,记录中的字段也可以单独更新。

关系模型数据库通常提供事务处理机制,可以进行多条记录的自动化处理。在编程语言中,表可以被视为数组、记录列表或者结构。

目前,关系型数据库也进行了改进,支持如分布式集群、列式存储,支持 XML、JSON 等数据的存储。

7．内存数据库

内存数据库(Main Memory Database,MMDB)就是将数据放在内存中直接操作的数据库。

相对于磁盘数据,内存数据的读写速度要高出几个数量级。MMDB 的最大特点是其数据常驻内存,即活动事务只与实时内存数据库的内存数据"打交道",所处理的数据通常是"短暂"的,有一定的有效时间,过时则有新的数据产生。所以,实际应用中采用内存数据库来处理实时性强的业务逻辑。内存数据库产品有 Oracle TimesTen、eXtremeDB、Redis、Memcached 等。

2.2.2　可视化设计原则

数据可视化的主要目的是准确地为用户展示和传达出数据所包含(隐藏)的信息。简洁明了的可视化设计会让用户受益,而过于复杂的可视化原则会给用户带来理解上的偏差和对原始数据信息的误读;缺少交互的可视化会让用户难以多方面地获得所需的信息;没有美感的可视化设计则会影响用户的情绪,从而影响信息传播和表达的效果。因此,了解并掌握可视化的一些设计方法和原则,对设计有效的可视化十分重要。本节将介绍一些有效的可视化设计指导思路和原则,以帮助读者完成可视化设计。

1. 数据筛选原则

可视化展示的信息要适度,以保证用户获取数据信息的效率。若展示的信息过少则会使用户无法更好地理解信息;若包含过多的信息则可能造成用户的思维混乱。甚至可能会导致错失重要信息。最好的做法是向用户提供对数据进行筛选的操作,从而可以让用户选择数据的哪一部分被显示,而其他部分则在需要的时候才显示。另一种解决方案是通过使用多视图或多显示器,根据数据的相关性分别显示。

2. 数据到可视化的直观映射原则

在设计数据到可视化的映射时,设计者不仅要明确数据语义,还要了解用户的个性特征。如果设计者能够在可视化设计时预测用户在使用可视化结果时的行为和期望,就可以提高可视化设计的可用性和功能性,有助于帮助用户理解可视化结果。设计者利用已有的先验知识可以减少用户对信息的感知和认知所需的时间。

数据到可视化的映射还要求设计者使用正确的视觉通道去编码数据信息。例如,对于类别型数据,务必使用分类型视觉通道进行编码;而对于有序型数据,则需要使用定序的视觉通道进行编码。

3. 视图选择与交互设计原则

优秀的可视化展示,首先使用人们认可并熟悉的视图设计方式。简单的数据可以使用基本的可视化视图,复杂的数据则需要使用或开发新的较为复杂的可视化视图。此外,优秀的可视化系统还应该提供一系列的交互手段,使用户可以按照所需的展示方式修改视图展示结果。

视图的交互包括以下内容。

(1) 视图的滚动与缩放。

(2) 颜色映射的控制,如提供调色盘让用户控制。

(3) 数据映射方式的控制,让用户可以使用不同的数据映射方式来展示同一数据。

(4) 数据选择工具,用户可以选择最终可视化的数据内容。

(5) 细节控制,用户可以隐藏或突出数据的细节部分。

4. 美学原则

可视化设计者在完成可视化的基本功能后,需要对其形式表达(可视化的美学)方面进行设计。有美感的可视化设计会更加吸引用户的注意,促使其进行更深入的探索。因此,优秀的可视化设计必然是功能与形式的完美结合。在可视化设计中有很多方法可以提高美感,总结起来主要有如下三种原则。

(1) 简单原则:指设计者应尽量避免在可视化制作中使用过多的元素造成复杂的效果,找到可视化的美学效果与所表达的信息量之间的平衡。

(2) 平衡原则:为了有效地利用可视化显示空间,可视化的主要元素应尽量放在设计空间的中心位置或中心附近,并且元素在可视化空间中尽量平衡分布。

（3）聚焦原则：设计者应该通过适当手段将用户的注意力集中到可视化结果中的最重要区域。例如，设计者通常将可视化元素的重要性排序后，对重要元素通过突出的颜色进行编码展示，以提高用户对这些元素的关注度。

5. 适当运用隐喻原则

用一种事物去理解和表达另一种事物的方法称为隐喻（metaphor），隐喻作为一种认知方式，参与人对外界的认知过程。与普通认知不同，人们在进行隐喻认知时需要先根据现有信息与以往经验寻找相似记忆，并建立映射关系，再进行认知、推理等信息加工。解码隐喻内容，才能真正了解信息传递的内容。

可视化过程本身就是一个将信息进行隐喻化的过程。设计师将信息进行转换、抽象和整合，用图形、图像、动画等方式重新编码表示信息内容，然后展示给用户。用户在看到可视化结果后进行隐喻认知，并最终了解信息内涵。信息可视化的过程是隐喻编码的过程，而用户读懂信息的过程则是运用隐喻认知解码的过程。隐喻的设计包含隐喻本体、隐喻喻体和可视化变量三个层面。选取合适的源域和喻体，就能创造更佳的可视和交互效果。

6. 颜色与透明度选择原则

颜色在数据可视化领域通常被用于编码数据的分类或定序属性。有时，为了便于用户在观察和探索数据可视化时从整体进行把握，可以给颜色增加一个表示不透明度的分量通道，用于表示离观察者更近的颜色对背景颜色的透过程度。该通道可以有多种取值，当取值为1时，表示颜色是不透明的；当取值为0时，表示该颜色是完全透明的；当取值介于0和1之间时，表示该颜色可以透过一部分背景的颜色，从而实现当前颜色和背景颜色的混合，创造出可视化的上下文效果。

颜色混合效果可以为可视化视图提供上下文内容信息，方便观察者对数据全局进行把握。例如，在可视化交互中，当用户通过交互方式移动一个标记而未将其就位时，颜色混合所产生的半透明效果可以对用户造成非常直观的操作感知效果，从而提高用户的交互体验。但有时颜色的色调视觉通道在编码分类数据上会失效，所以在可视化中应当慎用颜色混合。

习　题

1. 简述可视化流程。
2. 关系型数据库有哪些特点？
3. 找到一个经典的可视化案例，说出它运用了哪些设计原则。

第2部分　大数据可视化

第 **3** 章

时间数据可视化

每一个数据都是带有时间的,只不过在特定的情况下会把时间忽略掉,只关注扁平的数据。在大数据时代,随着数据处理能力的增强和处理方法的增多,时序大数据越来越受到重视。本章主要介绍时间数据在大数据中的应用以及对应的图形表示方法。

本章主要分为两部分:连续型时间数据可视化,主要有阶梯图、折线图、拟合曲线;以及离散时间数据的处理,主要有散点图、柱形图、堆叠柱形图。

3.1 时间数据在大数据中的应用

对于数据来说,时间是一个非常重要的维度和属性。历史数据的积累是大数据"大"的一个重要原因。时间序列数据存在于各个领域,如金融和商业交易记录、社会经济指标记录、气象观测数据、动植物种群数据等。金融和商业记录包括股票交易价格以及交易量、各种商品的销售价格和销售量;社会经济指标包括 GDP(国内生产总值)、CPI(消费者物价指数)等指数。这些带时间维度的数据中蕴含着大量的信息,是指导国家制定政策、企业调整战略的重要依据。

时间数据有离散和连续两种,无论哪种数据的可视化,最重要的目的都是从中发现数据随时间变化的趋势。具体表现在:什么保持不变?什么发生改变?改变的数据是上升还是下降?改变的原因是什么?不同数据随时间变化的方向是否一致?它们变化的幅度是否有关联?是否存在周期性的循环?这些变化中存在的模式超脱于某个时刻,蕴含着丰富的信息,只有依靠在时间维度的观察分析才能被发现。

3.2 连续型时间数据可视化

连续型时间数据在任意两个时间点之间可以细分出无限多个数值,它是连续不断变化现象的记录。温度是人们最常接触的连续时间数据,一天内任意一个时刻的温度都可以被测量到。另外,股票的实时价格也可以近似看作连续型时间数据。下面给出几个连续型时间数据的可视化示例。

3.2.1 阶梯图

阶梯图是 X-Y 图的一种,通常用于 Y 值发生离散的改变,且在某个特定的 X 值位置发生了一个突然的变化。阶梯图可以用无规律、间歇阶跃的方式表达数值随时间的变化。如银行利率就可以用阶梯图表示:银行利率一般在较长时间内保持不变,由银行选择在特定时间节点进行调整。阶梯图的基本框架如图 3-1 所示。

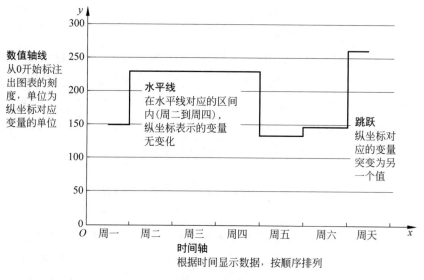

图 3-1　阶梯图的基本框架

3.2.2 折线图

折线图是用直线段将各数据点连接起来而组成的图形,以折线方式显示数据的变化趋势。在折线图中,沿水平轴均匀分布的是时间,沿垂直轴均匀分布的是数值。折线图比较适用于表现趋势,常用于展现如人口增长趋势、书籍销售量、粉丝增长进度等时间数据。这种图表类型的基本框架如图 3-2 所示。

从图 3-2 可以看出数据变化的整体趋势。注意,横轴长度会影响展现的曲线趋势,若图中的横轴过长,点与点之间分隔的间距比较大,则会使得整个曲线非常夸张;若横轴过短,则用户又有可能看不出数据的变化趋势。所以合理地设置横轴的长度十分重要。

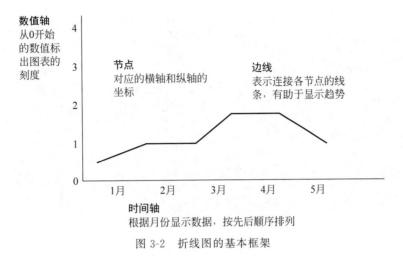

图 3-2　折线图的基本框架

3.2.3　螺旋图

也称为时间系列螺旋图。螺旋图沿阿基米德螺旋线画上基于时间的数据；图表从螺旋形的中心点开始往外发展；十分多变，可使用条形、线条或数据点；沿着螺旋路径显示。适合用来显示大型数据集，通常显示长时间段内的数据趋势，因此能有效显示周期性的模式。螺旋图的基本框架如图 3-3 所示。

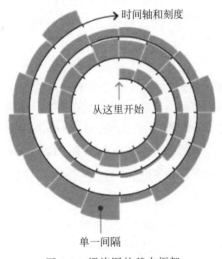

图 3-3　螺旋图的基本框架

3.2.4　热图

热图通过色彩变化来显示数据，当应用于表格时，热图适合用来交叉检查多变量的数据。热图不局限于时间数据的可视化，适用于显示多个变量之间的差异，显示是否有彼此相似的变量以及彼此之间是否有相关性。由于热图依赖颜色来表达数值，难以提取特定数据点或准确指出色块间的差异。如图 3-4 所示是热图的一个示例。

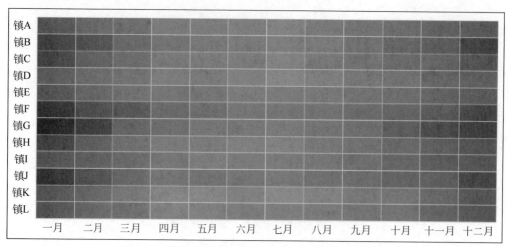

图 3-4　热图示例：镇 A～镇 L 十二个月的温度数据

3.3　离散型时间数据可视化

离散型时间数据又称为不连续性时间数据,这类数据在任何两个时间点之间的个数是有限的。在离散型时间数据中,数据来自某个具体的时间点或者时段,可能的数值也是有限的。例如,每届奥运会奖牌的总数或者是各个国家的金牌数就是离散数据,各资格考试每年的通过率也是离散型数据。类似的生活实例有很多,下面将介绍如何对这些离散型时间数据进行可视化处理。

3.3.1　散点图

散点图是指在数理统计回归分析中,数据点在直角坐标系平面上的分布图。散点图表示因变量随自变量而变化的趋势,由此趋势可以选择合适的函数进行经验分布的拟合,进而找到变量之间的函数关系。对于离散时间数据,水平轴表示时间,垂直轴表示对应的数值。散点图的基本框架如图 3-5 所示。

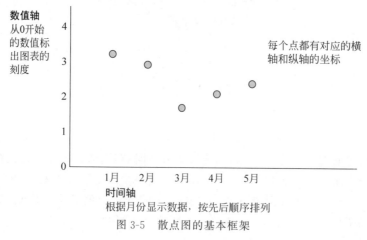

图 3-5　散点图的基本框架

3.3.2 柱形图

柱形图又称条形图、直方图,是以高度或长度的差异来显示统计指标数值的一种图形。柱形图简明、醒目,是一种常用的统计图形。如图 3-6 所示为其基本框架。

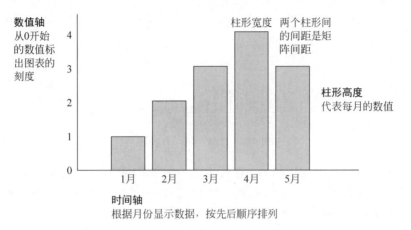

图 3-6 柱形图的基本框架

柱形图一般用于显示一段时间内的数据变化或显示各项之间的比较情况。另外,数值的体现就是柱形的高度。柱形越矮则数值越小,柱形越高则数值越大。另外需要注意的是,柱形的高度与相邻柱形间的间距决定了整个柱形图的视觉效果的美观程度。如果柱形的宽度小于间距,则会使读者的注意力集中在空白处而忽略了数据,所以合理地选择宽度很重要。

3.3.3 堆叠柱形图

堆叠柱形图是普通柱形图的变体,堆叠柱形图会在一个柱形上叠加一个或多个其他柱形,一般它们具有不同的颜色。若数据存在子分类,并且这些子分类相加有意义的话,则可以使用堆叠柱形图来表示。堆叠柱形图的基本框架如图 3-7 所示。

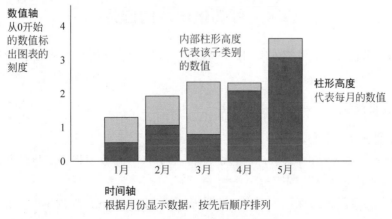

图 3-7 堆叠柱形图的基本框架

3.3.4　点线图

点线图是离散型数据可视化的一种形式。可以说点线图是柱形图的一种变形,但更令人聚焦到端点。如图 3-8 所示是点线图的一个一般示例。

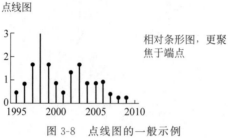

图 3-8　点线图的一般示例

股市中有一种特殊的点线图。一条线表示一个交易时段,一个点表示收市价,线高低点表示最高价及最低价,如图 3-9 所示。可以让投资者了解市价与当时交易时段高低价的关系,代表市场气氛倾向乐观或悲观。

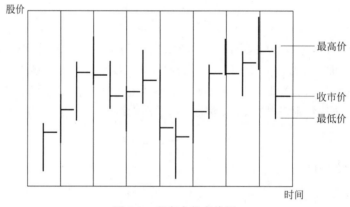

图 3-9　股市中的点线图

3.4　可视化图表的选择

经过前几节的学习,可以总结出时间数据的可视化涉及三个维度:表达、比例和布局。

1. 表达维度

表达维度有以下几种。

(1) 线性的、以典型的阅读方式呈现时间内容;将时间数据作为二维的线图显示;X轴表示时间、Y轴表示其他的变量。

(2) 径向将时间序列编码为弧形;沿圆周排列;适合呈现周期性的时变型数据,如螺旋图。

（3）网格和日历相对应；一般采用表格映射的方式。

（4）螺旋表达可用条形、线条或数据点，沿着螺旋路径显示。

（5）随机两类：一是基于排版形式的随机；二是时间曲线的随机，使相似的时间点彼此接近。

这些维度的直观表示如图 3-10 所示。

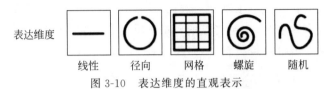

图 3-10　表达维度的直观表示

2．比例维度

（1）比例维度（按时间顺序）可以被用来表示事件的顺序，或者事件的持续时间。

（2）相对顺序是指存在一个基线事件在时间零点，可以被用在多时间线的对比。

（3）对数的比例从按时间的前后顺序排列的比例转换而来，强调了最早的或最近的事件，对数比例适用于长范围或不均匀的事件布局。

（4）次序比例中连续事件之间的距离是相等的，只表达事件的顺序。

（5）次序＋中间时长可以用来表示长时间和不均匀分布的事件。

比例维度的直观表示如图 3-11 所示。

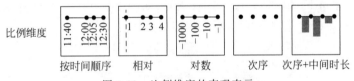

图 3-11　比例维度的直观表示

3．布局维度

（1）单一时间线。

（2）多个时间线。

（3）分段时间线，在这种形式中，一个时间线被有意义地进行划分，进行另一种形式的比较。

（4）多个时间线加上分段时间线，指不同属性时间线加上分割的时间段，可以进行多种形式的比较。

布局维度的直观表示如图 3-12 所示。

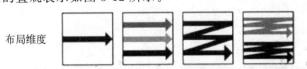

图 3-12　布局维度的直观表示

　　要根据数据的特点来确定合适的维度。例如,时间数据有周期性:一天中的时间,一周中的每一天以及一年中的每个月都在周而复始,对齐这些时间段通常是有好处的。有时需要看到坡度或者点之间的变化率,而用连续的线时,会更容易看到坡度;用散点图,数据和坐标轴一样,但视觉暗示与连续的线不同。散点图的重点在每个数值上,趋势不是那么明显。

　　时间数据还可能有循环性。很多事情都是在规律性地重复着。因为数据在重复,所以比较每周同一天的数据就有了意义。例如,比较每一个星期一的情况。把时间可视化成连续的线或循环有些困难,但是可以把日子按每周分成段,这样就能直接比较循环情况了。循环中的异常数据也可以被发现,如图 3-13 所示。

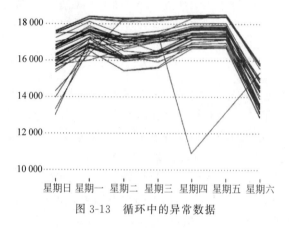

图 3-13　循环中的异常数据

　　有时也可以将不同的图结合起来进行创新,如图 3-14 所示,将热图和螺旋图结合起来显示一年的气象变化,直观、美观,而且体现出循环性。

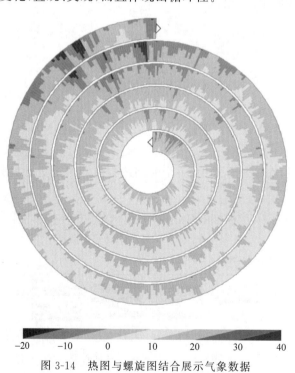

图 3-14　热图与螺旋图结合展示气象数据

习　题

1. 举例说明学习或生活中时间数据的应用。
2. 连续型时间数据和离散型时间数据有何区别？
3. 除了书中提到的,还有哪些时间数据可视化的例子？

第 **4** 章

比例数据可视化

比例数据是根据类别、子类别或群体来进行划分的数据,本章将讨论如何展现各个类别之间的占比情况和关联关系。

4.1　比例数据在大数据中的应用

对于比例数据,进行可视化的目的,是为了寻找整体中的最大值、最小值、整体的分布构成以及各部分之间的相对关系。前两者比较简单,将数据由小到大进行排列,位于两端的分别就是最小值和最大值。例如,市场份额占比的最小值和最大值,分别就代表了市场份额最少和市场份额最多的公司;如果画出一顿早餐中食物卡路里含量占比图,那么最小值、最大值就分别对应了卡路里含量最少和最多的食物。然而,研究者更关心整体的分布构成以及各部分之间的相对关系,并不是那么容易获取。早餐中鸡蛋、面包、牛奶中都含有同样多的卡路里吗?是不是存在某一种成分的卡路里含量占绝大多数?本章涉及的图表类型将会为读者解答类似的问题。

4.2　部分与整体

4.2.1　饼图

饼图是十分常见的统计学模型,用来表示比例关系十分直观形象。饼图在设计师手里能衍生出视觉效果各异的图形,但是它们都遵循饼图的基本框架,如图 4-1 所示。

虽然可以在对应的部分标上精确数据,但是有时楔形角度过小,数据标注会存在一定困难,无法兼顾美观。这使得饼图不太适合表示精确的数据,但是其可以直观呈现各部分占比差别,以及部分与整体之间的比例关系。

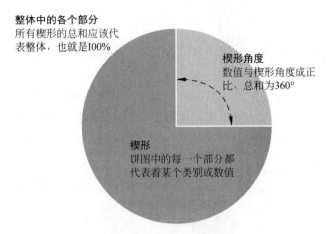

图 4-1 饼图基本框架

一个饼图示例如图 4-2 所示。从图中可以看出,根据入学时间将学生分为三类,七成的学生都是正常时间入学,不到一成学生错后入学,两成的学生提前入学。

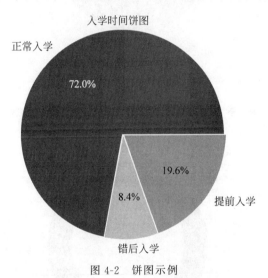

图 4-2 饼图示例

下面给出使用 Python 绘制饼图的一段代码,以供参考。

```
import matplotlib.pyplot as plt
plt.rcParams['font.sans - serif'] = 'SimHei'      # 设置中文显示
plt.figure(figsize = (6,6))                        # 将画布设定为正方形,则绘制的饼图是正圆
label = ['正常入学','错后入学','提前入学']          # 定义饼图的标签
explode = [0.01,0.01,0.01]                         # 设定各项距离圆心 n 个半径
values = [719,84,196]
plt.pie(values,explode = explode,labels = label,autopct = '%1.1f % %')   # 绘制饼图
plt.title('入学时间饼图')                           # 绘制标题
plt.savefig('./入学时间饼图')                        # 保存图片
plt.show()
```

4.2.2　环形图

环形图是由两个不同大小的饼图叠合在一起,去除中间重叠部分所构成的图形。环形图与饼图外观相似,在环形图中有一个"空洞",每个样本用一个环来表示,样本中的每一部分数据用环中的一段表示。环形图可显示多个样本各部分所占的相应比例,从而有利于构成的比较研究。不同于饼图采用的角度,环形图是通过各个弧形的长度衡量比例大小。环形图的基本框架如图 4-3 所示。环形图的示例如图 4-4 所示。

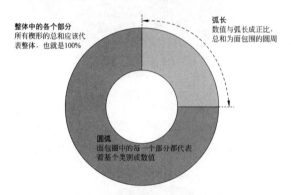

图 4-3　环形图的基本框架

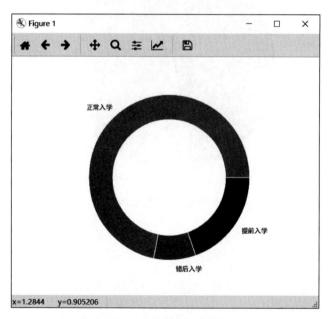

图 4-4　环形图的示例

同样地,给出 Python 相关代码。

```
import matplotlib.pyplot as plt
plt.rcParams['font.sans - serif'] = 'SimHei'    ♯设置中文显示
♯创建数据
```

```
names = '正常入学', '错后入学', '提前入学',
size = [719, 84, 196]
#画饼图,label 设置标签名,colors 代表颜色
plt.pie(size, labels = names, colors = ['red', 'green', 'blue', 'skyblue'], wedgeprops = dict
(width = 0.3, edgecolor = 'w'))
#设置等比例轴,x 和 y 轴等比例
plt.axis('equal')
plt.show();
```

4.2.3 比例中的堆叠

第 3 章提到的堆叠柱形图也可以用来呈现比例数据,其基本框架如图 4-5 所示。

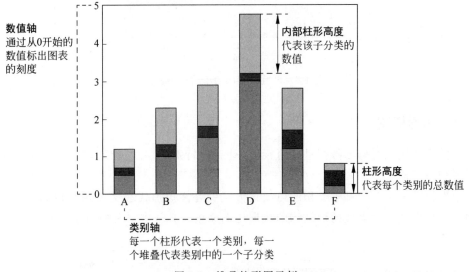

图 4-5 堆叠柱形图示例

实际应用中数值轴一般表示比例,堆叠柱形图在进行不同比例之间的变化的比较时以及时间序列比较时是具有优势的。这里就用一个例子来说明这样可视化的好处。

这里假如需要对五个公司三年的营业额来进行可视化。其中这五个公司的营业额大约都在 20%左右。饼图可视化结果如图 4-6 所示。这个时候,当使用饼图可视化此数据集时,很难确切看到发生了什么。

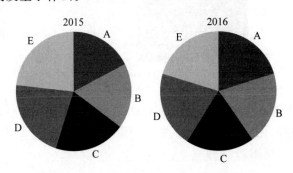

图 4-6 五个公司两年营业额占比

当切换到堆积条形图时,图片会变得清晰一些。现在,可以清楚地看到 A 公司的市场份额增长和 E 公司的市场份额萎缩的趋势,如图 4-7 所示。

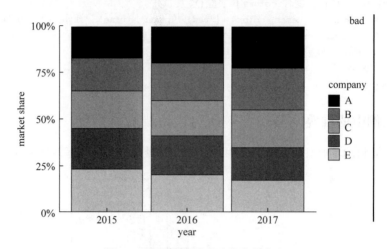

图 4-7　堆叠树状图表示营业额占比

4.2.4　矩形树图

树图主要用来对树形数据进行可视化,是一种特殊的层次类型,具有唯一的根节点、左子树和右子树。

矩形树图则是一种基于面积的可视化方式。外部矩形代表父类别,内部矩形代表子类别。矩形树图可以呈现树形结构的数据比例关系。其基本框架如图 4-8 所示。

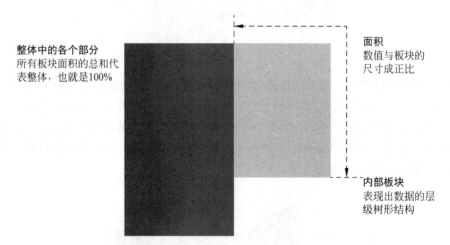

图 4-8　矩形树图基本框架

当类目数据较多且有多个层次的时候,饼图的展示效果往往会打折扣,不妨试一试矩形树图,能更清晰、层次化地展示数据的占比关系。电子商务、产品销售等涉及大量品类的分析,都可以用矩形树图。

4.3 时空比例数据

第 3 章中曾提到,现在的数据往往都带有时间维度的信息,时间属性的比例数据也是经常出现的。例如,每年都会对各项消费占居民总消费的比例进行统计,每一个调查结果都会积累下来。各种消费占比随着时间的变化情况是国家很关心的信息,这可以反映国民的生活是越来越好了还是越来越差了。

假设存在多个时间序列图表,现在将它们从下往上堆叠,填满空白的区域,最终得到一个堆叠面积图,水平轴代表时间,垂直轴的数值范围为 0%~100%。其基本框架如图 4-9 所示。

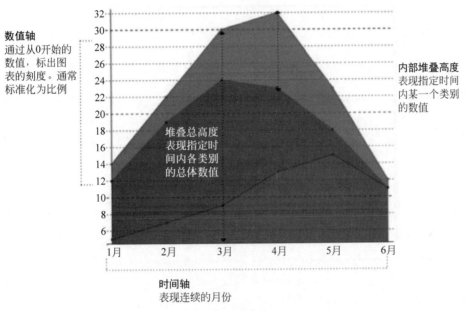

图 4-9 堆叠面积图示例

下面是它与其他图表的对比。

与面积图对比,堆叠面积图是一种特殊的面积图,都是表现数据在连续一段时间、一个数据区间内的趋势。堆叠面积图侧重于表现不同时间段(数据区间)的多个分类累加值之间的趋势。百分比堆叠面积图表现不同时间段(数据区间)的多个分类占比的变化趋势。

与堆叠柱状图的对比,堆叠柱状图和堆叠面积图都可以呈现不同分类的累加值。堆叠柱状图和堆叠面积图的差别在于堆叠面积图的轴上只能表示连续数据(时间或者数值),堆叠柱状图的 X 轴上只能表示分类数据。

分类数据的比较不要使用面积图,此时应该使用堆叠柱状图。

堆叠面积图也相当于将多个饼图集成在了一起,比例随时间的变化趋势可以更直观地表示出来。

习　题

1. 试着从互联网上找出更多饼图变体,并从可视化角度评价优劣。
2. 试着找到可以绘制矩形树图的工具软件。
3. 矩形树图的面积代表什么?

第 **5** 章

关系数据可视化

本章的内容是关系数据在大数据中的应用及图形表示方法,主要介绍数据关联性的处理与数据分布性的处理。

5.1 关系数据在大数据中的应用

大数据的一个重要价值是可以帮助人们找到变量之间的联系,发掘事物背后的因果关系。在进行大数据挖掘前的重要一步就是探索变量的相关关系,进而才能探索背后可能隐藏着的因果关系。

分析数据时,不仅可以从整体进行观察,还可以关注数据的分布,如数据间是否存在重叠或者是否毫不相干?还可以从更宽泛的角度观察各个分布数据的相关关系。其实最重要的一点,就是数据在进行可视化处理后,呈现在读者眼前的图表所表达的意义是什么。

关系数据具有关联性和分布性。下面通过实例具体讲解关系数据,以及如何观察数据间的相关关系。

5.2 数据的关联性

数据的关联性,即数据相关性,是指数据之间存在某种关系。数据相关分析具有可以快捷、高效地发现事物间内在关联的优势,有效地应用于推荐系统、商业分析、公共管理、医疗诊断等领域。

事物之间的关联性是比较容易被发现的,但是关联并不代表存在因果关系。例如,大豆价格上涨,猪肉的价格可能也会上涨,但是大豆的价格上涨可能不是猪肉上涨的原因。

尽管如此,关联性还是能带来巨大的价值的,如大豆的价格已经上涨了,那我们就可以抓紧时间囤一些猪肉,这样往往能省下一笔钱,至于背后是否存在因果关系,就没那么重要了。大数据可视化就是在告诉我们分析结果是"什么",而不是"为什么".

数据的关联性,其核心就是指量化的两个数据间的数理关系。关联性强,是指当一个数值变化时,另一个数值也会随之相应地发生变化。相反地,关联性弱,就是指当一个数值变化时另一个数值几乎没有发生变化。通过数据关联性,就可以根据一个已知的数值变化来预测另一个数值的变化。下面通过散点图、散点图矩阵、气泡图来研究这类关系。

5.2.1　散点图

第3章已经介绍了以时间为横轴的散点图,这类散点图可以理解为用于发现数据和时间之间的关联关系。将横轴替换为其他变量,就可以用来比较跨类别的聚合数据。一般有三种关系:正相关、负相关和不相关,如图 5-1 所示。正相关时,横轴数据和纵轴数据变化趋势相同;负相关时,横轴数据和纵轴数据变化趋势相反;不相关时,散点的排列则是杂乱无章的。在统计学中有更科学的方法(如相关系数)衡量两个变量的相关性,但是散点图往往是判断相关性最简单、直观的方法,在计算相关系数前通常依靠散点图做出初步判断。

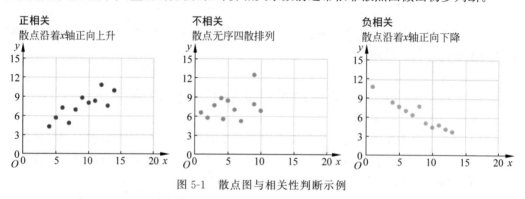

图 5-1　散点图与相关性判断示例

使用散点图时要注意以下几个问题。

当要在不考虑时间的情况下比较大量数据点时,常使用散点图。

(1)即便自变量为连续性变量,仍然可以使用散点图。

(2)如果在散点图中有多个序列,考虑将每个序列中点的标记形状更改为方形、三角形、菱形或其他形状,以示区别。

(3)散点图中包含的数据越多,比较的效果就越好。

5.2.2　散点图矩阵

散点图矩阵是借助两变量散点图的作图方法,它可以看作是一个大的图形方阵,其每个非主对角元素的位置上是对应行的变量与对应列的变量的散点图,而主对角元素位置上是各变量名。

借助散点图矩阵可以清晰地看到所研究多个变量两两之间的相关关系,其基本框架如图 5-2 所示。

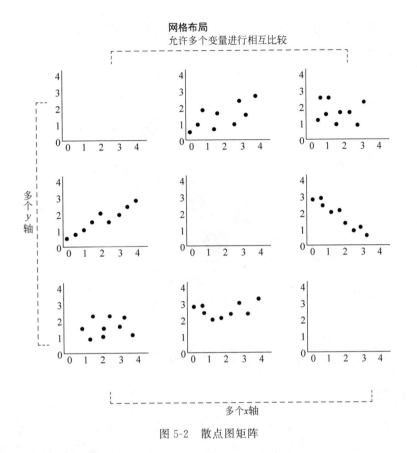

图 5-2　散点图矩阵

5.2.3　气泡图

气泡图和散点图相比,多了一个维度的数据。气泡图就是将散点图中没有大小的"点"变成有大小的"圆",圆的大小用来表示多出的那一维数据的大小。气泡图让我们可以同时比较三个变量,其基本框架如图 5-3 所示。

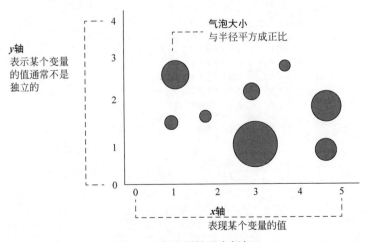

图 5-3　气泡图的基本框架

一个具体的例子如图 5-4 所示。二手车的价格由车龄和里程来决定，可以看出，两个指标越小，气泡越大，代表价格越高，反之则反。

二手车价格主要由两个因素决定
里程/千米
车龄/年
140
120
100
80
60
40
20
0
0
2
4
6
8
10
7995
8995
5995
6995
11995
14995
21995
31995
29995

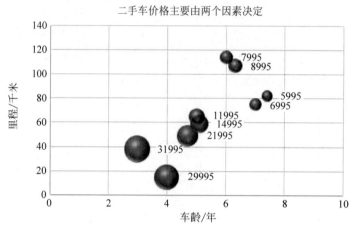

图 5-4　二手车车龄、里程与价格关系气泡图

5.3　数据的分布性

5.3.1　茎叶图

茎叶图又称“枝叶图”，是由 20 世纪早期的英国统计学家阿瑟·鲍利（Arthur Bowley）设计的。1997 年，统计学家约翰托奇（John Tukey）在其著作《探索性数据分析》（*Exploratory Data Analysis*）中将这种绘图方法介绍给大家，从此这种作图方法变得流行起来。茎叶图示例如图 5-5 所示。

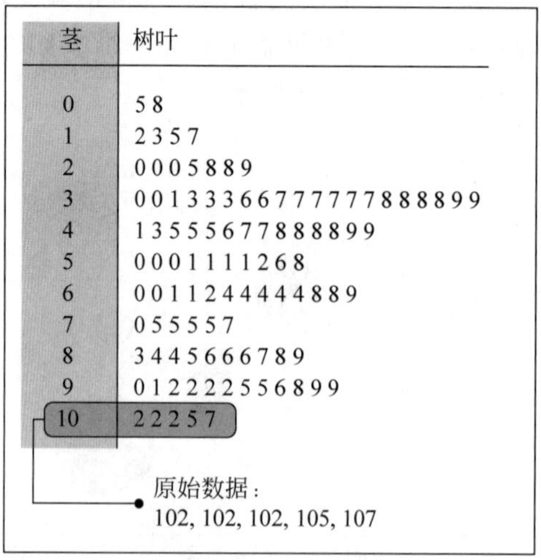

茎　树叶
0　5 8
1　2 3 5 7
2　0 0 0 5 8 8 9
3　0 0 1 3 3 3 6 6 7 7 7 7 7 7 8 8 8 8 9 9
4　1 3 5 5 5 6 7 7 8 8 8 8 9 9
5　0 0 0 1 1 1 1 2 6 8
6　0 0 1 1 2 4 4 4 4 4 8 8 9
7　0 5 5 5 5 7
8　3 4 4 5 6 6 6 7 8 9
9　0 1 2 2 2 2 5 5 6 8 9 9
10　2 2 2 5 7
原始数据：
102, 102, 102, 105, 107

图 5-5　茎叶图示例

茎叶图的思路是将数组中的数按位数进行比较,将数的大小基本不变或变化不大的位作为一主干(茎),将变化大的位的数作为分枝(叶),列在主干的后面,这样就可以清楚地看到每个主干后面有几个数,每个数具体是多少。

茎叶图是一个与直方图相类似的特殊工具,但又与直方图不同,茎叶图保留原始资料的信息,直方图则失去原始资料的信息。将茎叶图茎和叶逆时针方向旋转90°,实际上就是一个直方图,可以从中统计出次数,计算出各数据段的频率或百分比,从而看出分布是否与正态分布或单峰偏态分布逼近。

茎叶图的优点是统计图上没有原始数据信息的损失,所有数据信息都可以从茎叶图中得到。茎叶图中的数据还可以随时记录,随时添加,方便记录与表示。

茎叶图的缺点是只便于表示个位之前相差不大的数据,而且茎叶图只方便记录两组的数据。

5.3.2 直方图

直方图与茎叶图类似,若逆时针翻转茎叶图,则行就变成列;若是把每一列的数字改成柱形,则得到一个直方图。直方图又称质量分布图,是数值数据分布的精确图形表示。直方图中的柱形高度表示的是数值频率,柱形的宽度是取值区间。水平轴和垂直轴与一般的柱形图不同,它是连续的;一般的柱形图的水平轴是分离的,如图5-6所示。

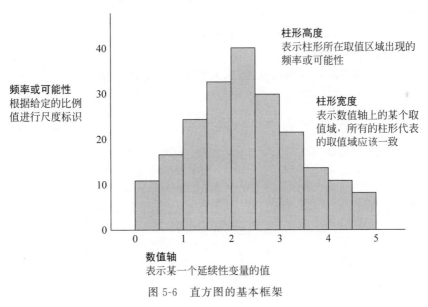

图 5-6 直方图的基本框架

5.3.3 密度图

直方图反映的是一组数据的分布情况,直方图的水平轴是连续性的,整个图表呈现的是柱形,用户无法获知每个柱形的内部变化。而在茎叶图中,用户可以看到具体数字,但是要求比较数值间的差距大小并不是很明确。为了呈现更多的细节,人们提出了密度图,可用它对分布的细节变化进行可视化处理。

当直方图分段放大时,分段之间的组距就会缩短,此时依照直方图画出的折线就会逐渐变成一条光滑的曲线,这条曲线就称为总体的密度分布曲线。这条曲线可以反映数据分布的密度情况,其基本框架如图 5-7 所示。

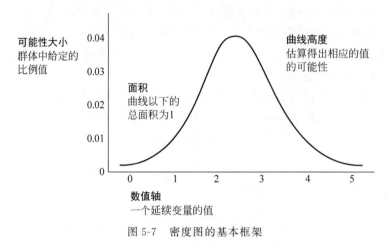

图 5-7　密度图的基本框架

习　　题

1. 对于原始数据,如何初步判断关联性?
2. 直方图中面积有何意义?
3. 查询资料,找到一些常见的密度图,并解释它们的含义。

第 **6** 章

文本数据可视化

文本数据信息密度较低,在可视化之前需要进行一定处理,提取出最能代表文本的信息。本章将先介绍文本数据的获取,然后介绍不同文本和需求对应的可视化方法。

6.1 文本数据与大数据

6.1.1 文本数据在大数据中的应用及提取

从文字出现以来,人类社会就在不断地积累文本信息,计算机时代到来之前,这些文字信息多以书籍、纸媒等形式记录在纸上。随着计算机的发明和普及,越来越多的文本数据也被数字化。以前能占满一整座图书馆的文本信息,现在可以轻松存储在一小块硬盘里。

除了这些历史积累下的文本外,互联网上还会每天生成海量文本数据。互联网的出现实际上为人类提供了一个新的活动维度,博客、微博、推特等社交媒体应运而生,每个用户都可以创作并发布文本信息,这些文本被称作"用户生成内容"(User Generated Content)。在互联网上,每天都有海量的数据被用户创作出来,文本数据占很大一部分。

从人文研究到政府决策,从精准医疗到量化金融,从客户管理到市场营销,这些海量的文本作为最重要的信息载体之一,处处发挥着举足轻重的作用。能够充分从文本中提取信息的当然是创造和使用文本的人类了,但是单凭人力又难以处理积累下来的庞杂的文本,因此使用大数据和深度学习技术来理解文本、提炼信息一直是研究的热点。鉴于对文本信息需求的多样性,可以从不同层级提取与呈现文本信息。一般把对文本的理解需求分为三级:词汇级(Lexical Level)、语法级(Syntactic Level)和语义级(Semantic Level)。有不同的信息挖掘方法来支持对应层级信息的挖掘。一般来说,词汇级使用各类分词算法,语法级使用一些句法分析算法,语义级则使用主题提取算法。

大数据中文本可视化基本流程如图 6-1 所示。

图 6-1　文本可视化基本流程

文本数据大致可分为三种:单文本、文档集合和时序文本数据。对应的文本可视化也可分为:文本内容的可视化、文本关系的可视化、文本多层面信息的可视化。文本内容可视化是对文本内的关键信息分析后的展示;文本关系的可视化既可以对单个文本进行内部的关系展示,也可以对多个文本进行文本之间的关系展示;文本多特征信息的可视化,是结合文本的多个特征进行全方位的可视化展示。

6.1.2　使用网络爬虫提取文本数据

6.1.1 节提到社交软件每天都有大量的用户生成内容,如用户自己发布的微博,在别人微博下面的评论等。这些文本数据中蕴藏的信息能够指导营销活动、政府政策等。对于这些社交软件的提供商来说,可以直接从数据库中得到这些数据,但是他们并不一定会对公众开放这些数据库,于是网络爬虫技术就显得格外重要了。

网络爬虫(Web Crawler)是指一类能够自动化访问网络并抓取某些信息的程序,有时候也被称为"网络机器人"。它们最早被应用于互联网搜索引擎及各种门户网站的开发中,现在也是大数据和数据分析领域中的重要角色。爬虫可以按一定逻辑大批量采集目标页面内容,并对数据做进一步的处理,人们借此能够更好更快地获得并使用他们感兴趣的信息,从而方便地完成很多有价值的工作。

严格地说,一个只处理单个静态页面的程序(如下载某一个网页)并不能称为"爬虫",只能算是一种最简化的网页抓取脚本。实际的爬虫程序所要面对的任务经常是根据某种抓取逻辑,重复遍历多个页面甚至多个网站。这可能也是爬虫(蜘蛛)这个名字的由来——就像蜘蛛在网上来回爬行一样。在处理当前页面时,爬虫就应该确定下一个将要访问的页面,下一个页面的链接地址有可能就在当前页面的某个元素中,也可能是通过特定的数据库读取(这取决于爬虫的爬取策略),通过从"爬取当前页"到"进入下一页"的循环,实现整个爬取过程。正是由于爬虫程序往往不会满足于单个页面的信息,网站管理者才会对爬虫如此忌惮——因为同一段时间内的大量访问总是会威胁到服务器负载。这提醒我们在用爬虫抓取数据时需要注意抓取频率,不要影响网站的正常运行,否则会被视为对目标网站的攻击行为。

大部分编程语言都可以实现爬虫程序的编写,也有部分商业软件提供爬虫服务。目前比较流行的就是用 Python 编写爬虫,有大量的第三方库可以使用,常见的有 Request、urlib、Scrapy 等。其中,Scrapy 库提供了比较完善的爬虫框架,如图 6-2 所示,可以省去很多麻烦。

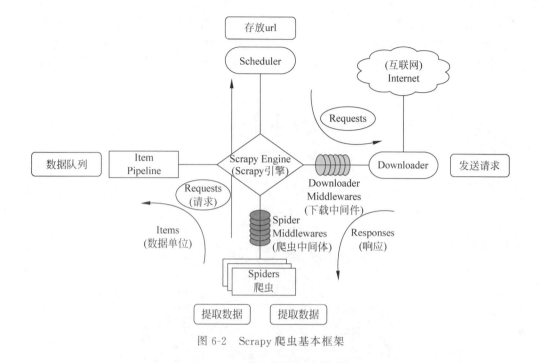

图 6-2 Scrapy 爬虫基本框架

6.2 文本内容可视化

一段文本的内容可以用高频词、短语、句子、主题等代表,但是文本可视化遇到的任务通常是对有海量文本的集合进行可视化分析,针对不同类型的文本集合,有不同的方法来进行可视化分析。

6.2.1 关键词可视化

一个词语若在一个文本中出现频率较高,那么这个词语可能就是这个文本的关键词。在实际应用当中还要考虑到这些词是否在其他文本中也经常出现,例如"的"等词语,在中文文本中很常见,但没有蕴含什么信息,应该在统计中被忽略。一般做法是构建一个停用词表,在分词阶段就将这些词去除。除了停用词表外,还可以进一步采用 TF-IDF(Term Frequency-Inverse Document Frequency)方法来计算词语对表达文本信息的重要程度。其中,TF(Term Frequency)指词语在目标文本的出现频率,计算公式为:词语在目标文本出现的次数/目标文本总词数。IDF(Inverse Document Frequency)是逆文件频率,其简单的计算公式为:IDF=log(目标文档集合的文档总数/包含该词的文档总数+1)。TF-IDF 指标就是将 TF 和 IDF 相乘得到的,该指标综合考虑了一个词语在目标文本和其他文本中出现的频率。从公式可以发现一个词在目标文本中频率越高,在其他文本中频率越低,其 TF-IDF 权重就越高,越能代表这个目标文本内容。

标签云是一种常见的关键词可视化方法,制作标签云主要分为以下两步。

(1)统计文本中词语出现频率、TF-IDF 等指标来衡量词语的重要程度,提取出权重较高的关键词。

（2）按照一定规律将这些词展示出来，可以用颜色透明度的高低、字体的大小来区分关键词的重要程度，要遵循权重越高越能吸引注意力的原则。一般权重越大字号越大，颜色越鲜艳，透明度越低，如图 6-3 所示。

图 6-3　标签云示例

标签云在媒体宣传、商家营销中被广泛应用，已被大众所熟知，可以算是文本内容可视化中最经典的形式。这里还要介绍另外一种文本可视化形式：文档散(DocuBurst)。

文档散使用词汇库中的结构关系来布局关键词，同时使用词语关系网中具有上下语义关系的词语来布局关键词，从而揭示文本内容。上下语义关系是指词语之间往往存在语义层级的关系，也就是说，一些词语是某些词语的下义词。而在一篇文章中，具有上下语义关系的词语一般是同时存在的。

文档散的生成过程如下。

（1）将一个单词作为中心点。中心点的词汇可以由用户指定，选择不同的中心点词汇呈现出的可视化结果将大不相同。

（2）将整个文章内的词语呈现在一个放射式层次圆环中，外层的词是内层词的下义词。颜色饱和度的深浅用来体现词频的高低。

可以看到文档散与标签云最大的不同是引入了语义信息，使文本内容的呈现更具有逻辑。一个例子如图 6-4 所示。

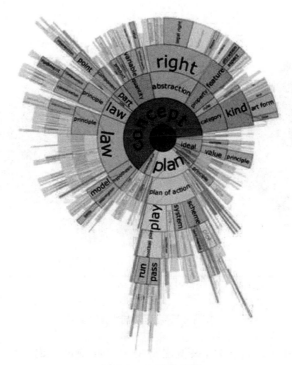

图 6-4　文档散示例

6.2.2　时序文本可视化

时序文本具有时间性和顺序性,例如,新闻会随着时间变化,小说的故事情节会随着时间变化,网络上对某一新闻事件的评论会随着真相的逐步揭露而变化。对具有明显时序信息的文本进行可视化时,需要在结果中体现这种变化。下面将介绍三种"流图"来满足这种可视化需求。

主题河流(Themeriver)是由 Susan Havre 等学者于 2000 年提出的一种时序数据可视化方法,主要用于反映文本主题强弱变化的过程。

经典的主题河流模型包括以下两个属性。

(1)颜色。颜色用以区分主题的类型,相同主题用相同颜色的涌流表示。主题过多时颜色可能无法满足需求,因为容易区分的颜色种类并不是很多。一个解决方法是将主题也进行分类,一种颜色表示某一大类主题。

(2)宽度。表示主题的数量(或强度),涌流的状态随着主题的变化,可能扩展、收缩或者保持不变。

如图 6-5 所示的主题河流可视化示例,横轴表示时间,河流中的不同颜色的涌流表示不同的主题,涌流的流动表示主题的变化。在任意时间点上,涌流的垂直宽度表示主题的强弱。

通过使用主题河流图,时序文本内容整体的变化趋势就能很容易地被用户获取。可

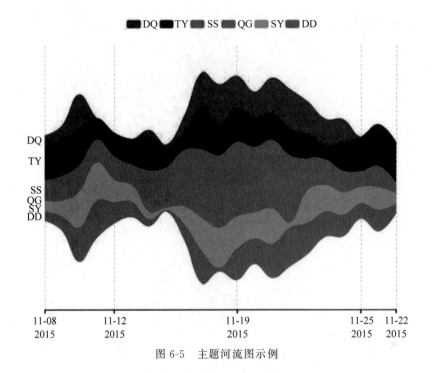

图 6-5　主题河流图示例

以看出,主题河流存在一定局限性,该做法将每个时间刻度上的主题高度概括为一个数值,省略了主题的特性,无法满足用户再进一步的信息需求。一个较好的做法是为主题引入标签云,每个主题用一组关键词描述,让用户更好理解主题内容。

除了主题河流外,还有文本流和故事流两种可视化方法。

文本流是主题河流的又一种变形,可以表达主题变化,以及随着时间流动,各个主题之间的分裂和合并信息。

故事流则可以表达文本的情节或者电影中的情节。

6.2.3　文本分布可视化

文本分布可视化实际上是引入了词语在文本当中的位置、句子长度等信息,这些信息常被制作成文本弧。文本弧特性如下。

(1)用一条螺旋线表示一篇文章,螺旋线的首尾对应着文章的首尾,文章的词语有序地分布在螺旋线上。

(2)若词语在整篇文章中出现得比较频繁,则靠近画布的中心区域分布。

(3)若词语只是在局部出现比较频繁,则靠近螺旋线分布。

(4)字体的大小和颜色深度代表着词语的出现频率。

6.3　文本关系可视化

文本关系包括文本内或者文本间的关系,以及文本集合之间的关系,文本关系可视化的目的就是呈现这些关系。文本内的关系有词语的前后关系;文本间的关系有网页之间的超链接关系,文本之间内容的相似性,文本之间的引用等;文本集合之间的关系是指文本集合内容的层次性等关系。

6.3.1　基于图的文本关系可视化

1. 词语树

词语树(Word Tree)使用树形图展示词语在文本中的出现情况,可以直观地呈现出一个词语和其前后的词语。用户可自定义感兴趣的词语作为中心节点。中心节点向前扩展,就是文本中处于该词语前面的词语;中心节点向后扩展,就是文本中处于该词语后面的词语。字号大小代表了词语在文本中出现的频率。如图6-6所示,图中采用了词语树的方法来呈现一个文本中child这个词与其相连的前后所有的词语。

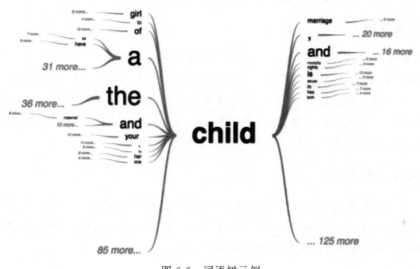

图6-6　词语树示例

2. 短语网络

短语网络(Phrase Nets)包括以下两种属性。

(1) 节点,代表一个词语或短语。

(2) 带箭头的连线,表示节点与节点之间的关系,这个关系需要用户定义,例如,"AisB",其中的is用连线表示,A和B是is前后的两个节点词语。A在is前面,B在is后面,那么箭头就由A指向B。连线的宽度越宽,就说明这个短语在文中出现的频率越高。

如图6-7所示,图中使用短语网络对某小说中的"＊the＊"关系进行可视化。

6.3.2　文档间关系可视化

当对多个文档进行可视化展示时,针对文本内容进行可视化的方法就不适合了。此时可以引入向量空间模型来计算出各个文档之间的相似性,单个文档被定义成单个特征

图 6-7　短语网络示例

向量,最终以投影等方式来呈现各文档之间的关系。

1. 星系视图

星系视图(Galaxy View)可用于表征多个文档之间的相似性。假设一篇文档是一颗星星,每篇文档都有其主题,将所有文档按照主题投影到二维平面上,就如同星星在星系中一样。文档的主题越相似,星星之间的距离就越近;文档的主题相差越大,星星之间的距离就越远。星星聚集得越多,就表示这些文档的主题越相近,并且数量较多;若存在多个聚集点则说明文档集合中包含多种主题的文档。

2. 文档集抽样投影

当一个文档集中包含的文档数量过大时,投影出来的星系视图中就会产生很多重叠的星星。为了避免这种重叠情况的出现,用户可以对文档集进行抽样,有选择性地抽取部分文档进行投影,这样可以更加清晰地显示每个样本。

习　　题

1. 什么是爬虫? 它有什么作用?
2. 有哪些工具可以生成词云图?
3. 写出 TF-IDF 的计算公式。

第 **7** 章

复杂数据可视化

目前,真实世界与虚拟世界越来越密不可分。《2021 年全球大数据支出指南》中,IDC 预计,全球大数据市场支出规模将在 2024 年达到约 2983.0 亿美元,五年预测期内 (2020—2024)实现约 10.4% 的复合增长率(CAGR)。其中,大数据服务支出将在全球层面保持其主导地位,占市场总量一半以上,如此庞大的产业推动着移动互联网、物联网等领域信息的产生和流动,越来越多复杂且瞬息万变的数据被记录和研究,如视频影像数据、传感器网络数据、社交网络数据、多维时空数据等。对此类具有高复杂度的高维多元数据进行解析、呈现和应用是数据可视化面临的新挑战。

对高维多元数据进行分析的困难如下。

(1) 数据复杂度大大增加。复杂数据包括非结构化数据和从多个数据源采集、整合而成的异构数据,传统单一的可视化方法无法支持对此类复杂数据的分析。

(2) 数据的量级大大增加。复杂数据的量级已经超过了单机、外存模型 甚至小型计算集群处理能力的上限,需要采用全新思路来解决大尺度的调整。

(3) 在数据获取和处理过程中,不可避免地会产生数据质量的问题,其中特别需要关注的是数据的不确定性。

(4) 数据快速动态变化,常以流式数据形成存在,对流式数据的实时分析与可视化技术还存在一定问题。

面对以上挑战,对二维和三维数据可以采用一种常规的可视化方法表示,将各属性的值映射到不同的坐标轴,并确定数据点在坐标系中的位置。这样的可视化设计就是之前介绍过的散点图。当维度超过三维后,就需要增加更多视觉编码来表示其他维度的数据,如颜色、大小、形状等,如图 7-1 所示的气泡图就采用了颜色来代表城市,大小来代表 PM2.5 浓度,颜色的明暗程度来代表二氧化硫浓度。视觉编码的增多会使可视化的效果变差,而且能增加的表示维度有限,这种方法还是有局限性。

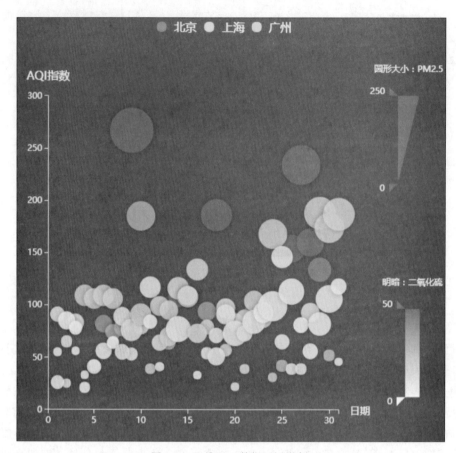

图 7-1　三维以上数据可视举例

　　本章主要介绍针对数据的高维、大尺度、异构以及不确定性这四个特性的可视化方法。

7.1　高维多元数据在大数据中的应用

　　高维多元数据指每个数据对象有两个或两个以上独立或者相关属性的数据。高维(Multidimensional)指数据具有多个独立属性,多元(Multivariate)指数据具有多个相关属性。若要科学、准确地描述高维多元数据,则需要数据同时具备独立性和相关性。在很多情况下,数据的独立性很难判断,所以一般简单的称为多元数据。例如,笔记本电脑的屏幕、CPU、内存、显卡等配置信息就是一个多元数据,每个数据都描述了笔记本电脑的一方面属性。可视化技术常被用于多元数据的理解,进而辅助分析和决策。

7.1.1　空间映射法

1. 散点图

　　散点图就是一种空间映射方法。散点图的本质是将抽象的数据对象映射到二维坐标表示的空间。若处理的是多元数据,散点图的概念可理解成:在二维的平面空间中,采用不同的空间映射方法对高维数据进行布局,这些数据的关联以及数据自身的属性在不同位置得到了展示,而整个数据集在空间中的分布则反映了各维度间的关系及数据集的整体特性。

前面章节介绍过散点图和散点图矩阵,散点图矩阵是散点图的扩展(见图7-2)。对于 N 维数据,采用 N^2 个散点图逐一表示 N 个属性之间的两两关系,这些散点图根据它们所表示的属性,沿横轴和纵轴按一定顺序排列,进而组成一个 $N \times N$ 的矩阵。随着数据维度的不断扩展,所需散点图的数量将呈几何级数的增长,而将过多的散点图显示在有限的屏幕空间中则会极大地降低可视化图表的可读性。因此,目前比较常见的方法就是交互式地选取用户关注的属性数据进行分析和可视化。通过归纳散点图特征,优先显示重要性较高的散点图,也可以在一定程度上缓解空间的局限。

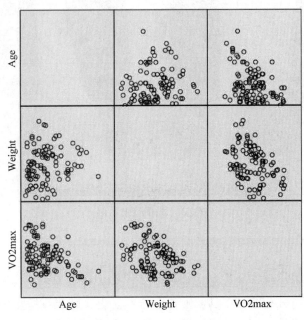

图 7-2　散点矩阵示例

2. 表格透镜

表格透镜(Table Lens)是对使用表格呈现多元数据(如 Excel 等软件)方法的扩展。该方法并不直接列出数据在每个维度上的值,而是将这些数值用水平横条或者点表示。表格透镜允许用户对行(数据对象)和列(属性)进行排序,用户也可以选择某一个数据对象的实际数值。如图7-3所示,表格透镜清晰地呈现了数据在每个属性上的分布和属性之间的相互关系。

该方法并不直接列出数据在每个维度上的值,而是将这些数值用水平横条或者点表示。表格透镜允许用户对行(数据对象)和列(属性)进行排序,用户也可以选择某一个数据对象的实际数值。如图7-3所示,表格透镜清晰地呈现了数据在每个属性上的分布和属性之间的相互关系。

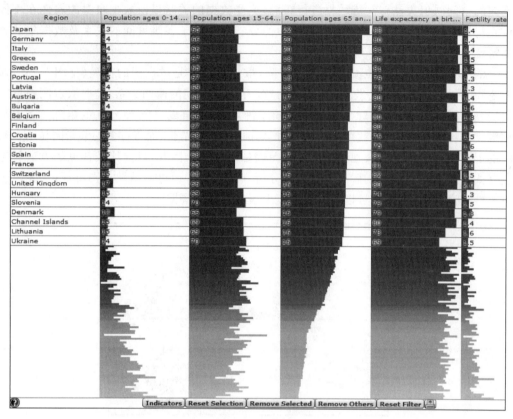

图 7-3　表格透镜示例

3. 平行坐标

平行坐标能够在二维空间中显示更高维度的数据,它以平行坐标替代垂直坐标,是一种重要的多元数据可视化分析工具。平行坐标不仅能够揭示数据在每个属性上的分布,还可描述相邻两个属性之间的关系。但是,平行坐标很难同时表现多个维度间的关系,因为其坐标轴是顺序排列的,不适合于表现非相邻属性之间的关系。一般地,交互地选取部分感兴趣的数据对象并将其高亮显示,是一种常见的解决方法。另外,为了便于用户理解各数据维度间的关系,也可更改坐标轴的排列顺序。图 7-4 为平行坐标示例。

4. 降维

当数据维度非常高时(如超过 50 维),目前的各类可视方法都无法将所有的数据细节清晰地呈现出来。在这种情况下,可通过线性/非线性变换将多元数据投影或嵌入低维空间(通常为二维或三维)中,并保持数据在多元空间中的特征,这种方法被称为降维(Dimension Reduction)。降维后得到的数据即可用常规的可视化方法进行信息呈现。

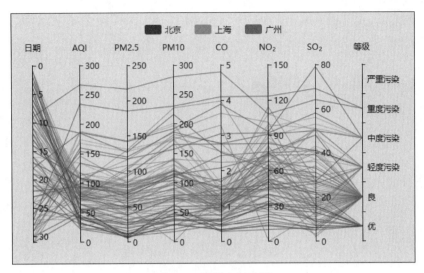

图 7-4 平行坐标示例

7.1.2 图标法

图标法的典型代表是星形图(Starplots),也称雷达图(Radar Chart)。星形图可以看成平行坐标的极坐标形式,数据对象的各属性值与各属性最大值的比例决定了每个坐标轴上点的位置,将这些坐标轴上的点折线连接围成一个星形区域,其大小形状则反映了数据对象的属性,如图 7-5(星形图)和图 7-6(雷达图)所示。

图 7-5 星形图示例

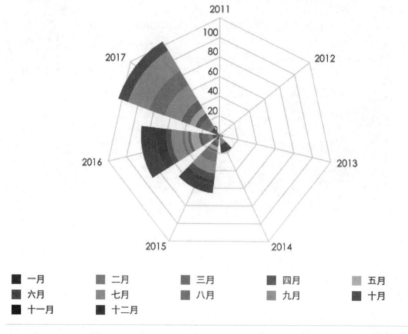

图 7-6　雷达图示例

7.2　非结构化数据可视化

7.2.1　基于并行的大尺度数据高分辨率可视化

　　复杂数据并不只有高维度数据,还包括异构数据等。异构数据是指在同一个数据集中存在的如结构或者属性不同的数据。存在多个不同种类节点和连接的网络被称为异构网络。异构数据通常可采用网络结构进行表达。在图 7-7 中,基于异构社交网络的本体拓扑结构表达了某组织网络中的多种不同类别的节点。由于数据量大并且复杂度高,不能直接使用网络点线图进行可视化(见图 7-7(a))。因此,可以采用从异构网络中提炼出本体拓扑结构的策略(见图 7-7(b)),其中的节点是原来网络内的节点类型,连接相互之间存在关联的类别。以这个拓扑结构作为可视分析的辅助导航,用户可以在图中加入特定类别的节点和连接,从而起到过滤的作用。

　　产生数据的异构性的主要原因是数据源的获取方式不同。例如,微信用户数据不仅包括软件中点对点的聊天记录、GPS 位置数据,还包括用户的部分个人信息。这些来自不同数据源的数据通常具有不同的数据模型、数据类型和命名方法等,因此,合理地整合底层的数据至关重要。将数据整合为可视化模块,可为众多独立和异构的数据源获取数据提供透明且统一的访问接口,从而支持多种类型的数据源的查询和可视化显示。

　　全方位显示大尺度数据的所有细节是一个计算密集型的过程,处理大尺度数据的基

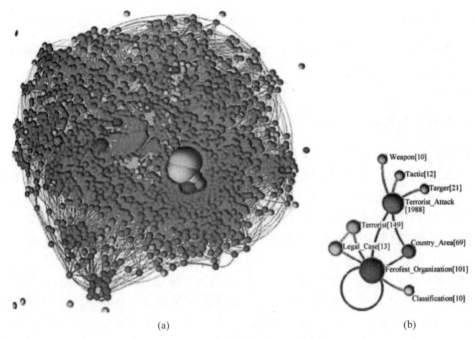

图 7-7 异构数据的可视化示例

本技术路线就是构建大规模计算集群。例如，美国的马里兰大学构建了一个 GPU 和 CPU 混合式高性能计算和可视化集群，其架构如图 7-8 所示。

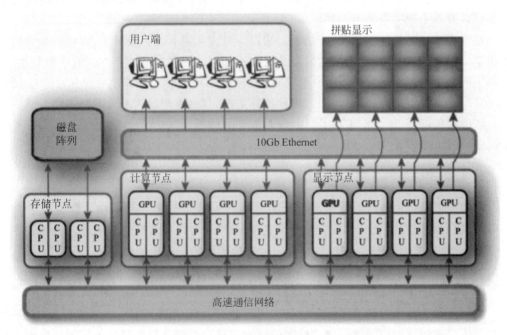

图 7-8 面向高性能计算和可视化的计算集群架构

7.2.2 分而治之的大尺度数据分析与可视化

可视化领域以及计算机图形学有一种标准方法叫作分治(Divide and Conquer)法,如二叉树、四叉树等空间管理结构等。本节将从统计、数据挖掘和可视化等几个领域介绍分而治之的概念。

1. 统计分析层的分而重组

R 语言面向统计分析的底层,是一门开源语言。虽然 R 语言是基于单线程来运行的,但其可通过大量的软件开发包实现多核并行计算。然而,即使是并行的方式也并不能降低大尺度数据的分析难度。针对这个问题,目前一种比较新颖的思路就是将数据划分为多个子集,对这些子集使用相应的方法来进行可视化的操作,最后再合并总体结果,这种方式就称为分而重组。分而重组的核心思想包含拆分(Divide)和重合(Recombine)。其中,拆分包括以下两种算法。

(1) 条件变量分割法。使用此方法时,一部分变量被选为条件变量,并且被分配到每个子集里。BSV(Between Subset-Variables)在不同子集中的取值各异,且一个子集在同一时间只能有一个 BSV 变量;WSV(Within-Subset Variables)则在同一个子集里取值。技术人员通过分析 WSV 伴随 BSV 的变化以及 WSV 之间的关系来确保分割的准确性。

(2) 重复分割法。重复分割法中的数据被看作包含 r 个变量的 n 个观察值,被认为是重复数。如果采用随机重复分割法对随机观察值不替换地产生子集,这种做法虽然处理速度快,但是各子集缺乏代表性。如果采用近邻剔除重复分割法,则 n 个观察值将被分割成拥有近乎相同观测值的邻居集合。

重合算法包括统计重合法、分析重合法以及可视化重合法。统计重合,也就是合成各个子集的统计值,通常根据不同的分割算法如近邻剔除重复分割法等方法的效果对比,选择最优的重合方案;分析重合法主要是观察、分析和评估计算结果;可视化重合法则是以小粒度观察数据的方法,并使用了多种抽样策略,包括聚焦抽样和代表性抽样。

从应用角度看,R 语言实现了以上分而重合的过程,并将代码作为输入放入一个并行框架中,因此,可以在 Hadoop 集群上基于 MapReduce 框架实现该过程。

2. 数据挖掘层的分而治之

使用分而后合的方法对数据进行分类大体分为三个步骤:首先,输入数据或者文本信息,将输入数据等份成 n 份或者按规则划分;然后,对每份数据使用最适合的分类器进行分类,并将分类结果融合;最后,通过一个强分类器计算获取最终结果。

3. 数据可视化的分而治之

大规模科学计算的结果之所以适合采用多核并行模式和分而治之法进行处理,是因其通常体现为规则的空间型数据。标准的科学计算数据的并行可视化可采用计算密集型的超级计算机、计算集群和 GPU 集群等模式。目前比较流行的 Hadoop 和 MapReduce 等处理框架通常被用来处理非空间型数据,MapReduce 框架应用于科学计算的空间型数据,这就意味着使用统一的分而治之的框架可以处理科学计算的空间型数据和非结构化数据。

习 题

1. 什么是高维多元数据?
2. 复杂数据可视化面临哪些挑战?

第3部分　大数据可视化工具及应用

第 8 章

Excel数据可视化方法

Microsoft Excel 是 1985 年 Microsoft 公司为安装 Windows 和 Apple Macintosh 操作系统的计算机编写的一款电子表格软件。直观的界面、强大的数据整理和计算能力、数据库管理能力、图形图表制作能力和网络化的数据共享能力,再加上成功的市场营销,使 Excel 成为最流行的个人计算机数据处理软件。1993 年,作为 Microsoft Office 的组件发布了 5.0 版之后,Excel 就开始成为所适用操作平台上的电子制表软件的霸主。

截至目前,Windows 操作系统下的 Excel 已经有 13 个版本了,目前用户在用的版本有如下几种:Excel 2003、Excel 2007、Excel 2010、Excel 2013、Excel 2016。

国内金山公司出品的 WPS 也有着和 Excel 类似的功能,在办公数据处理领域也占有一定市场。

除了 Excel 外,Microsoft 公司还推出了商用版的 Power BI,包含一系列更强大的数据处理与可视化的组件和工具,如图 8-1 所示。其中大部分的图表也可以在 Excel 上制作。

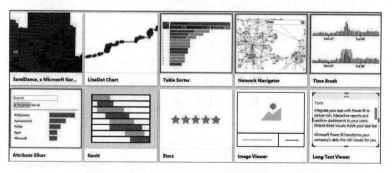

图 8-1　Excel 及 Power BI 可视化效果展示

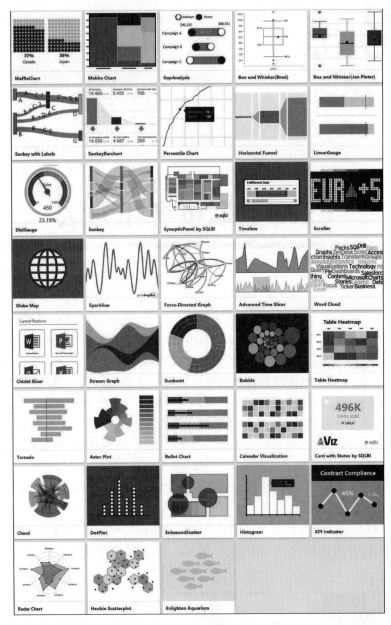

图 8-1　(续)

8.1　Excel 介绍

在计算机"开始"菜单中选择 Excel,将进入 Excel 的界面,如图 8-2 所示。Excel 的安装在此不多做说明,如果发现自己的计算机没有预装 Excel 套件,可以访问微软官方网址购买。

启动后的 Excel 界面如图 8-3 所示。

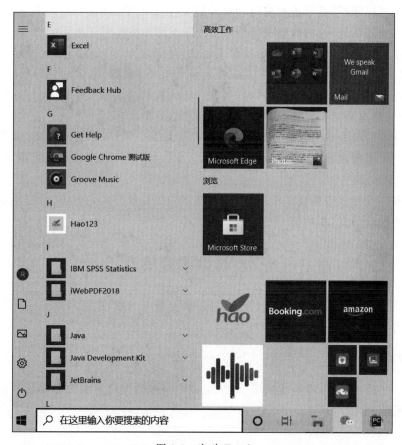

图 8-2　启动 Excel

图 8-3　启动后的 Excel 界面

最上面是标题栏,显示正在编辑和打开的文件。下面依次是标签栏和功能区,标签栏可以切换不同的功能区,功能区里集成了 Excel 大部分操作需要用到的组件。

表格左上角的名称框是用来定位单元格的,字母表示的列标和数字表示的行号组合在一起可以表示任何一个单元格。名称框右侧带有 fx(函数)标识的是输入框,在这里可以对名称框选定的单元格进行编辑,好处是在输入较长公式或文字时,可以在这里看到其全貌,在单元格里直接编辑则会只展示单元格那么宽的内容。

底侧靠右的部分是工作表,可以单击 Sheet1、Sheet2 等名称进行切换,也可以单击名称左侧的"+"号按钮新建一个工作表。右击这个区域,还可以对表格进行重命名、更改颜色等操作。

底侧靠左是缩放表格比例的按钮,缩放按钮右侧是状态栏,在选中数据后这里会出现数据的一些统计信息,如均值、最大值、最小值等。

8.2　基础图像绘制

无论是哪种形式的图表,用 Excel 绘制的流程基本一致,本节将挑选一些常用的基础图表进行介绍。

1. 散点图

如图 8-4 所示,这里提前生成了 23 组虚拟的身体数据来演示图形的绘制。示例数据如图 8-5 所示。

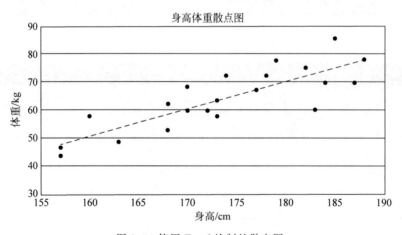

图 8-4　使用 Excel 绘制的散点图

这里暂时只用身高、体重两个属性来绘制散点图。首先按住鼠标左键,选中 C、D 两列的数据,如图 8-6 所示。然后单击顶部标签栏的"插入"菜单来切换工具栏。在工具栏中选择"散点图"这个选项,如图 8-7 所示。

	A	B	C	D	E
1	性别	年龄	身高	体重	
2	男	18	183	60	
3	男	20	168	62	
4	男	20	177	67	
5	男	21	173	57.5	
6	男	19	178	72.3	
7	男	19	179	77.5	
8	男	19	170	59.5	
9	男	20	185	85.6	
10	女	20	160	57.6	
11	男	19	184	69.5	
12	女	20	157	46.2	
13	女	20	168	52.5	
14	男	20	170	68	
15	女	20	173	63	
16	男	20	170	60	
17	男	19	173	63	
18	女	19	157	43.5	
19	男	19	172	59.5	
20	男	20	174	72.2	
21	男	20	188	78	
22	男	21	187	69.5	
23	男	20	182	75	
24	女	20	163	48.3	
25					

图 8-5 示例数据

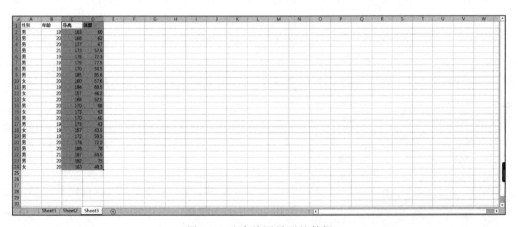

图 8-6 选中绘图需要的数据

图 8-7 选择插入散点图

可以看到这里有多个散点图选项,可以满足不同的可视化需求。选择第一个散点图,即不加任何连线的散点图,然后散点图就生成完毕,如图 8-8 所示。

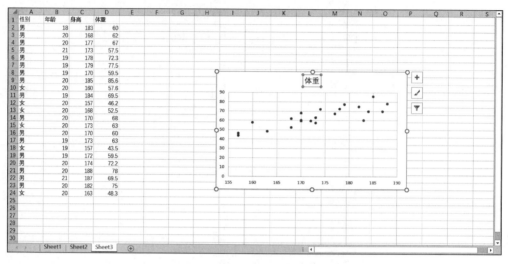

图 8-8 初步生成的散点图

图 8-9 设置坐标格式

可以看到散点图大致外观已经生成完毕,但是还有一些细节需要调整。由于是自动生成的,标题识别出现错误,可以选中最顶端"体重"文本框,双击进入编辑模式更改标题。除此以外,可以看到 x 轴坐标被自动调整到了从 155 开始,这样能节省空间,增大不同点视觉距离,而 y 轴却仍是从 0 开始。可以双击 y 轴,左侧会弹出操作框,在这里可以对坐标轴的值和外观等进行更改,如图 8-9 所示。根据数据,可以将 y 轴起始值改成 30,改后效果如图 8-10 所示。

可以注意到,当单击散点图时,右侧会出现三个按钮,单击第一个加号可以增加坐标轴标题、图例等元素,如图 8-11 所示。

前面提到,散点图的一个作用便是初步发现数据之间的联系,这里勾选"趋势线"这个复选框,可以看到,身高体重变化趋势相同,有正相关关系,可以进一步进行回归等运算。

2. 柱状图

这一节准备了模拟销售数据,来演示柱状图绘制,如图 8-12 所示。

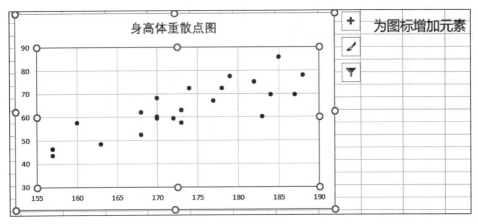

图 8-10　身高体重散点图

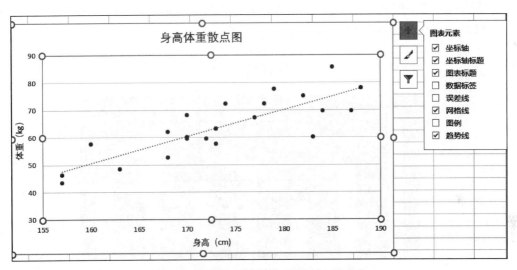

图 8-11　身高体重散点图（带图例和拟合线）

| 类别 | | | | |
姓名	店铺1	店铺2	店铺3	店铺4
饺子	63	41	61	30
包子	41	14	32	85
蛋挞	25	31	56	35
法棍	42	66	32	44
月饼	32	25	55	41
蛋黄酥	54	15	37	41
冰激凌	35	35	42	57

图 8-12　模拟销售数据示例

　　这里暂时先只用店铺 1 的销售数据，选中 A、B 两列的数据，单击底部的"插入"标签，在工具栏找到"柱状图"按钮（"散点图"按钮的上方），单击即可自动生成柱状图，如图 8-13 所示。修改坐标轴的方法与散点图相同，这里不再介绍。

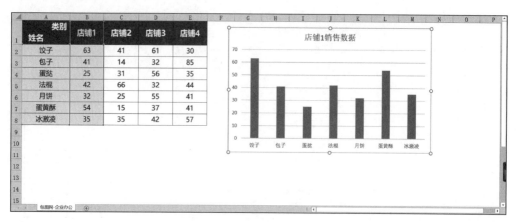

图 8-13　柱状图示例

右击柱状图中的柱子,选择填充可以更改其颜色。右击空白部分,选择填充命令,则可以改变背景颜色,效果如图 8-14 所示。

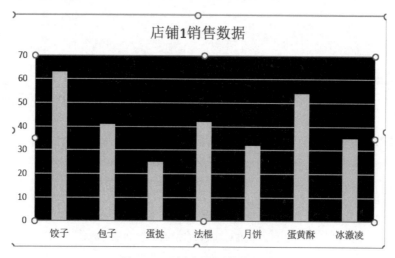

图 8-14　更改颜色后的柱状图

3. 雷达图

上面的数据也可以用雷达图来展示。选中同样的数据,单击"插入"工具栏中推荐的图表选项,在弹出的对话框中选择"所有图表"选项卡,可以看到对话框左侧列出了所有 Excel 自带图表,在这里选择雷达图,就可自动生成销售雷达图。操作如图 8-15 所示。雷达图如图 8-16 所示。

可以继续往雷达图里加入其他数据进行对比。右击图标,在弹出的快捷菜单中选择"选择数据"选项,如图 8-17 所示。

弹出对话框,如图 8-18 所示,单击右侧的"添加"按钮,弹出数据框后将店铺 2 一列数据选中(选中前注意清空输入框中内容),如图 8-19 所示。

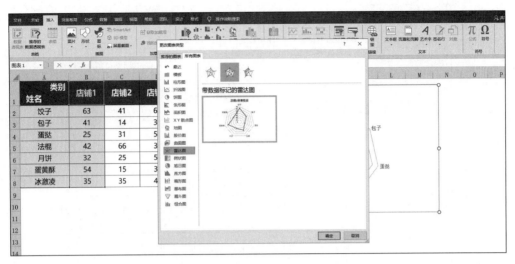

图 8-15 "更改图表类型"对话框

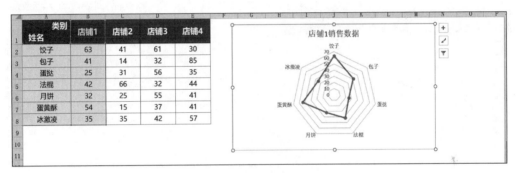

图 8-16 销售数据雷达图

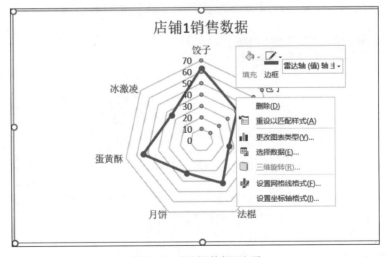

图 8-17 "选择数据"选项

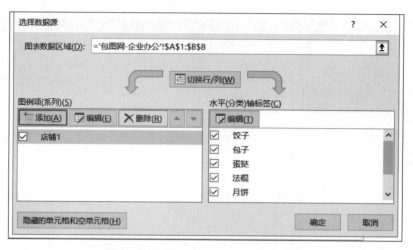

图 8-18　选择"添加"来增加店铺 2 数据

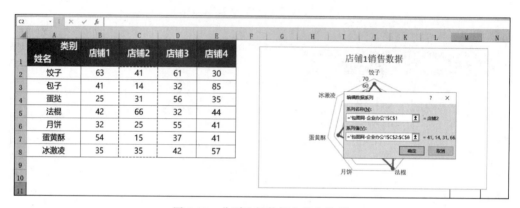

图 8-19　分别选择数据名称和数据

之后单击"确定"按钮,即可看到雷达图新增了店铺 2 的数据,如图 8-20 所示。

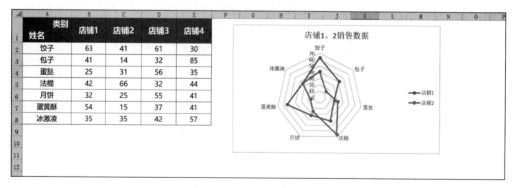

图 8-20　店铺 1、2 销售对比

4. 堆叠柱状图

依然沿用之前的销售数据。虽然雷达图和堆叠柱状图差别很大,但是它们的生成过程是大致相同的。在如图 8-15 所示对话框中选择"柱形图"选项,可以在右侧展示框中看到好多种柱状图,其中就包括堆叠柱状图。选择对应的数据后,就可以自动生成非常漂亮的堆叠柱状图,如图 8-21 所示。

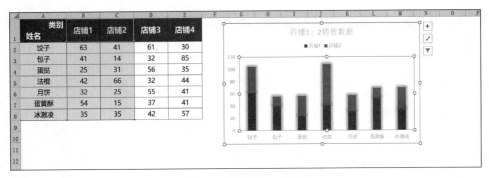

图 8-21　堆叠柱状图示例

如果想将其他店铺数据添加进来,有两种方法,一是在选择数据时就将其选择进来,Excel 会自动生成对应柱状图;二是采用上面介绍的给雷达图添加数据的步骤。可以根据需要自由实验。

8.3　案例：数据面板制作

本节将结合 8.2.1 节使用到的模拟数据,给出一个制作简单数据面板的案例。制作数据面板用到的主要工具是 Excel 中的数据透视表。这个工具之所以称为数据透视表,是因为可以动态地改变它们的版面布置,以便按照不同方式分析数据每一次改变版面布置时,数据透视表会立即按照新的布置重新计算数据。另外,如果原始数据发生更改,则可以更新数据透视表。数据透视表和基础图像绘制结合起来,就是制作数据面板的基础。

首先选中所有的数据,再单击"插入"工具栏最左侧的数据透视表选项,如图 8-22 所示。一般选择在一个新的表格中来制作数据透视表。

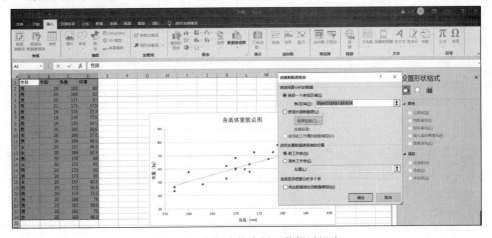

图 8-22　在新表格中插入数据透视表

新生成的数据透视表如图 8-23 所示。在右侧"数据透视表字段"中将"性别"和"身高"字段分别拖动到下面的行和值的白色框内,可以看到表格中出现了对应字段数据,如图 8-24 所示。

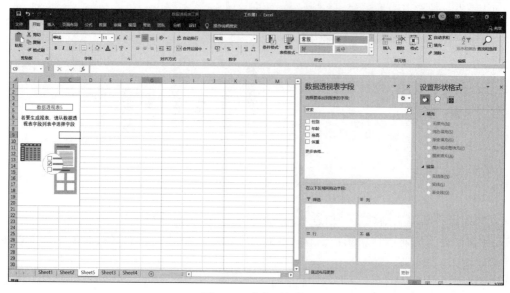

图 8-23　数据透视表

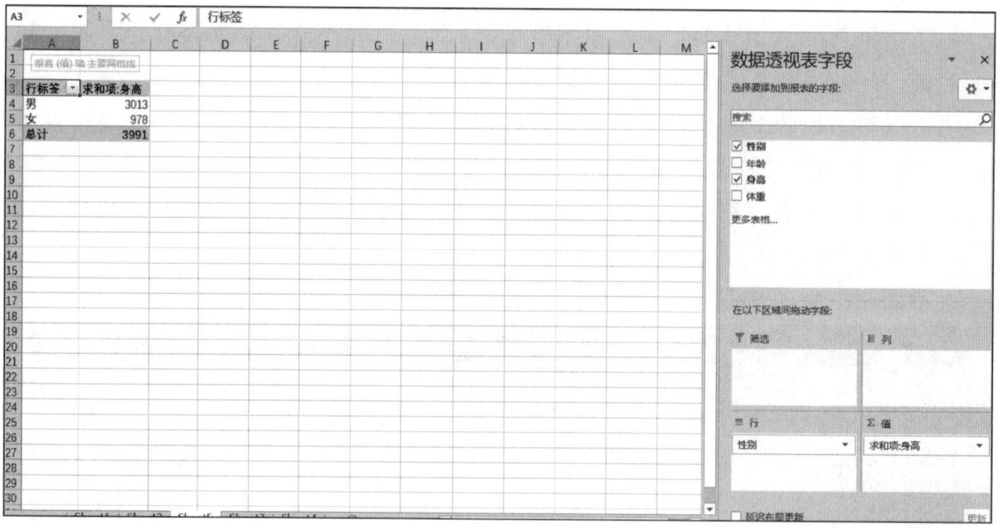

图 8-24　勾选需要"透视"的字段

可以发现,这里展示的是男女身高分别求和的结果,但是这并没有太大的意义,我们可能更关心其平均值。右击这一列数据,选择值汇总依据中的平均值,即可将透视表改为我们想要的结果,如图 8-25 和图 8-26 所示。可以看到男生平均身高是 177.235cm,女生为 163cm。

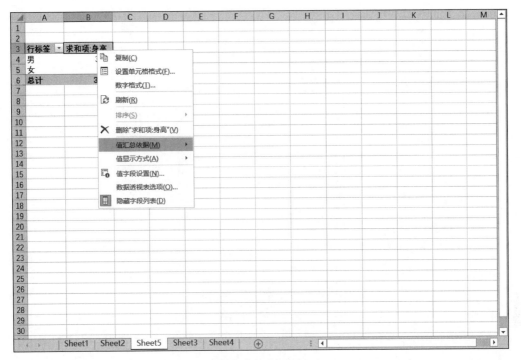

图 8-25　汇总依据图示

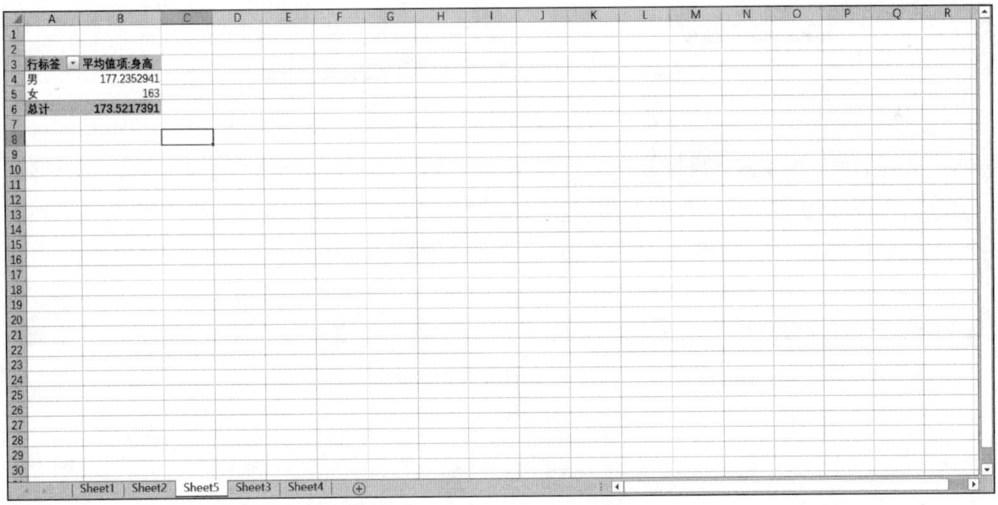

图 8-26　男女平均身高透视表

　　同理,将体重和年龄字段也拖动到"值"对话框。选中制作好的透视表,单击"插入"工具栏中的"切片器",选中"性别"和"年龄"字段,如图 8-27 所示。这之后再选中透视表,插入一张柱状图,最后得到如图 8-28 所示的动态表格。

　　右侧为切片器,左侧为动态图,在切片器中选择"男"或"女",会在图表上呈现不同的平均身高、体重等数据。数据面板就是由多个这种动态图表组合而成,然后略加修饰。

图 8-27 插入切片器

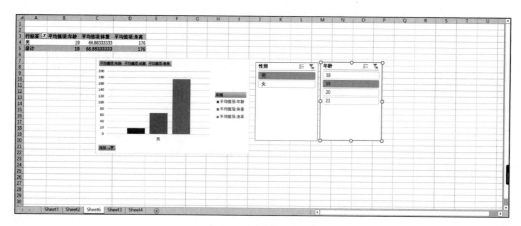

图 8-28 动态图表示例

习　　题

1. 尝试为图 8-21 换一组配色。
2. 将其他店铺的数据也加入到 8.2 节的雷达图中
3. 将其他店铺的数据加入到 8.2 节的堆叠柱状图中。

第 **9** 章

Power BI数据可视化方法

9.1 Power BI 介绍

9.1.1 什么是 Power BI

Power BI 是微软开发的一个强大的自助商业智能分析工具。名字中的 BI,全称是 Business Intelligence,即商务智能。它可以非常方便地用于动态交互式的数据可视化分析与数据展示。如图 9-1 所示为 Power BI 平台的操作界面。

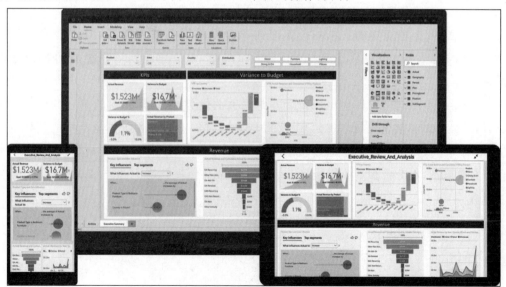

图 9-1 Power BI平台的操作界面

9.1.2　为什么使用 Power BI

在如今数据分析技能越发重要的时代,许多非数据分析专业人士面对海量的数据,对数据有想法,想发掘出其中的价值来,但可能会因为没有经过专业的训练、没有时间和精力去学习相对复杂的编程,而不知道要怎么样去实践操作数据,心有余而力不足。Power BI 便能够为这些用户,也包括专业的数据分析人士提供了一个自助智能、方便易用且非常强大的数据分析平台。

无须依赖专业技术人员,面对海量的大数据,人们也能够借助 Power BI 快速轻松地处理和实时全面地发现数据中蕴含的信息,可视化交互展示数据,并分享报表。几乎无门槛的自助使用让数据分析变得简单。Power BI 在效率、性能和对数据量的驾驭上都十分出色,其主要特点如下。

(1) 拥有令人赞叹的数据体验:能够轻松地连接到各种数据源,对数据进行建模和可视化,创建个性化的精美报表。

(2) 上手快,成本低:Power BI 的操作方式和人们熟悉的微软 Office 的界面很类似,用户能够快速地上手。最核心的 Power BI Desktop 应用完全免费,个人可以免费学习和使用,在企业中也能低成本地应用到 Power BI 的强大功能。

(3) 与微软的其他产品协作工作:可以跨常用的 Microsoft Office 应用程序(如 Microsoft Teams 和 Excel 等)轻松地协作处理同一份数据和报表,并能够方便地与他人分享报表和对数据的见解,帮助团队快速作出数据驱动的决策。

(4) 种类众多的数据连接器:随着超过 120 个免费连接器库不断扩大,每个人都知道如何实现数据驱动的决策制定。直接连接到数百个本地和云数据源,如 Dynamics 365、Azure SQL 数据库、MySQL、Excel 和 SharePoint 等。

(5) AI 人工智能辅助:Power BI 面向非数据科学家准备数据,构建机器学习模型,可从结构化和非结构化数据(包括文本和图像)中快速找到用户想要的数据分析结果。

Power BI 在同类软件中也保持着非常强大的优势,从国际知名的第三方评估机构 Gartner 发布的排名情况可了解到,微软的 Power BI 一直以来都处于竞品中的领导者地位,是同类中最好的一款 BI 产品。如图 9-2 所示为 Gartner 在 2021 年最新发布的 BI 平台魔力象限图,在分析和商业智能平台领域 Gartner 已连续第十四年将 Microsoft 评为领导者。

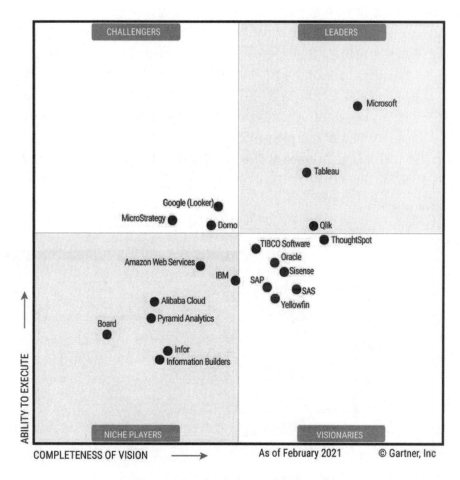

图 9-2　Gartner 2021 年 BI 平台魔力象限

9.2　Power BI 组成架构

Power BI 由若干个应用服务组成，它们可互相协作工作。其中较为基础和常用的三个分别如下。

（1）Power BI Desktop：桌面端的免费应用，专为分析人员设计，可用于连接、转换和可视化数据。使用 Power BI Desktop，用户可以连接到多个不同的数据源，并将它们（通常称为建模）组合成一个数据模型。通过此数据模型，可以构建视觉对象以及可以作为报告与组织内的其他人共享的可视化对象集合。大多数从事商业智能项目的用户使用 Power BI Desktop 创建报表，然后使用 Power BI service 与他人共享他们的报表。

（2）Power BI service：在线 SaaS 服务。从 Power BI Desktop 中制作的报表发布后，就会显示在 Power BI service 中，用户可以在浏览器中查看、分享、发布 Power BI 报表，也可以设置数据刷新计划、管理数据的安全性等。其中，仪表板可帮助用户掌握业务的脉搏。仪表板以磁贴的形式显示，可以选择这些磁贴打开报告以进一步查看详情。仪表板和报告连接到数据集,将所有相关数据集中在一个地方。

(3) Power BI Mobile:适用于 Windows、安卓和 iOS 移动端 App。在移动端设备查看和跟踪数据时便可用到它,它让每一个人都获得触手可及的交互式数据报表。

如图 9-3 所示显示了这三者共同工作的界面。它们正显示和处理同一份数据,但有不同的 UI,面向不同的终端场景,能够让用户创造、分享、处理商业数据,让工作流更为高效。除这三者之外,Power BI 的另外两个元素分别为 Power BI 报表构建器(Report Builder)和 Power BI 报表服务器(Report Server)。前者用于创建分页报表以在 Power BI 服务上共享;后者目前是一种本地报表服务器,可在 Power BI Desktop 中创建并发布,未来可灵活迁移到云。

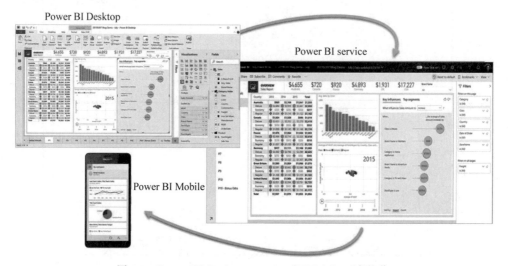

图 9-3　Power BI Desktop、service 和 Mobile 三者协作

由于数据处理和分析大部分的环节都在计算机上的桌面版完成,故本章将主要介绍 Power BI Desktop 这款桌面端的应用,从案例出发介绍若干实际场景下的数据可视化的模块和具体操作。

9.3　初识 Power BI

9.3.1　安装和运行

方法一:如图 9-4 所示,前往 https://powerbi.microsoft.com/zh-cn/desktop/,单击"免费下载"按钮(会请求跳转至 Microsoft Store)。或直接在 Microsoft Store 中搜索并下载 Power BI Desktop 产品。该方法的一个好处是,当 Power BI Desktop 更新时,可以后台自动更新且无须重新下载安装。

方法二:如图 9-5 所示,前往 https://www.microsoft.com/zh-CN/download/details.aspx?id=58494(可从方法一的网页中选择"查看下载或语言选项"进入到本网页),选择语言后,单击"下载"按钮,并根据计算机的硬件需求选择下载 64 位版本或 32 位版本的 Power BI Desktop 安装包。

图 9-4　在 Microsoft Store 中下载 Power BI Desktop(此处为从官网跳转进入)

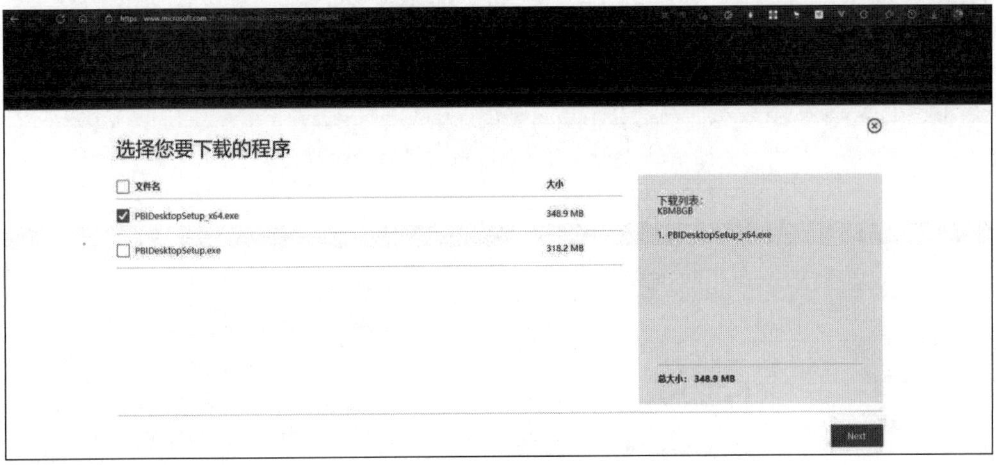

图 9-5　从官网下载 Power BI Desktop 相应版本的安装包

注：由于 Microsoft Store 的网络连接不稳定,更推荐使用方式二,本文中所使用的版本为 64 位中文版。

安装完成后,启动 Power BI Desktop,过程中会提示登录注册,可使用企业邮箱或学校邮箱进行注册后登录打开 Power BI Desktop。也可跳过不注册,但少部分功能会受到影响。

9.3.2　认识界面

如图 9-6 所示,初次启动 Power BI Desktop 时,会显示欢迎页。从中可以选择获取数据、查看最近使用的源、打开最近的报告以及打开其他报表等。单击右上角的 X 按钮可关闭欢迎页。

Power BI Desktop 的界面如图 9-7 所示,分为报表视图、数据视图、模型视图、功能区、画布、筛选器、可视化区域、数据字段区域等。

数据处理的第一步通常为获取外部数据。如图 9-8 所示,在工具栏中单击"获取数据",选择所需的数据来源后即可加载数据。选择"更多"选项,可选择上百种的数据格式

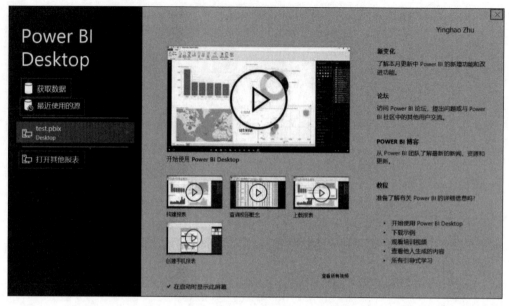

图 9-6　Power BI Desktop 启动时的欢迎页

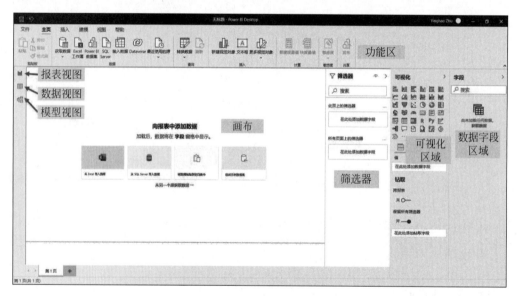

图 9-7　Power BI Desktop 界面

和来源,如 Excel、CSV、JSON、SQL Server、MySQL、Spark 等,满足主流用户所需。

如图 9-9 所示,以示例数据集 Financial Sample. xlsx 为例。加载导入数据后,可在字段区域选择希望对比分析的数据字段,此后可视化图表便会在画布中展示出来。此处选择了 Sales、Date、Profit 字段,其默认以柱状图的方式呈现出数据对比图。也可以根据数据的特点,在可视化区域内选择其他各种可视化数据方式,如饼图、条形图、环形图等。

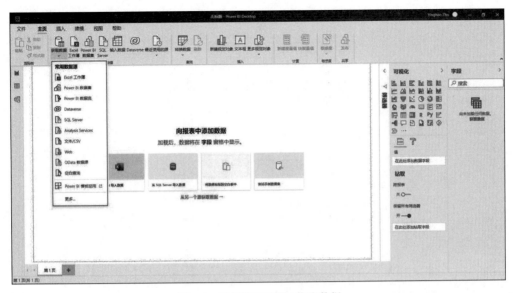

图 9-8　选择数据来源，获取数据

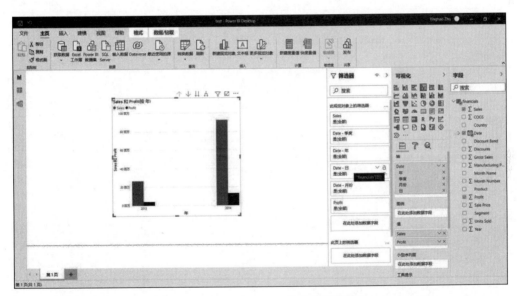

图 9-9　Financial Sample 示例数据集案例

对于 Excel 文件等，Power BI 提供了内置的 Power Query 编辑器。如图 9-10 所示，右击字段区域的数据表，在弹出的快捷菜单中选择"编辑查询"选项，进入如图 9-11 所示的 Power Query 编辑器。

Power Query 编辑器是 Power BI 中的一个非常重要的模块。在 Power Query 编辑器中，可以建立查询和进行数据处理，并将经整理和处理后的数据模型加载至 Power BI Desktop 中，便于分析和创建报表。

图 9-10　右击选择"编辑查询",进入 Power Query 编辑器

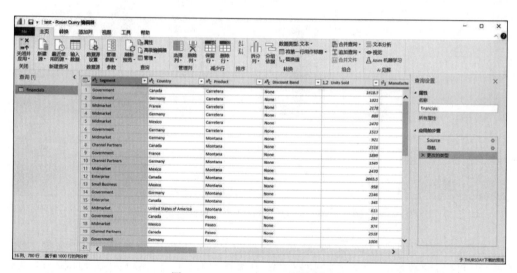

图 9-11　Power Query 编辑器页面

单击 Power BI Desktop 左侧的侧边栏,切换不同的视图。默认为如图 9-9 所示的报表视图,可以切换至如图 9-12 所示的数据视图,查看经过 Power Query 编辑器整理得到的数据。此外,还可以切换至模型视图。

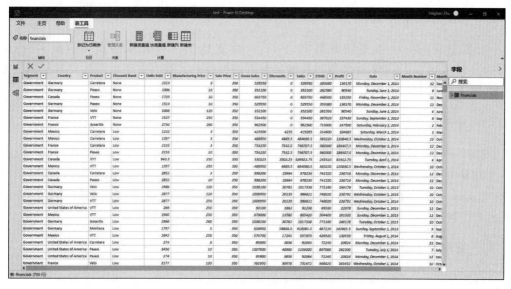

图 9-12　数据视图页面

9.4　案例：豆瓣电影 Top 250

在之前的介绍中，大致认识了 Power BI Desktop 的界面和基本生成图表的操作。接下来，将通过一个数据可视化分析的实际案例，来完整地体验和了解 Power BI 的强大功能。

本节将对豆瓣电影 Top 250 网页（如图 9-13 所示）上的数据经过数据清洗等工作生成一个数据可视化报告作为主要案例进行讲解。

图 9-13　豆瓣电影 Top 250 网页

9.4.1 数据准备和处理

数据分析的第一步是获取数据,Power BI 支持上百种数据格式和数据来源,对 Excel、MySQL、Spark、Web 等用户所能触及到的数据形式都有广泛良好的支持。此处即为对 Web 网页数据的抓取。

1. 分析网页结构

打开豆瓣电影 Top 250 网页(https://movie. douban. com/top250)发现每页仅显示 25 部电影,Top 250 共分为 10 个网页,通过单击不同的页数,可观察到每一页网址的规律:? start=25 结尾为第 2 页,? start=50 结尾为第 3 页……各页是通过最后的? start= 页数来控制的。熟悉该规律后,便可批量提取全部 10 页的数据。

2. 提取第 1 页数据

打开 Power BI Desktop,选择“获取数据”组中的 Web 选项,如图 9-14 所示。

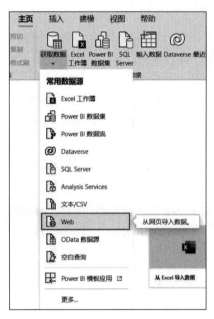

图 9-14　从 Web 获取数据

在弹出的窗口中输入第 1 页的网址 https://movie. douban. com/top250? start=0,单击“确定”按钮,并“连接”。

等待建立连接后,在弹出的导航器中,如图 9-15 所示,在“建议的表格”里,Power BI 已自动地识别出了每一部电影的各个信息,包含电影名、评分、描述、导演等。

也可以使用“使用示例添加表”的功能去半自动地添加各列条目:只要输入前面几个数据,如电影名 1、电影名 2,系统会自动识别所要提取的数据类别,并自动地将网页中的剩余同类填充进来。但如果输入的数据没有规律,或者不是该网页中存在的数据,系统将无法识别。对于网页中不可见但确实存在的信息,如电影的跳转详情页的获取,可以用类似的方法,将图片的 URL 链接复制到示例表里的各行,系统便会自动填充完整其他电影的跳转详情页链接,如图 9-16 所示。

3. 清洗第 1 页数据

第 1 页提取的原始数据结构如图 9-17 所示,在 Power Query 编辑器中查看。

其实这个数据已经比较规范,部分列只需要修改数据类型,删除不必要的列,对部分列进行合并等操作。

对于电影名,有一些电影有别名和外文译名,可以对这些电影名进行合并:选择需要合并的列,单击“转换-合并列”即可进行合并。为了方便起见,此处仅保留在豆瓣电影中

图 9-15　自动识别出的建议的表格

图 9-16　使用示例添加表添加电影详情页链接

图 9-17　提取的原始数据

的第一个名称,删除其他含电影名的列。

对于多少人评价这一列,当前的内容为如"2406744 人评价"的形式,其为一个文本类型,不方便对数据进行统计,因此在此可以使用替换值,将"人评价"替换为空值,这样就仅保留了数值,如图 9-18 所示。

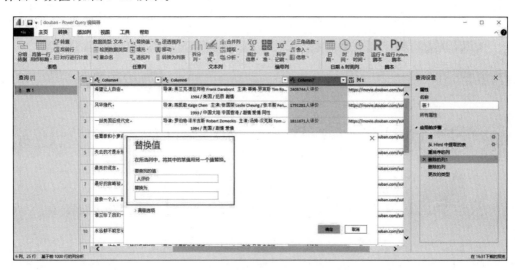

图 9-18　替换"人评价",保留数值

于是,对于评分和评价人数可以进行数据类型转换,从文本类型分别转换为小数和整数,如图 9-19 所示操作。

另外,可以观察到电影信息列中将导演、主演、电影类型等信息放在了同一列,其不同类型的数据大多是通过"/"来分隔的。于是可以通过按分隔符拆分列来进行分隔提取,如图 9-20 所示。

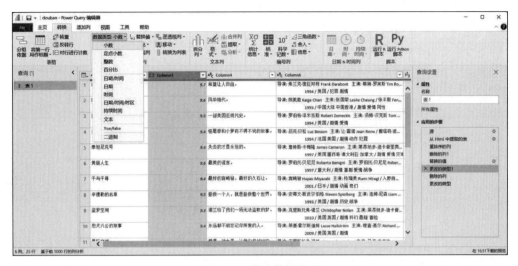

图 9-19　修改数据类型

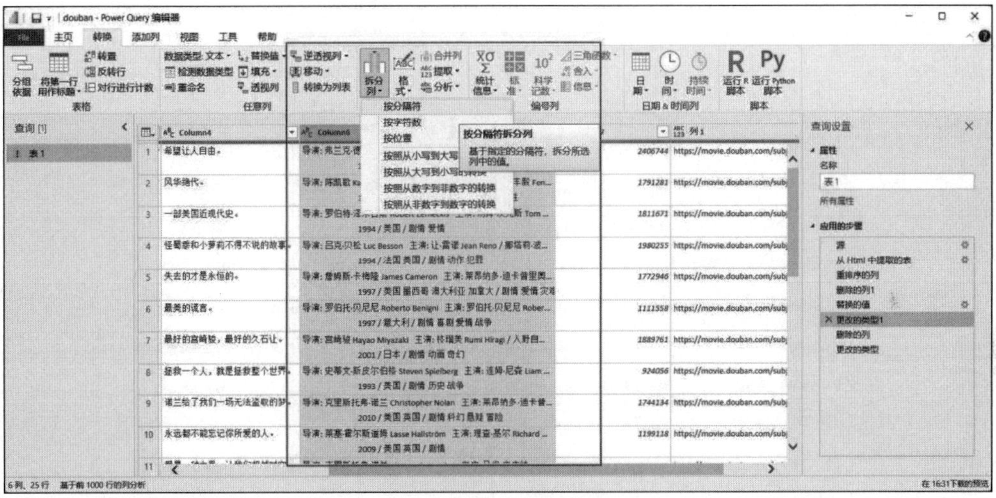

图 9-20　进入拆分数据操作

　　由于部分数据经分隔后有字段的缺省，没有对齐，但最后 3 个字段即年份、国家或地区、类型都是存在的，所以可以从右向左根据"/"逐列拆分。经过两次拆分后，年份信息是处于最后 4 个字符的，故可使用按照字符数（从右向左是 5 个字符）进行单独拆分，如图 9-21 所示。

　　如图 9-22 所示为拆分后的数据。

　　然后，再次选取所需要的列进行数据分析，在此保留了电影名、评分、评语、年份、国家或地区、类型、评分人数、详情页链接这 8 列，并将这 8 列的列名进行了对应的修改，如图 9-23 所示。至此，第 1 页的 25 条电影数据整理完成。

　　由于最终的目的是提取全部 250 条数据，按以上相同的方法重复再做 10 次较为烦琐，考虑使用自定义函数批量提取多个网页数据。

图 9-21　从右向左逐列拆分

图 9-22　拆分后的数据

4. 创建自定义函数

在上一步已经整理好的第 1 页 25 条数据,已重命名该查询为"Top 25 电影",右击该查询名,在弹出的快捷菜单中选择"创建函数"选项,如图 9-24 所示。

如图 9-25 所示,在弹出的对话框中会提示"未找到参数",先不用理会,直接单击"创建"按钮,并输入函数名,此处将该函数命名为"process_movie"。

电影名	评分	评语	年份	国家或地区	类型	评分人
1 肖申克的救赎	9.7	希望让人自由。	1994	美国	犯罪 剧情	
2 霸王别姬	9.6	风华绝代。	1993	中国大陆 中国香港	剧情 爱情 同性	
3 阿甘正传	9.5	一部美国近现代史。	1994	美国	剧情 爱情	
4 这个杀手不太冷	9.4	怪蜀黍和小萝莉不得不说的故事。	1994	法国 美国	剧情 动作 犯罪	
5 泰坦尼克号	9.4	失去的才是永恒的。	1997	美国 墨西哥 澳大利亚 加拿...	剧情 爱情 灾难	
6 美丽人生	9.6	最美的谎言。	1997	意大利	剧情 喜剧 爱情 战争	
7 千与千寻	9.4	最好的宫崎骏，最好的久石让。	2001	日本	剧情 动画 奇幻	
8 辛德勒的名单	9.5	拯救一个人，就是拯救整个世界。	1993	美国	剧情 历史 战争	
9 盗梦空间	9.3	诺兰给了我们一场无法盗取的梦。	2010	美国 英国	剧情 科幻 悬疑 冒险	
10 忠犬八公的故事	9.4	永远都不能忘记你所爱的人。	2009	美国 英国	剧情	
11 星际穿越	9.3	爱是一种力量，让我们超越时空...	2014	美国 英国 加拿大	剧情 科幻 冒险	
12 楚门的世界	9.3	如果再也不能见到你，祝你早安...	1998	美国	剧情 科幻	
13 海上钢琴师	9.3	每个人都要走一条自己坚定了的...	1998	意大利	剧情 音乐	
14 三傻大闹宝莱坞	9.2	英俊版憨豆，高情商版谢耳朵。	2009	印度	剧情 喜剧 爱情 歌舞	
15 机器人总动员	9.3	小瓦力，大人生。	2008	美国	科幻 动画 冒险	
16 放牛班的春天	9.3	天籁一般的童声，是最接近上帝...	2004	法国 瑞士 德国	剧情 喜剧 音乐	
17 无间道	9.3	香港电影史上永不过时的杰作。	2002	中国香港	剧情 犯罪 惊悚	
18 疯狂动物城	9.2	迪士尼给我们营造的乌托邦就是...	2016	美国	喜剧 动画 冒险	
19 大话西游之大圣娶亲	9.2	一生所爱。	1995	中国香港 中国大陆	喜剧 爱情 奇幻 古装	
20 熔炉	9.3	我们一路奋战不是为了改变世界...	2011	韩国	剧情	
21 教父	9.3	千万不要记恨你的对手，这样会...	1972	美国	剧情 犯罪	
22 当幸福来敲门	9.1	平民励志片。	2006	美国	剧情 传记 家庭	
23 龙猫	9.2	人人心中都有个龙猫，童年就永...	1988	日本	动画 奇幻 冒险	
24 怦然心动	9.1	真正的幸福是来自内心深处。	2010	美国	剧情 喜剧 爱情	

图 9-23　第 1 页处理后数据

图 9-24　创建函数

图 9-25　未找到参数

然后单击该函数,在编辑栏中(如没有,需要先单击"视图",勾选出"编辑栏"),手动更改代码,将前两行代码更改为如图 9-26 所示。

```
1    = (x as text) => let
2    网址 = "https://movie.douban.com/top250?start = "&x,
3    源 = Web.BrowserContents(网址),
```

图 9-26   修改自定义函数代码

此处就是将网址分为两个部分,如第 1 页的地址为 https://movie.douban.com/top250? start=0,将第一部分 https://movie.douban.com/top250? start=作为常量文本保持不变,而最后一个数字,变为参数 x,二者组合到一起作为一个完整的网址,然后便只需将不同的数字赋给 x,就可以提取该页的数据。

开头的=(x as text)=>表示该自定义函数的参数为 x,参数类型为 text,创建好的自定义函数下方也出现了输入参数的输入框。

这样便创建好了一个自定义函数。如果在输入参数框中输入"25",单击"调用"按钮,即可获得第 2 页的电影内容,因为该自定义函数包含第 1 页中数据清洗的所有步骤。

下面可利用该自定义函数一次性提取多页的数据。

5. 构建参数列表

通过上述对网址 URL 的分析,这 10 页网址最后一个数字为 $0,25,50,\cdots,225$,所以需要构造这个等差数列作为自定义函数的参数。

在 Power Query 中,执行"主页"→"新建源"→"空查询"命令,如图 9-27 所示。然后在编辑栏中输入"=List.Numbers(0,10,25)。"

即可得到该参数列表,如图 9-28 所示。

其中,List.Numbers(0,10,25)表示从 0 开始,后续的数字递增 25,生成 10 个数字。执行"转换"→"转换到表"命令,即可将这一组数字转换为 Power Query 中的一个表,在此将该表重命名为"参数页表"。

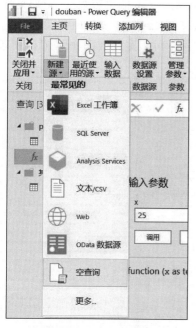

图 9-27 新建空查询

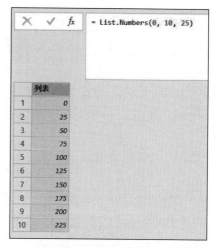

图 9-28 生成参数列表

6. 批量提取多个网页数据

在上面生成的参数页表中,注意将该列的值指定为"文本",然后在"添加列"中选择"调用自定义函数",在弹出的窗口中,直接选择已经建立好的自定义函数,参数选择上一步建好的参数列,如图 9-29 所示。

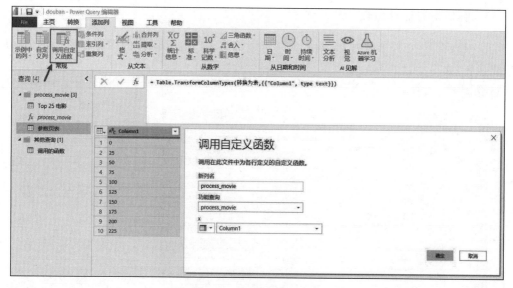

图 9-29 调用自定义函数

然后展开新生成的自定义列,即可得到全部 10 页 Top 250 的电影数据,稍加整理,删除不必要的列,重命名列,并添加一个索引列,将该表命名为"Top 250 电影信息表",于是便完成了数据获取和整理过程,关闭并上载到 Power BI 中,最终数据如图 9-30 所示。

图 9-30　完成豆瓣电影 Top 250 的数据获取

9.4.2　数据可视化

　　经过了上述数据获取、整理和清洗操作,接下来可将数据结果以图表的形式展现出来,让数据更易于理解。

1. 制作电影信息列表

　　在报表视图,选择加载好的"Top 250 电影信息表",勾选所需的数据字段后,会自动生成列表,如图 9-31 所示。

图 9-31　电影信息列表展示

可以利用电影详情页的链接地址，设置从电影名列到详情页的 URL 跳转，如图 9-32 所示，在可视化区域栏中的格式页中的条件格式区，先选择电影名字段，并打开 Web URL 选项。之后，在弹出的窗口中的"依据为字段"中，选择"第一个详情页链接"，即可在列表中单击电影名后跳转到系统浏览器中的电影详情页，电影名字段也显示了下画线。

图 9-32　打开 Web URL

2. 制作电影评分和排名表

这里将为评分情况制作出分析图表：电影名和评分的条形图、评分和年份之间的折线图。

对于电影名和评分的条形图的绘制，勾选"电影名"和"评分"两个字段，其中注意评分的数据格式需设置为定点小数。在可视化区域，选择"堆积条形图"，分别设置轴中的字段为"电影名"，值为"评分的平均值"（平均值是做了数据的汇总，防止有同名电影的情况，虽然并不存在）。在格式区，可以设置打开数据标签，则在条形图的右侧会显示出具体的评分，还可以开启缩放滑块，让 X 轴坐标不一定从 0 开始，如图 9-33 所示。

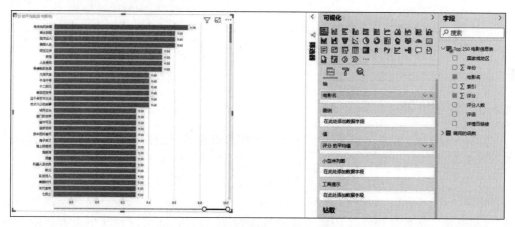

图 9-33　电影名和评分的条形图

对于评分和年份之间的折线图的绘制，勾选"年份"和"评分"两个字段，其中注意年份的数据格式需设置为整数型，在可视化区域，选择"折线图"即可。同理，设置轴与值的字段，并可以在格式区打开数据标签和开启缩放模块，如图 9-34 所示。

Power BI 中还提供了一些分析工具，如可以在可视化区域中的分析页中添加趋势线，如图 9-35 所示。还能对数据进行预测（前提是数据字段均非空）。

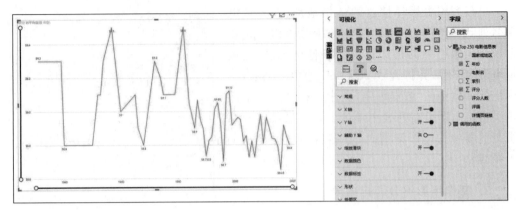

图 9-34　评分和年份之间的折线图

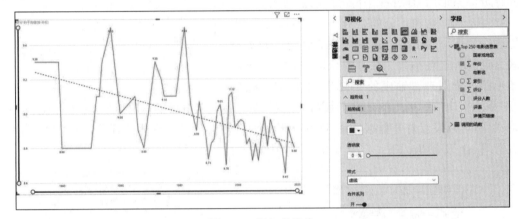

图 9-35　添加趋势线

9.4.3　发布报表

前几步生成的 Power BI 报告,不仅可以在本机查看,还可以更方便地发布到 Web 上与他人分享。

在 Power BI 的功能区,单击"发布",可选择"我的工作区",发布报表,发布成功后即可在网页上浏览报表。如图 9-36 所示,选择"在 Power BI 中打开"便会跳转至网页浏览器,保存该网页链接便能在移动端等各设备随时随地查看,并可以和其他人方便地分享报表。

以上就是使用 Power BI 进行数据分析的基本步骤,从数据获取到数据可视化以及最后的报告分享,我们对 Power BI 的使用有了一个较为完整的认识。Power BI 还有许多功能,如使用 Power BI 进行数据建模、DAX 数据分析语言等,可以通过查阅官方文档、网络上的各种教程等方式进一步深入学习。

图 9-36　发布 Power BI 报表

第 **10** 章

Python数据可视化方法

10.1 背 景 介 绍

Office 办公软件在日常工作学习中的应用可以说是无处不在。其中,Excel 是可编程性最好的办公应用,读取、修改和创建大数据量的 Excel 表格是使用 Excel 时经常会遇到的问题,纯粹依靠手工完成这些工作十分耗时,而且操作的过程十分容易出错。在本章中,将会介绍如何借助 Python 的 openpyxl 模块完成这些工作,提升工作效率。Python 中的 openpyxl 模块能够对 Excel 文件进行创建、读取以及修改,让计算机自动进行大量烦琐重复的 Excel 文件处理成为可能。本章将围绕以下几个重点展开。

- 修改已有的 Excel 表单。
- 从 Excel 表单中提取信息。
- 创建更为复杂的 Excel 表单,为表格添加样式、图表等。

在此之前,读者应该熟知 Python 的基本语法,能够熟练使用 Python 的基本数据结构,包括 Dict,List 等,并且理解面向对象编程的基本概念。

在开始之前,读者可能会有疑问:什么时候我应该选择使用 openpyxl 这样的编程工具,而不是直接使用 Excel 的操作界面来完成我的工作呢? 虽然这样的实际场景数不胜数,但以下这几个例子十分有代表性,提供给读者们参考。

假设你在经营一个网店,当你每次需要将新商品上架到网页上时,需要将相应的商品信息填入到店铺的系统中,而所有的商品信息一开始都记录在若干个 Excel 表格中。如果需要将这些信息导入到系统中,就必须遍历 Excel 表格的每一行,并在店铺系统中重新输入。我们将这种情景抽象成从 Excel 表单中导出信息。

假设你是一个用户信息系统的管理员,公司在某次促销活动中需要导出所有用户的联系方式到可打印的文件中,并交给销售人员进行电话营销。显然 Excel 表单是可视化呈现这些信息的不二之选。这样的场景可以称之为向 Excel 表单中导入信息。

假设你是一所中学的数学老师,一次期中测验后需要整理汇总 20 个班级的成绩,并制作相应的统计图表。而令人绝望的是,你发现每个班级的成绩散落在不同的表单文件中,无法使用 Excel 内置的统计工具来汇总。这种场景称为 Excel 表单内部的信息聚合与提取。

管中窥豹,类似的问题难以枚举,却无不例外地令人头痛。但是,如果学会使用openpyxl 工具,这些都不再是问题。

本章主体将分为三大部分,第一部分——"前期准备与基本操作"将介绍 openpyxl 模块的基本概念和基本方法,以及工具的安装,Excel 的文件创建和基本读写;第二部分——"进阶内容"将通过几个具体的例子来说明如何使用 openpyxl 向 Excel 表格中添加样式、计算公式和图表;第三部分——"数据分析实例"将介绍如何将 openpyxl 与pandas,matplotlib 等其他 Python 工具结合起来,更高效地展开分析与可视化工作。

10.2 前期准备与基本操作

10.2.1 基本术语概念说明

在后文中将会用表 10-1 中的术语名词来指代表格操作中的具体概念,在此统一向读者说明。

表 10-1 基本术语

术　语	含　义
工作簿	指创建或者操作的主要文件对象,通常来讲,一个 .xlsx 文件对应于一个工作簿
工作表	工作表通常用来划分工作表中的不同内容,一个工作簿中可以包含多个不同的工作表
列	一列指工作表中垂直排列的一组数据,在 Excel 中,通常用大写字母来指代一列,如第一列通常是 A
行	一行指工作表中水平排列的一组数据,在 Excel 中,通常用数字来指代一行,如第一行通常是 1
单元格	一个单元格由一个行号和一个列号唯一确定,如 A1 指位于第 A 列第一行的单元格

10.2.2 安装 openpyxl 并创建一个工作簿

如同大多数 Python 模块,我们可以通过 pip 工具来安装 openpyxl,只要在命令行终端中执行代码清单 1 中的命令即可。

```
1.  # 代码清单 1
2.  pip install openpyxl
```

安装完毕之后,读者就可以用几行代码创建一个十分简单的工作簿了,如代码清单 2所示。

```
1.   # 代码清单 2
2.   from openpyxl import Workbook
3.
4.   workbook = Workbook()
5.   sheet = workbook.active
6.
7.   sheet["A1"] = "hello"
8.   sheet["B1"] = "world!"
9.
10.  workbook.save(filename="hello_world.xlsx")
```

首先从 openpyxl 包中 import Workbook 对象,并在第 4 行创建一个实例 workbook。在第 5 行中,通过 workbook 的 active 属性,获取到默认的工作表。紧接着在第 7、8 两行,向工作表的 A1 和 B1 两个位置分别插入"hello"和"world"两个字符串。最后,通过 workbook 的 save 方法,将新工作簿存储在名为"hello_world. xlsx"的文件中。打开该文件,可以看到文件内容如图 10-1 所示。

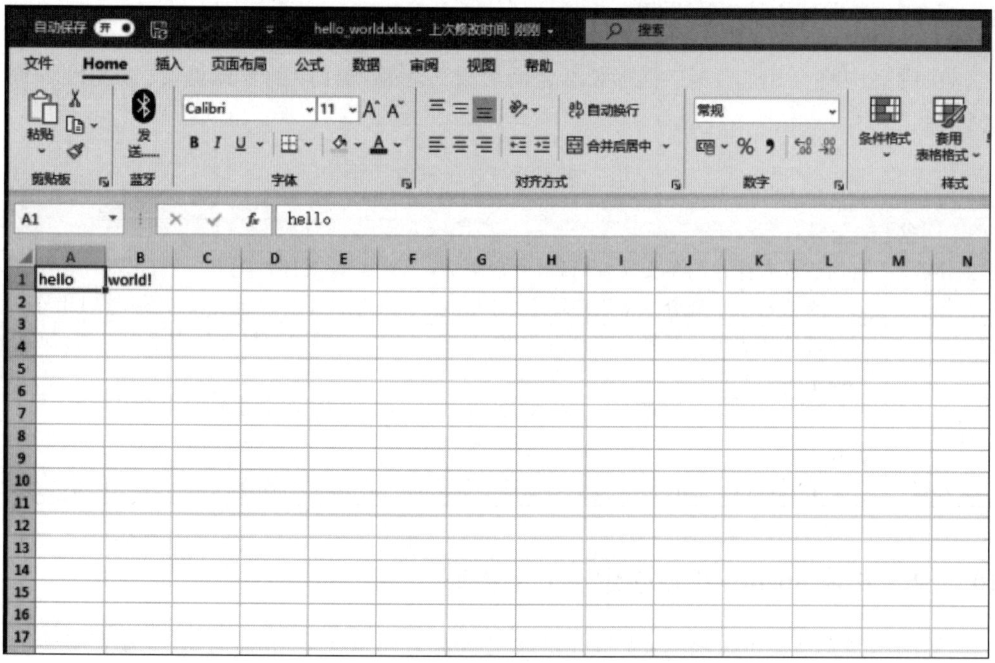

图 10-1　hello_world. xlsx 文件

10.2.3　从 Excel 工作簿中读取数据

本章为读者提供了实践用的样例工作簿 sample. xlsx,其中包含一些亚马逊在线商店的商品评价数据。读者可以在章节对应的附件中找到这个文件,并放置在实验代码的根目录下。之后的样例程序将在样例工作簿的基础上进行演示。

　　准备好数据文件后,就可以在 Python 命令行终端尝试打开并读取一个 Excel 工作簿了,请读者们先在命令行中输入 Python 命令,进入 Python 命令行终端,接下来的操作如代码清单 3 所示。

```
1.  # 代码清单 3
2.  >>> from openpyxl import load_workbook
3.  >>> workbook = load_workbook(filename="sample.xlsx")
4.  >>> workbook.sheetnames
5.  ['Sheet 1']
6.
7.  >>> sheet = workbook.active
8.  >>> sheet
9.  <Worksheet "Sheet 1">
10.
11. >>> sheet.title
12. 'Sheet 1'
```

　　为了读取工作簿,需要按照行 2 处的命令从 openpyxl 包中 import load_workbook() 函数。在行 3 通过调用 load_workbook() 函数并指定路径名,可以得到一个工作簿对象。非常直观地,workbook 的 sheetnames 属性为工作簿中所有工作表的名字列表。workbook.active 为当前工作簿的默认工作表,我们用 sheet 变量指向它。sheet 的 title 属性即为当前工作表的名称。这个样例是打开工作表最常见的方式,请读者熟练掌握。在本章中,读者也会再见到这个方法很多次。

　　在打开工作表后,读者可以按照代码清单 4 中的方式检索特定位置的数据。

```
1.  # 代码清单 4
2.  >>> sheet["A1"]
3.  <Cell 'Sheet 1'.A1>
4.
5.  >>> sheet["A1"].value
6.  'marketplace'
7.
8.  >>> sheet["F10"].value
9.  "G-Shock Men's Grey Sport Watch"
```

　　sheet 对象类似一个字典,可以通过组合行列序号的方式得到对应位置的键,然后用键去 sheet 对象中获取相应的值。值的形式为 Cell 类型的对象,如行 2、3 所示。如果想要获取相应单元格中的内容,可以通过访问 Cell 对象的 value 字段来完成(行 5~9)。除此之外,读者也可以通过 sheet 对象的 cell() 方法来获取特定位置的 Cell 对象和对应的值,如代码清单 5 所示。

```
1.  # 代码清单 5
2.  >>> sheet.cell(row=10, column=6)
3.  <Cell 'Sheet 1'.F10>
4.
5.  >>> sheet.cell(row=10, column=6).value
6.  "G-Shock Men's Grey Sport Watch"
```

特别需要注意的是,尽管在 Python 中索引的序号总是从 0 开始,但对 Excel 表单而言,行号和列号总是从 1 开始的,在使用 cell()方法时需要留意这一点。

10.2.4 迭代访问数据

本节将会讲解如何遍历访问工作表中的数据,openpyxl 提供了十分方便的数据选取工具,而且使用方式十分接近 Python 语法。依据不同的需求,有如下几种不同的访问方式。

第一种方式是通过组合两个单元格的位置选择一个矩形区域的 Cell,如代码清单 6 所示。

```
1.  # 代码清单 6
2.  >>> sheet["A1:C2"]
3.  (((<Cell 'Sheet 1'.A1>, <Cell 'Sheet 1'.B1>, <Cell 'Sheet 1'.C1>),
4.   (<Cell 'Sheet 1'.A2>, <Cell 'Sheet 1'.B2>, <Cell 'Sheet 1'.C2>))
```

此外,可以通过指定行号或列号来选择一整行或一整列的数据,如代码清单 7 所示。

```
1.  # 代码清单 7
2.  >>> # Get all cells from column A
3.  >>> sheet["A"]
4.  (<Cell 'Sheet 1'.A1>,
5.   <Cell 'Sheet 1'.A2>,
6.   ...
7.   <Cell 'Sheet 1'.A99>,
8.   <Cell 'Sheet 1'.A100>)
9.
10. >>> # Get all cells for a range of columns
11. >>> sheet["A:B"]
12. ((<Cell 'Sheet 1'.A1>,
13.  <Cell 'Sheet 1'.A2>,
14.  ...
15.  <Cell 'Sheet 1'.A99>,
16.  <Cell 'Sheet 1'.A100>),
```

```
17.  (<Cell 'Sheet 1'.B1>,
18.   <Cell 'Sheet 1'.B2>,
19.   ...
20.   <Cell 'Sheet 1'.B99>,
21.   <Cell 'Sheet 1'.B100>))
22.
23.  >>> # Get all cells from row 5
24.  >>> sheet[5]
25.  (<Cell 'Sheet 1'.A5>,
26.   <Cell 'Sheet 1'.B5>,
27.   ...
28.   <Cell 'Sheet 1'.N5>,
29.   <Cell 'Sheet 1'.O5>)
30.
31.  >>> # Get all cells for a range of rows
32.  >>> sheet[5:6]
33.  (((<Cell 'Sheet 1'.A5>,
34.    <Cell 'Sheet 1'.B5>,
35.    ...
36.    <Cell 'Sheet 1'.N5>,
37.    <Cell 'Sheet 1'.O5>),
38.   (<Cell 'Sheet 1'.A6>,
39.    <Cell 'Sheet 1'.B6>,
40.    ...
41.    <Cell 'Sheet 1'.N6>,
42.    <Cell 'Sheet 1'.O6>))
```

第三种方式是通过基于Python生成器(generator)的两个函数来获取单元格。

- iter_rows()
- iter_cols()

两个函数都可以接收如下四个参数。

- min_row
- max_row
- min_col
- max_col

使用方式如代码清单8所示。

```
1.  # 代码清单 8
2.  >>> for row in sheet.iter_rows(min_row=1,
3.  ...                            max_row=2,
4.  ...                            min_col=1,
5.  ...                            max_col=3):
```

```
6.   ...     print(row)
7.   (<Cell 'Sheet 1'.A1>, <Cell 'Sheet 1'.B1>, <Cell 'Sheet 1'.C1>)
8.   (<Cell 'Sheet 1'.A2>, <Cell 'Sheet 1'.B2>, <Cell 'Sheet 1'.C2>)
9.
10.
11.  >>> for column in sheet.iter_cols(min_row=1,
12.  ...                               max_row=2,
13.  ...                               min_col=1,
14.  ...                               max_col=3):
15.  ...     print(column)
16.  (<Cell 'Sheet 1'.A1>, <Cell 'Sheet 1'.A2>)
17.  (<Cell 'Sheet 1'.B1>, <Cell 'Sheet 1'.B2>)
18.  (<Cell 'Sheet 1'.C1>, <Cell 'Sheet 1'.C2>)
```

如果在调用函数时将 values_only 设置为 True,将会只返回每个单元格的值,如代码清单 9 所示。

```
1.   # 代码清单 9
2.   >>> for value in sheet.iter_rows(min_row=1,
3.   ...                              max_row=2,
4.   ...                              min_col=1,
5.   ...                              max_col=3,
6.   ...                              values_only=True):
7.   ...     print(value)
8.   ('marketplace', 'customer_id', 'review_id')
9.   ('US', 3653882, 'R3O9SGZBVQBV76')
```

同时,Sheet 对象的 rows 和 columns 对象本身即是一个迭代器,如果不需要指定特定的行列,而只是想遍历整个数据集,可以使用如代码清单 10 中的方式访问数据。

```
1.   # 代码清单 10
2.   >>> for row in sheet.rows:
3.   ...     print(row)
4.   (<Cell 'Sheet 1'.A1>, <Cell 'Sheet 1'.B1>, <Cell 'Sheet 1'.C1>
5.   ...
6.   <Cell 'Sheet 1'.M100>, <Cell 'Sheet 1'.N100>, <Cell 'Sheet 1'.O100>)
```

通过使用上述方法,相信读者已经学会如何读取 Excel 表单中的数据了,代码清单 11 中的实例展示了一个完整的读取数据并转换为 JSON 序列的流程。

```
1.  # 代码清单 11
2.  import json
3.  from openpyxl import load_workbook
4.
5.  workbook = load_workbook(filename="sample.xlsx")
6.  sheet = workbook.active
7.
8.  products = {}
9.
10. # Using the values_only because you want to return the cells' values
11. for row in sheet.iter_rows(min_row=2,
12.                            min_col=4,
13.                            max_col=7,
14.                            values_only=True):
15.     product_id = row[0]
16.     product = {
17.         "parent": row[1],
18.         "title": row[2],
19.         "category": row[3]
20.     }
21.     products[product_id] = product
22.
23. # Using json here to be able to format the output for displaying later
24. print(json.dumps(products))
```

10.2.5　修改与插入数据

在 1.2.2 节中已经介绍了如何向单个单元格中添加数据,需要说明的是,如代码清单 12 所示,当向 B10 单元格中添加了数据之后,openpyxl 会自动插入 10 行数据,中间未定义的位置的值为 None。

```
1.  # 代码清单 12
2.  >>> def print_rows():
3.  ...     for row in sheet.iter_rows(values_only=True):
4.  ...         print(row)
5.
6.  >>> # Before, our spreadsheet has only 1 row
```

```
7.  >>> print_rows()
8.  ('hello', 'world!')
9.
10. >>> # Try adding a value to row 10
11. >>> sheet["B10"] = "test"
12. >>> print_rows()
13. ('hello', 'world!')
14. (None, None)
15. (None, None)
16. (None, None)
17. (None, None)
18. (None, None)
19. (None, None)
20. (None, None)
21. (None, None)
22. (None, 'test')
```

接下来介绍如何插入和删除行列,openpyxl 库提供了非常直观的四个函数:

- insert_rows()
- delete_rows()
- insert_cols()
- delete_cols()

每个函数接受两个参数,分别是 idx 和 amount。idx 指明了从哪个位置开始插入和删除,amount 指明了插入或删除的数量。请读者首先阅读代码清单 13 的示例程序。

```
1.  # 代码清单 13
2.  >>> print_rows()
3.  ('hello', 'world!')
4.
5.  >>> # Insert a column before the existing column 1 ("A")
6.  >>> sheet.insert_cols(idx=1)
7.  >>> print_rows()
8.  (None, 'hello', 'world!')
9.
10. >>> # Insert 5 columns between column 2 ("B") and 3 ("C")
11. >>> sheet.insert_cols(idx=3, amount=5)
12. >>> print_rows()
```

```
13. (None, 'hello', None, None, None, None, None, 'world!')
14.
15. >>> # Delete the created columns
16. >>> sheet.delete_cols(idx=3, amount=5)
17. >>> sheet.delete_cols(idx=1)
18. >>> print_rows()
19. ('hello', 'world!')
20.
21. >>> # Insert a new row in the beginning
22. >>> sheet.insert_rows(idx=1)
23. >>> print_rows()
24. (None, None)
25. ('hello', 'world!')
26.
27. >>> # Insert 3 new rows in the beginning
28. >>> sheet.insert_rows(idx=1, amount=3)
29. >>> print_rows()
30. (None, None)
31. (None, None)
32. (None, None)
33. (None, None)
34. ('hello', 'world!')
35.
36. >>> # Delete the first 4 rows
```

需要读者留意的是,当使用函数插入数据时,插入部分实际发生在 idx 参数所指特定行或列的前一个位置,例如,调用 insert_rows(1),新插入的行将会在原先的第一行之前,成为新的第一行。

10.3　进 阶 内 容

10.3.1　为 Excel 表单添加公式

公式计算可以说是 Excel 中最重要的功能,也是 Excel 表单相比其他数据记录工具最为强大的地方。通过使用公式,可以在任意单元格的数据上应用数学方程,得到期望的统计或计量结果。在 openpyxl 中使用公式和在 Excel 应用中编辑公式一样简单,代码清单 14 展示了如何查看 openpyxl 中支持的公式类型。

```
1.  # 代码清单 14
2.  >>> from openpyxl.utils import FORMULAE
3.  >>> FORMULAE
4.  frozenset({'ABS',
5.              'ACCRINT',
6.              'ACCRINTM',
7.              'ACOS',
8.              'ACOSH',
9.              'AMORDEGRC',
10.             'AMORLINC',
11.             'AND',
12.             ...
13.             'YEARFRAC',
14.             'YIELD',
15.             'YIELDDISC',
16.             'YIELDMAT',
17.             'ZTEST'})
```

向单元格中添加公式的操作非常类似于赋值操作,如代码清单 15 所示,计算 H 列第 2~100 行的平均值。

```
1.  # 代码清单 15
2.  >>> workbook = load_workbook(filename="sample.xlsx")
3.  >>> sheet = workbook.active
4.  >>> # Star rating is column "H"
5.  >>> sheet["P2"] = "=AVERAGE(H2:H100)"
6.  >>> workbook.save(filename="sample_formulas.xlsx")
```

操作后的 Excel 表单如图 10-2 所示。

在需要添加的公式中有时候会出现引号包围的字符串,这个时候需要特别留意。有两种方式应对这个问题:最外围改为单引号,或者对公式中的双引号使用转义符。例如,要统计第 I 列的数据中大于 0 的个数,如代码清单 16 所示。

```
1.  # 代码清单 16
2.  >>> # The helpful votes are counted on column "I"
3.  >>> sheet["P3"] = '=COUNTIF(I2:I100, ">0")'
4.  >>> # or sheet["P3"] = "=COUNTIF(I2:I100, \">0\")"
5.  >>> workbook.save(filename="sample_formulas.xlsx")
```

统计结果如图 10-3 所示。

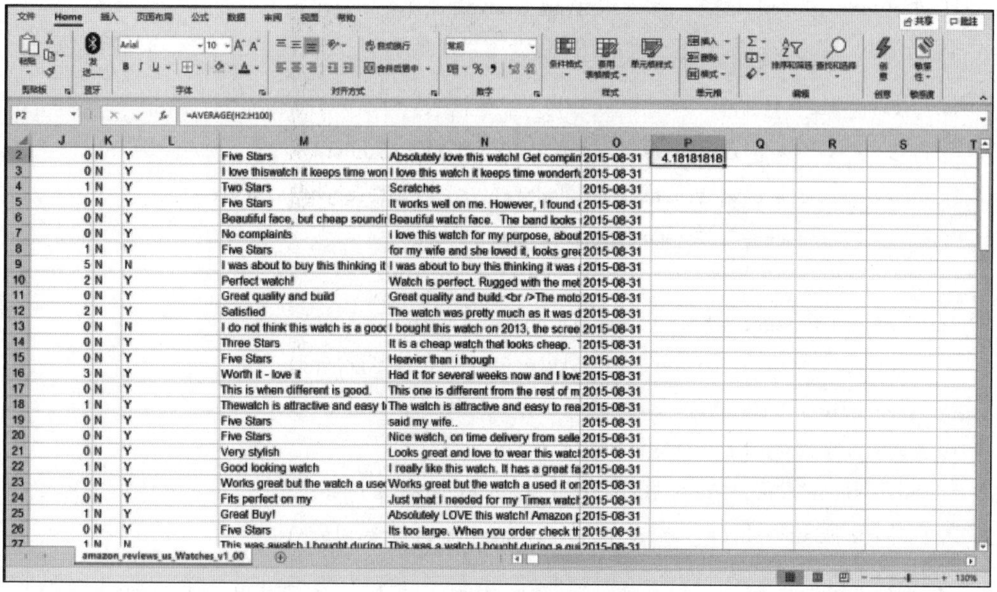

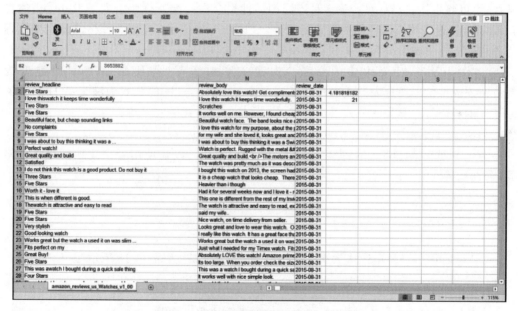

图 10-2 sample_formulas.xlsx

图 10-3 添加计数统计的 sample_formulas

10.3.2 为表单添加条件格式

条件格式是指表单根据单元格中不同的数据自动地应用预先设定的不同种类的格式。举一个比较常见的例子,如果想让成绩统计册中所有没及格的学生都高亮地显示出来,那么条件格式就是最恰当的工具。

下面在 sample.xlsx 数据表上为读者演示几个示例。

代码清单 17 实现了这样一个简单的功能：将所有评分三星以下的行染成红色。

```
1.  # 代码清单 17
2.  >>> from openpyxl.styles import PatternFill, colors
3.  >>> from openpyxl.styles.differential import DifferentialStyle
4.  >>> from openpyxl.formatting.rule import Rule
5.
6.  >>> red_background = PatternFill(bgColor=colors.RED)
7.  >>> diff_style = DifferentialStyle(fill=red_background)
8.  >>> rule = Rule(type="expression", dxf=diff_style)
9.  >>> rule.formula = ["$H1<3"]
10. >>> sheet.conditional_formatting.add("A1:O100", rule)
11. >>> workbook.save("sample_conditional_formatting.xlsx")
```

注意到代码清单行 2 从 openpyxl.style 中引入了 PatternFill 和 colors 两个对象。这两个对象是为了设定目标数据行的格式属性。在行 3 中引入了 DifferentialStyle 这个包装类，可以将字体、边界、对齐等多种不同的属性聚合在一起。行 4 引入了 Rule 类，通过 Rule 类可以设定填充属性需要满足的条件。如行 6～10 所示，应用条件格式的主要流程为先构建 PatternFill 对象 red_background，再构建 DifferentialStyle 对象 diff_style，diff_style 将作为 rule 对象构建的参数。构建 rule 对象时，需要指明 rule 的类型为 "expression"，也即通过表达式进行选择。在行 9 指明了 rule 的公式为满足第 H 列数值小于 3 的相应行。此处的公式语法与 Excel 软件中的公式语法一致。

如图 10-4 所示评分 3 以下的条目均被标红。

为了方便起见，openpyxl 提供了三种内置的格式，可以让使用者快速地创建条件格式，分别是：

- ColorScale
- IconSet
- DataBar

ColorScale 可以根据数值大小创建色阶，使用方法如代码清单 18 所示。

```
1.  # 代码清单 18
2.  >>> from openpyxl.formatting.rule import ColorScaleRule
3.  >>> color_scale_rule = ColorScaleRule(start_type="num",
4.  ...                                   start_value=1,
5.  ...                                   start_color=colors.RED,
6.  ...                                   mid_type="num",
7.  ...                                   mid_value=3,
8.  ...                                   mid_color=colors.YELLOW,
```

```
9.  ...                                           end_type="num",
10. ...                                           end_value=5,
11. ...                                           end_color=colors.GREEN)
12.
13. >>> # Again, let's add this gradient to the star ratings, column "H"
14. >>> sheet.conditional_formatting.add("H2:H100", color_scale_rule)
15. >>> workbook.save(filename="sample_conditional_formatting_color_scale_3.xlsx")
```

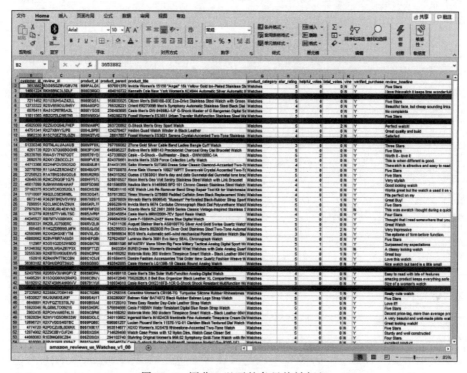

图 10-4　评分 3 以下的条目均被标红

　　效果如图 10-5 所示使用 ColorScale 创建色阶。单元格的颜色随着评分由高到低逐渐由绿变红。

　　IconSet 可以依据单元格的值来添加相应的图标，如代码清单 19 所示，只需要指定图标集合的类别和相应值的范围，就可以直接应用到表格上。读者可以在 openpyxl 的官方文档中找到完成的图标列表。

```
1.  # 代码清单 19
2.  >>> from openpyxl.formatting.rule import IconSetRule
3.
4.  >>> icon_set_rule = IconSetRule("5Arrows", "num", [1, 2, 3, 4, 5])
5.  >>> sheet.conditional_formatting.add("H2:H100", icon_set_rule)
6.  >>> workbook.save("sample_conditional_formatting_icon_set.xlsx")
```

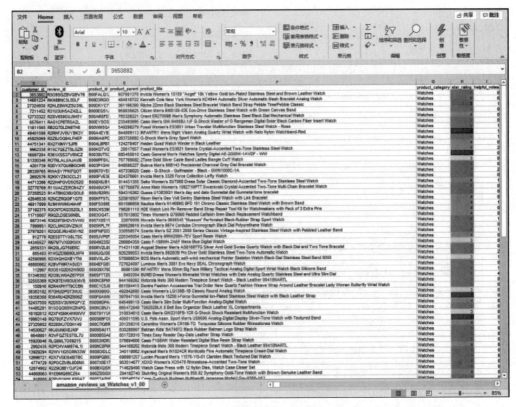

图 10-5　使用 ColorScale 创建色阶

效果如图 10-6 所示为添加了图标的表格。

	product_category	star_rating	helpful_votes	total_votes	vine	verified_purchase	review_headline
2	Watches		5	0	0	N	Y	Five Stars
3	Watches		5	0	0	N	Y	I love this watch it keeps time wonderfully
4	Watches		2	1	1	N	Y	Two Stars
5	Watches		5	0	0	N	Y	Five Stars
6	Watches		4	0	0	N	Y	Beautiful face, but cheap sounding links
7	Watches		5	0	0	N	Y	No complaints
8	Watches		5	1	1	N	Y	Five Stars
9	Watches		1	5	5	N	N	I was about to buy this thinking it was a ...
10	Watches		5	1	2	N	Y	Perfect watch!
11	Watches		4	0	0	N	Y	Great quality and build
12	Watches		4	2	2	N	Y	Satisfied
13	Watches		1	0	0	N	N	I do not think this watch is a good product. Do not buy it
14	Watches		3	0	0	N	Y	Three Stars
15	Watches		5	0	0	N	Y	Five Stars
16	Watches		5	2	3	N	Y	Worth it - love it
17	Watches		5	0	0	N	Y	This is when different is good.
18	Watches		4	1	1	N	Y	The watch is attractive and easy to read
19	Watches		5	0	0	N	Y	Five Stars
20	Watches		5	0	0	N	Y	Five Stars
21	Watches		4	0	0	N	Y	Very stylish
22	Watches		4	1	1	N	Y	Good looking watch
23	Watches		4	0	0	N	Y	Works great but the watch a used it on was slim ...
24	Watches		5	0	0	N	Y	Fits perfect on my
25	Watches		5	1	1	N	Y	Great Buy!
26	Watches		5	0	0	N	Y	Five Stars

图 10-6　添加了图标的表格

最后一个 Databar 允许在单元格中添加类似进度条一样的条带,直观地展示数值的大小,使用方式如代码清单 20 所示。

```
1.  # 代码清单 20
2.  >>> from openpyxl.formatting.rule import DataBarRule
3.
4.  >>> data_bar_rule = DataBarRule(start_type="num",
5.  ...                             start_value=1,
6.  ...                             end_type="num",
7.  ...                             end_value="5",
8.  ...                             color=colors.GREEN)
9.  >>> sheet.conditional_formatting.add("H2:H100", data_bar_rule)
10. >>> workbook.save("sample_conditional_formatting_data_bar.xlsx")
```

只需要指定规则的最大值和最小值，以及希望显示的颜色，就可以直接使用了。代码执行后的效果如图 10-7 所示。

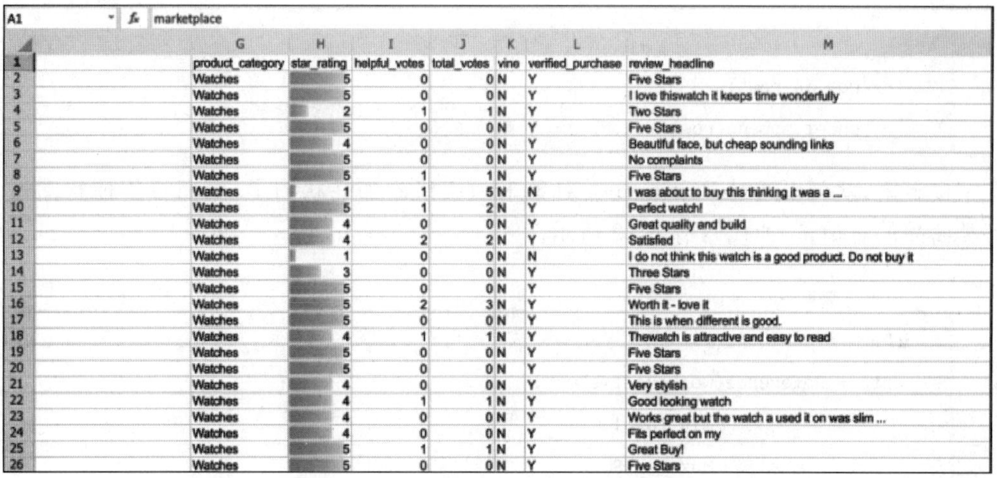

图 10-7　添加了 DataBar 的表格

使用条件格式可以实现很多非常棒的功能，虽然这里限于篇幅只展示了一部分样例，但读者们可以通过查阅 openpyxl 的文档获得更多的信息。

10.3.3　为 Excel 表单添加图表

Excel 表单可以生成十分具有表现力的数据图表，包括柱状图、饼图、折线图等，使用 openpyxl 一样可以实现对应的功能。

在展示如何添加图表之前，需要先构建一组数据来作为实例，如代码清单 21 所示。

```
1.  # 代码清单 21
2.  from openpyxl import Workbook
3.  from openpyxl.chart import BarChart, Reference
4.
```

```
5.   workbook = Workbook()
6.   sheet = workbook.active
7.
8.   rows = [
9.       ["Product", "Online", "Store"],
10.      [1, 30, 45],
11.      [2, 40, 30],
12.      [3, 40, 25],
13.      [4, 50, 30],
14.      [5, 30, 25],
15.      [6, 25, 35],
16.      [7, 20, 40],
17.  ]
18.
19.  for row in rows:
20.      sheet.append(row)
```

接下来,就可以通过 BarChart 类对象来为表格添加柱状图了,我们希望柱状图展示每类商品的总销量,如代码清单 22 所示。

```
1.   # 代码清单 22
2.   chart = BarChart()
3.   data = Reference(worksheet=sheet,
4.                    min_row=1,
5.                    max_row=8,
6.                    min_col=2,
7.                    max_col=3)
8.
9.   chart.add_data(data, titles_from_data=True)
10.  sheet.add_chart(chart, "E2")
11.
12.  workbook.save("chart.xlsx")
```

如图 10-8 所示为插入了柱状图的表格,简洁的柱状图就已经生成好了。

插入图表的左上角将和代码指定的单元格对齐,样例将图表对齐在了 E2 处。

如果想绘制一个折线图,可以像代码清单 23 所示,简单修改以下术语,然后使用 LineChart 类。

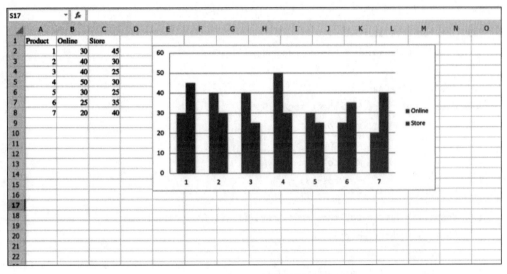

图 10-8 插入了柱状图的表格

```
1.  # 代码清单 23
2.  import random
3.  from openpyxl import Workbook
4.  from openpyxl.chart import LineChart, Reference
5.
6.  workbook = Workbook()
7.  sheet = workbook.active
8.
9.  # Let's create some sample sales data
10. rows = [
11.     ["", "January", "February", "March", "April",
12.     "May", "June", "July", "August", "September",
13.      "October", "November", "December"],
14.     [1, ],
15.     [2, ],
16.     [3, ],
17. ]
18.
19. for row in rows:
20.     sheet.append(row)
21.
22. for row in sheet.iter_rows(min_row=2,
23.                           max_row=4,
24.                           min_col=2,
```

```
25.                                     max_col=13):
26.       for cell in row:
27.           cell.value = random.randrange(5, 100)
28.
29. chart = LineChart()
30. data = Reference(worksheet=sheet,
31.                     min_row=2,
32.                     max_row=4,
33.                     min_col=1,
34.                     max_col=13)
35.
36. chart.add_data(data, from_rows=True, titles_from_data=True)
37. sheet.add_chart(chart, "C6")
38.
39. workbook.save("line_chart.xlsx")
```

效果如图 10-9 所示。

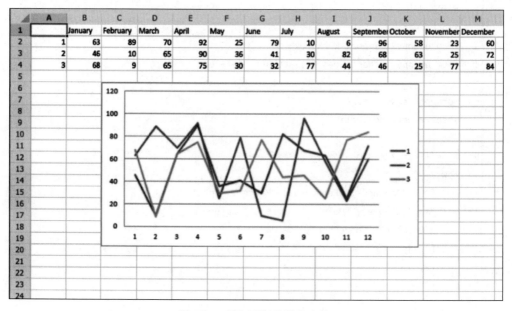

图 10-9　添加了折线图的表格

10.4　案例：Python 表格处理分析

10.4.1　背景与前期准备

本实例中使用的数据为 Consumer Reviews of Amazon Dataset 中的一部分,读者可以在随书的资料中找到名为"Consumer_Reviews_of_Amazon.xlsx"的文件。Consumer

Reviews of Amazon Dataset 中有超过 34 000 条针对 Amazon 产品（如 Kindle、Fire TV Stick 等）的消费者评论，以及 Datafiniti 产品数据库提供的更多评论。数据集中包括基本产品信息、评分、评论文本等相关信息。本节提供的数据截取了数据集中的一部分，完整的数据集可从 Datafiniti 的网站获得。

通过这些数据，读者可以了解亚马逊的消费电子产品销售情况，分析每次交易中消费者的评论，甚至可以进一步构建机器学习模型来对产品的销售情况进行预测，例如：

最受欢迎的亚马逊产品是什么？

每个产品的初始和当前顾客评论数量是多少？

产品发布后的前 90 天内的评论与产品价格相比如何？

产品发布后的前 90 天内的评论与可销售的日子相比如何？

将评论文本中的关键字与评论评分相对应，来训练情感分类模型。

本节主要聚焦于数据的可视化分析，展示了如何使用 openpyxl 读取数据，如何与 pandas、matplotlib 等工具交互，以及如何将其他工具生成的可视化结果重新导回到 Excel 中。

读者需要首先新建一个工作目录，并将 Consumer_Reviews_of_Amazon.xlsx 复制到当前的工作目录下，并通过如下的命令安装额外的环境依赖。

```
1.  # 代码清单 24
2.  pip install numpy matplotlib sklearn pandas Pillow
```

准备完成后就可以开始本次实验了。

10.4.2 使用 openpyxl 读取数据并转为 DataFrame

如代码清单 25 所示，首先在第 5 行加载准备好的文件，并在第 6 行获得默认工作表

```
1.  # 代码清单 25
2.  import pandas as pd
3.  from openpyxl import load_workbook
4.
5.  workbook = load_workbook(filename="Consumer_Reviews_of_Amazon.xlsx")
6.  sheet = workbook.active
7.
8.  data = sheet.values
9.
10. # Set the first row as the columns for the DataFrame
11. cols = next(data)
12. data = list(data)
13.
14. df = pd.DataFrame(data, columns=cols)
```

sheet,在第 8 行通过 sheet 的 value 属性提取工作表中所有的数据。在第 11 行将 data 的第一行单独取出,作为 pandas 中 dataframe 的列名,然后在 12 行将 data 生成器转换为 Python List(注意,这里的 Python List 中不包含原工作表中的第一行,请读者们自行思考原因)。最后,在第 14 行将数据转换为 DataFrame 留作下一步使用。

10.4.3 绘制数值列直方图

得到待分析的数据后,通常要做的第一步就是统计各列的数值分布,使用直方图的形式直观展示出来,我们将自定义一个较为通用的直方图绘制函数。这个函数将表中所有数值可枚举(2~50 种)的列使用直方图展示出来。如代码清单 26 所示。

```python
1.  # 代码清单 26
2.  from mpl_toolkits.mplot3d import Axes3D
3.  from sklearn.preprocessing import StandardScaler
4.  import matplotlib.pyplot as plt # plotting
5.  import numpy as np # linear algebra
6.  import os # accessing directory structure
7.
8.  # Distribution graphs (histogram/bar graph) of column data
9.  def plotPerColumnDistribution(df, nGraphShown, nGraphPerRow):
10.     nunique = df.nunique()
11.     df = df[[col for col in df if nunique[col] > 1 and nunique[col] < 50]] # For displaying
        purposes, pick columns that have between 1 and 50 unique values
12.     nRow, nCol = df.shape
13.     columnNames = list(df)
14.     nGraphRow = (nCol + nGraphPerRow - 1) / nGraphPerRow
15.     plt.figure(num = None, figsize = (6 * nGraphPerRow, 8 * nGraphRow), dpi = 80,
        facecolor = 'w', edgecolor = 'k')
16.     for i in range(min(nCol, nGraphShown)):
17.         plt.subplot(nGraphRow, nGraphPerRow, i + 1)
18.         columnDf = df.iloc[:, i]
19.         if (not np.issubdtype(type(columnDf.iloc[0]), np.number)):
20.             valueCounts = columnDf.value_counts()
21.             valueCounts.plot.bar()
22.         else:
23.             columnDf.hist()
24.         plt.ylabel('counts')
25.         plt.xticks(rotation = 90)
26.         plt.title(f'{columnNames[i]} (column {i})')
```

```
27.    plt.tight_layout(pad = 1.0, w_pad = 1.0, h_pad = 1.0)
28.    plt.show()
29.    plt.savefig('./ColumnDistribution.png')
30.
31. plotPerColumnDistribution(df, 10, 5)
```

plotPerColumnDistributio()函数接受三个参数,df 为 DataFrame,nGraphShown 为图总数的上限,nGraphPerRow 为每行的图片数。在第 10 行首先使用 pandas 的 nunique() 方法获得每一列不重复值的总数量,在第 11 行将不重复值总数为 2~50 的列保留,其余剔除。第 12~15 行计算总行数,并设置 matplotlib 的画布尺寸和排布。从 16 行开始依次绘制每个子图。绘制过程中需要区分一下值的类型,如果该列不是数值类型,则需要对各种值的出现数量进行统计,并通过 plot.bar()方法绘制到画布上(第 19~21 行);如果该列是数值类型,则只需要调用 hist()函数即可完成绘制(第 23 行)。在第 24~26 行设置图题以及坐标轴标签。第 27、28 行调整布局后即可通过 plt.show()查看绘制结果,如图 10-10 所示。

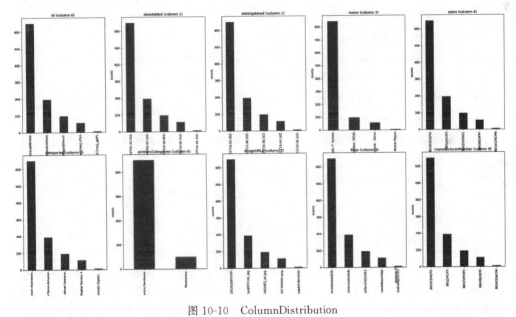

图 10-10   ColumnDistribution

10.4.4　绘制相关性矩阵

相关性矩阵是表示变量之间的相关系数的表。表格中的每个单元格均显示两个变量之间的相关性。通常在进行数据建模之前需要计算相关性矩阵,有下面三个主要原因。

通过相关性矩阵图表,可以较为清晰直观地看出数据中的潜藏特征。

相关性矩阵可以作为其他分析的输入特征。例如,使用相关矩阵作为探索性因素分析,确认性因素分析,结构方程模型的输入,或者在线性回归时用来成对排除缺失值。

作为检查其他分析结果时的诊断因素。例如,对于线性回归,变量间相关性过高则表明线性回归的估计值是不可靠的。

同样,在本节将会定义一个较为通用的相关性矩阵构建函数,如代码清单 27 所示。

```python
1.  # 代码清单 27
2.  def plotCorrelationMatrix(df, graphWidth):
3.      filename = df.dataframeName
4.      df = df.dropna('columns') # drop columns with NaN
5.      df = df[[col for col in df if df[col].nunique() > 1]] # keep columns where there
        are more than 1 unique values
6.      if df.shape[1] < 2:
7.          print(f'No correlation plots shown: The number of non-NaN or constant columns
            ({df.shape[1]}) is less than 2')
8.          return
9.      corr = df.corr()
10.     plt.figure(num=None, figsize=(graphWidth, graphWidth), dpi=80, facecolor='w',
        edgecolor='k')
11.     corrMat = plt.matshow(corr, fignum = 1)
12.     plt.xticks(range(len(corr.columns)), corr.columns, rotation=90)
13.     plt.yticks(range(len(corr.columns)), corr.columns)
14.     plt.gca().xaxis.tick_bottom()
15.     plt.colorbar(corrMat)
16.     plt.title(f'Correlation Matrix for {filename}', fontsize=15)
17.     plt.show()
18.     plt.savefig('./CorrelationMatrix.png')
19.
20. df.dataframeName = 'CRA'
21. plotCorrelationMatrix(df, 8)
```

在第 3 行获得当前的表名(注意:手动构建的 DataFrame 需要手工指定 dataframeName,如第 20 行所示)。第 4 行将表中的空值全部丢弃。第 5 行将所有值都相同的列全部丢弃。这时,如果列数小于 2,则无法进行相关性分析,打印警告并直接返回。第 9 行通过 corr()方法获得相关性矩阵的原始数据,第 11~18 行设置画布并绘制,最终的效果如图 10-11 所示。

在图 10-11 中,颜色越浅则相关性越高。通过这张图可以看到,用户是否对商品进行打分与是否进行评论的相关性很强。表明评论与打分是两个关联极强的因素,可以进一步设计模型来根据其中一个来预测另一个。

10.4.5　绘制散布矩阵

散布矩阵(Scatter Plot Matrix)又叫 Scagnostic. 是一种常用的高维度数据可视化技

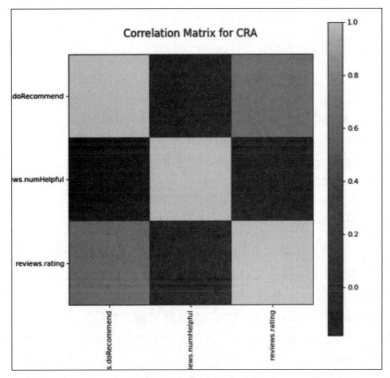

图 10-11　相关性矩阵

术。它将高维度的数据每两个变量组成一个散点图,再将它们按照一定的顺序组成散点图矩阵。通过这样的可视化方式,能够将高维度数据中所有的变量两两之间的关系展示出来。Scatter Plot Matrix 最初是由 John 和 Paul Turkey 提出的,它能够让分析者一眼就看出所有变量的两两相关性。

下面将介绍如何构建一个简单的散布矩阵函数,如代码清单 28 所示。

```python
1.  # 代码清单 28
2.  def plotScatterMatrix(df, plotSize, textSize):
3.      df = df.select_dtypes(include =[np.number]) # keep only numerical columns
4.      # Remove rows and columns that would lead to df being singular
5.      df = df.dropna('columns')
6.      df = df[[col for col in df if df[col].nunique() > 1]] # keep columns where there
        are more than 1 unique values
7.      columnNames = list(df)
8.      if len(columnNames) > 10: # reduce the number of columns for matrix inversion of
        kernel density plots
9.          columnNames = columnNames[:10]
10.     df = df[columnNames]
```

```
11.    ax = pd.plotting.scatter_matrix(df, alpha=0.75, figsize=[plotSize, plotSize],
       diagonal='kde')

12.    corrs = df.corr().values

13.    for i, j in zip(*plt.np.triu_indices_from(ax, k = 1)):

14.        ax[i, j].annotate('Corr. coef = %.3f' % corrs[i, j], (0.8, 0.2), xycoords='axes
           fraction', ha='center', va='center', size=textSize)

15.    plt.suptitle('Scatter and Density Plot')

16.    plt.show()

17.    plt.savefig('./ScatterMatrix.png')

18.

19. plotScatterMatrix(df, 9, 10)
```

代码第 3 行去除所有非数字类型的列,第 5 行将表中的空值全部丢弃。第 6 行将所有值都相同的列全部丢弃。第 7、8 行截取了前 10 列来进行展示,这是因为如果列数过多会超出屏幕的显示范围,读者可以自行选择需要绘制的特定列。第 11 行通过 pd.plotting. scatter_matrix 来初始化画布,第 12 行获取相关性系数。第 13、14 行将依次获取不同的列组合,并绘制该组合的相关性图表。第 15～17 行绘制并保存图片。最终的可视化结果如图 10-12 所示。

在图 10-12 散布矩阵中从左上到右下的对角线展示了 numhelpful 和 rating 的数据分布:可以看到绝大多数商品的 numhelpful 数量为零,而其他数量的分布比较平均。而绝大部分商品的 rating 则为 5 分,20% 左右的商品是 4 分,低于 4 分的数量较少。从左下到右上的散点图展示了数据在交叉的两个维度上的分布,绝大部分的 helpful 评价都来源于打分为 5 分的商品,且分数越低,出现 helpful 评价的几率越小,这符合人们日常生活的直觉。

10.4.6 将可视化结果插入回 Excel 表格中

前面几节的可视化图表都以 png 的图片格式存储在了工作路径中,下面将向读者演示如何将图片插入回 Excel 工作簿中。

```
1.  # 代码清单 29

2.  from openpyxl import Workbook

3.  from openpyxl.drawing.image import Image

4.

5.  workbook = Workbook()

6.  sheet = workbook.active

7.

8.  vis = Image("ScatterMatrix.png")

9.
```

```
10. # A bit of resizing to not fill the whole spreadsheet with the logo
11. vis.height = 600
12. vis.width = 600
13.
14. sheet.add_image(vis, "A1")
15. workbook.save(filename="visualization.xlsx")
```

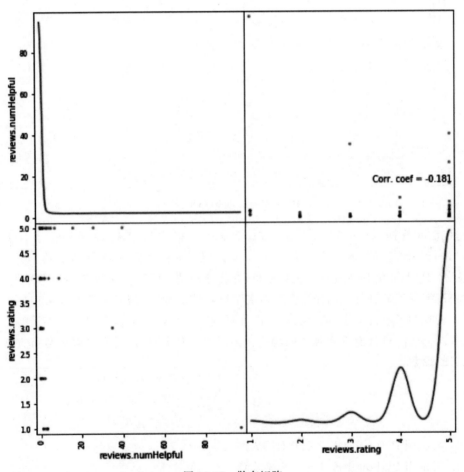

Scatter and Density Plot

图 10-12 散布矩阵

代码清单 29 首先创建了一个新的工作表，而后通过 openpyxl 的 image 模块加载了已经预先生成的 ScatterMatrix.png。在调整了图片的大小后，将其插入到了 A1 单元格中，最后保存了工作簿。流程十分清晰简单，最终的效果如图 10-13 所示。

本章通过若干案例向读者展示了如何使用 Python 的 openpyxl 库来创建 Excel 表

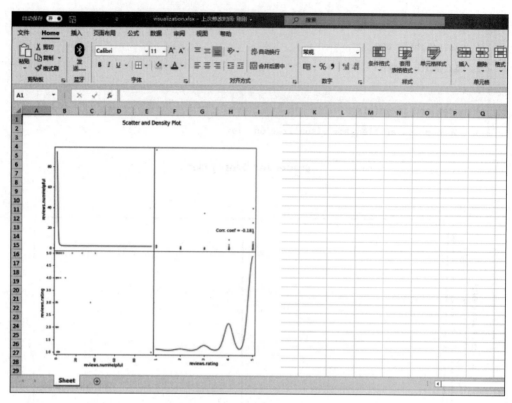

图 10-13　visualization.xlsx

单,迭代访问数据,添加数据,添加公式,添加条件格式和图表,基本涵盖了日常操作 Excel 进行自动化办公的需求。此外,本章还介绍了如何在 openpyxl 的基础上引入其他 更复杂的 Python 编程库进行可视化分析,并将分析结果再次存储回 Excel 表单中。虽然 初次使用编程工具进行数据操作会有很多难以习惯的地方,但是编程工具可以使大量需 要手工重复的工序自动化,让每次的工作可复制,可拓展,帮助读者完成更多看似不可能 的任务。openpyxl 还有许多强大的功能在本篇中没有提及,读者们可以参考官方文档进 行更多的探索。

习　　题

1. 尝试用 Python 向 Excel 里面插入图表。
2. 尝试用 Python 更改 Excel 表格颜色。

第**11**章

R数据可视化方法

R是用于统计分析、绘图的语言,是属于GNU系统的一个自由、免费、源代码开放的软件,是一个用于统计计算和统计制图的优秀工具。

11.1 R语言的特点

R语言是完全免费、开源的,非常能体现共享精神的项目,其源代码能在github上找到托管,如图11-1所示,可以找到相应的托管源代码的github仓库。可以在它的网站或CRAN镜像中下载任何有关的安装程序、源代码、程序包及其文档资料。标准的安装文件本身就带有许多模块和内嵌统计函数,安装好后可以直接实现许多常用的统计功能,并且R语言下载完后就自带很多经典的数据集供用户学习并使用。

R是一种可编程的语言。作为一个开放的统计编程环境,语法通俗易懂,很容易学会和掌握。而且由于R语言的开源性,用户可以编制自己的函数来扩展现有的语言,除了官方的程序包外,R语言有很多程序包都是世界各地广大R语言开发者提供的。这也是为什么它的更新速度比一般统计软件,如SPSS、SAS等要快得多,并且也能实现更多的功能。

所有R的函数和数据集是保存在程序包里面的。只有当一个包被载入时,它的内容才可以被访问。一些常用、基本的程序包已经被收入了标准安装文件中,而不用单独再下载,随着新的统计分析方法的出现,标准安装文件中所包含的程序包也随着版本的更新而不断变化。

R具有很强的互动性。除了图形输出时需要打开外部窗口,其他功能涉及的输入输出都是在同一个窗口进行的,输入语法中如果出现错误会马上在窗口中得到提示,对以前输入过的命令有记忆功能,可以随时再现、编辑修改以满足用户的需要。输出的图形可以

图 11-1　托管在 github 仓库上的 R 语言源代码

直接保存为 JPG、BMP、PNG 等图片格式,还可以直接保存为 PDF 文件。另外,R 语言和其他编程语言和数据库之间有很好的接口。

　　R 语言及其安装包可基于 CRAN 镜像下载:CRAN 为 Comprehensive R Archive Network 的简称。除了收藏了 R 语言的下载版、源代码和说明文件以外,也收录了各种用户撰写的软件包。现在,全球有超过一百个 CRAN 镜像站。R 语言也有域名为 .cn 的下载地址,即设置在中国内地的 R 语言镜像下载站,使用这些镜像进行 R 语言相关资源下载的优点在于可以提高用户的下载速度,并且避免使用全球其他地区镜像站下载带来的低下载速度或连接错误(因为存在物理延迟)。

11.2　R 语言的功能特征

　　R 是一套完整的数据处理、计算和制图软件系统。其功能主要如下。

　　R 语言有强大的数据存储和处理系统,除了在 R 语言中使用各种数学或统计工具进行数据的处理,R 语言本身也提供了强大的数据存储处理系统,在 R 语言中可以完成数据的初步存储与处理。

　　R 语言是数组运算工具,R 语言的向量、矩阵运算功能尤其强大。

　　R 语言是完整连贯的统计分析工具,通过 R 语言可以使用绝大多数的经典或者最新的统计方法。

　　R 语言是优秀的统计制图功能,输出的图形可以直接保存为常用的 JPG 等图片格式,也可以直接保存为 PDF 格式,之所以特别强调,是因为如果存成 PDF 格式可以保存为矢量图。

　　基于 R 语言的可编程性,R 语言也是一个简便而强大的编程语言,可操纵数据的输入和输出,可实现分支、循环,用户可自定义功能。

11.3　案例：Titanic 数据集处理流程

在之前的介绍中，R 语言是优秀的统计分析、数学计算、数据处理以及开放编程的环境，在本书中接下来着重介绍 R 语言在数据处理方面的功能与使用流程。

11.3.1　R 语言的安装

在开始用 R 语言进行数据处理之前，掌握 R 语言本体环境的安装配置以及 R 语言程序包的安装过程是非常有必要的。

1. 安装 R 语言

进入 R 语言官方的 CRAN 镜像下载页面 https://cran.r-project.org，如图 11-2 所示，在页面顶部提供了三个下载链接，分别对应三种操作系统：Windows、Mac 和 Linux。在本章中会全程在 Windows 版本的 R 环境下运行相关案例，所以此处以 Windows 版本为例继续下载，关于其他系统版本的下载，值得注意的一点是，由于 Linux 开源，系统有许多版本，使得 Linux 的 R 语言安装包也有很多版本，所以在 Linux 系统上的下载要更加注意对照其系统版本。

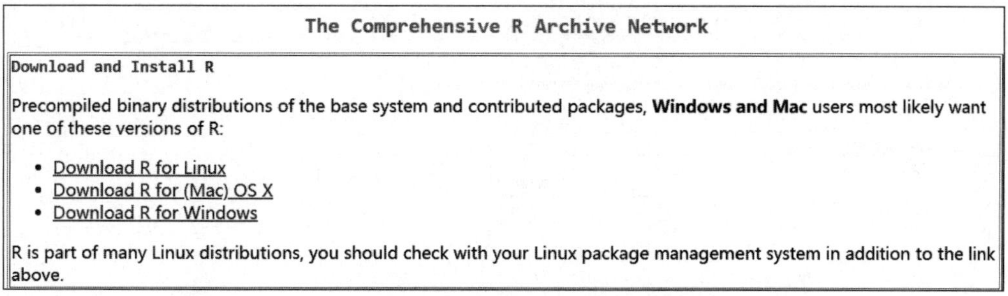

图 11-2　R 语言官方镜像的下载页面

接下来单击 Download R for Windows→base→Download R 4.0.2 for Windows，这一过程如图 11-3 和图 11-4 所示，即可下载相应安装包。从图 11-4 可以看出，如果下载 Windows 版本不需要考虑是 32 位还是 64 位系统，单击下载会同时下载带有 32 位和 64 位的安装包，当然后面会讲安装时可选安装 32 位还是 64 位。

下载完成后单击相应的可执行文件（.exe）开始安装。在安装组件的选项中，如图 11-5 所示，呼应了之前图 11-4 中所提及的"下载整合了 32 位和 64 位的安装包"。在安装过程中需要选择安装适合系统的版本。因为演示用的计算机使用 64 位的 Windows 系统，会自动去掉 32 位的选项。当然在使用 64 位系统的计算机下可以选择安装 32 位的组件并且能够运行，而 32 位系统不能兼容 64 位的组件。32 位和 64 位的 R 语言组件大体相同，首先两个版本均使用 32 位整数，所以整数类型和 C 等语言中的 int 类型是一致的，在涉及数值计算时具有相同的数值精度。而两者主要的差别是内存管理方面。64 位的 R 语言使用了 64 位的指针，而 32 位的 R 语言使用的则是 32 位指针。这意味着 64 位的 R 语

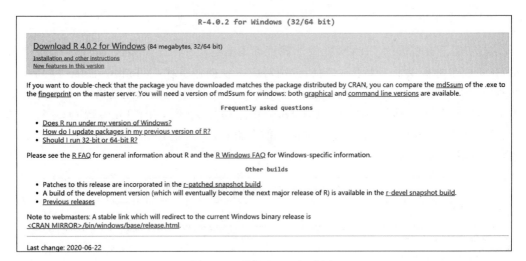

图 11-3　在 R for Windows 页面下选择 base 进入下载

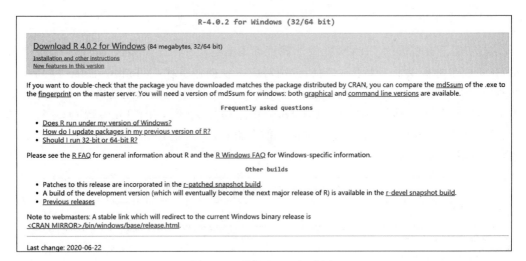

图 11-4　下载 Windows 版本

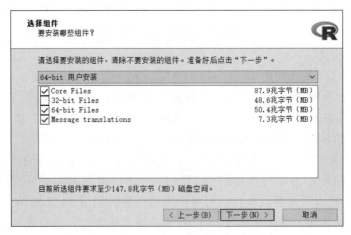

图 11-5　组件安装的选择

言可以使用和搜索更大的内存空间,也意味着 64 位版本的 R 语言在处理更大型的文件和数据集时所面临的内存管理问题更少。必须注意的是,如果操作系统不支持 64 位程

序,或者计算机内存小于 4GB,那么应该选择 32 位版本的 R 语言,以免在大型文件数据
集处理时出现内存管理相关的问题。

2. R 语言环境与 IDE

根据需要安装完 R 语言的所有组件后,即可打开 R 语言的原生 IDE,界面如图 11-6
所示,可以看出 R 语言的原生 IDE 即 RGui 功能和界面相对比较简单。

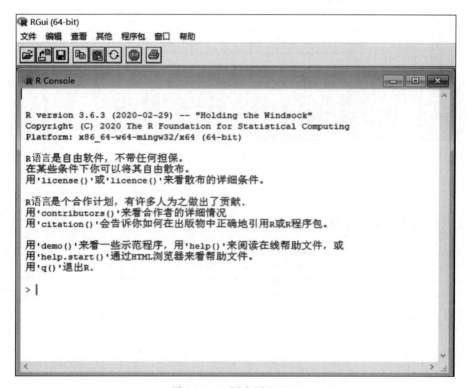

图 11-6　R 语言原生 IDE

如果需要更强大的 IDE 以使用更强大的开发环境,推荐使用 RStudio,打开官网
http://www.rstudio.com/ide 以获取下载,官网主页面如图 11-7 所示。

RStudio 有 Desktop 和 Server 版本可以下载,如图 11-8 所示,在本章的教学中使用
的是 RStudio Desktop,也推荐初学者使用 Desktop 版本。下载也分为开源版本和商业
版本,这里选择开源版本免费下载。

下载安装完成后打开 RStudio,主界面如图 11-9 所示,左侧是 R 语言命令行可以输
入指令运行程序包,右侧则是与 R 语言原生 IDE 所不同的地方,上方可以预览各种数据,
下方有预览文件、预览图像、预览程序包和帮助页面的选项卡,接下来会列举预览文件和
预览程序包的例子详细说明 RStudio 作为 IDE 更为强大的功能。

选择 Files 选项预览文件,其强大之处在于可以直接导入而不用手动输入指令导入,
同时 RStudio 提供了强大的功能以便于用户在导入文件时直观地设置各项参数,如指定
各列的数据类型,例如,在统计分析常用的 csv 文件设置中,如图 11-10 所示,可以设置

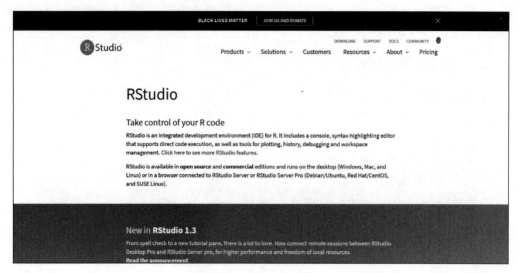

图 11-7　RStudio 主界面

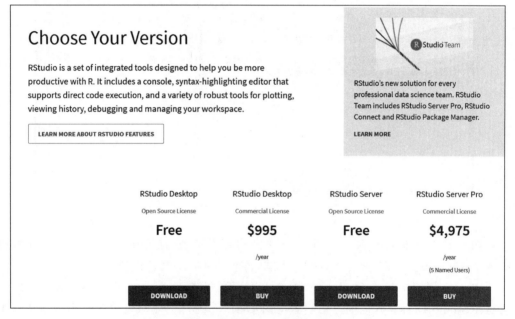

图 11-8　RStudio 下载界面

csv 文件的分隔方式,或者修改文件的编码方式避免乱码,这些在 console 命令行中其实就是一行指令函数加入的参数,但是在 RStudio IDE 下就不需要用户手动输入调整参数,减少了导入文件的麻烦。

　　选择 Packages 选项,如图 11-11 所示,就可以预览当前安装的所有可用的 R 语言程序包,并且可以查看引用状态,也可以单击每一行左侧来引用需要的程序包。RStudio 也提供了安装与更新功能,其中安装可以选择从 CRAN 镜像安装或者打开本地的压缩文件,非常便利。RStudio 将这些功能集成在一起,很大程度上方便了用户的使用。

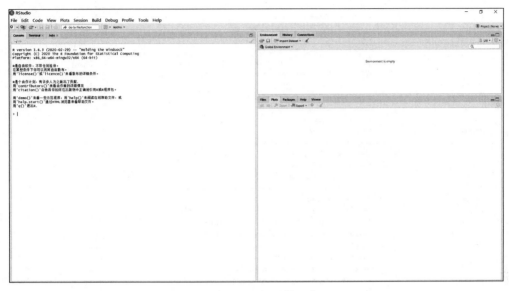

图 11-9　RStudio 主界面

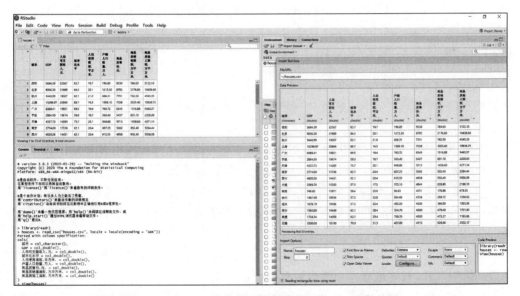

图 11-10　以 csv 文件设置为例介绍 RStudio 文件处理

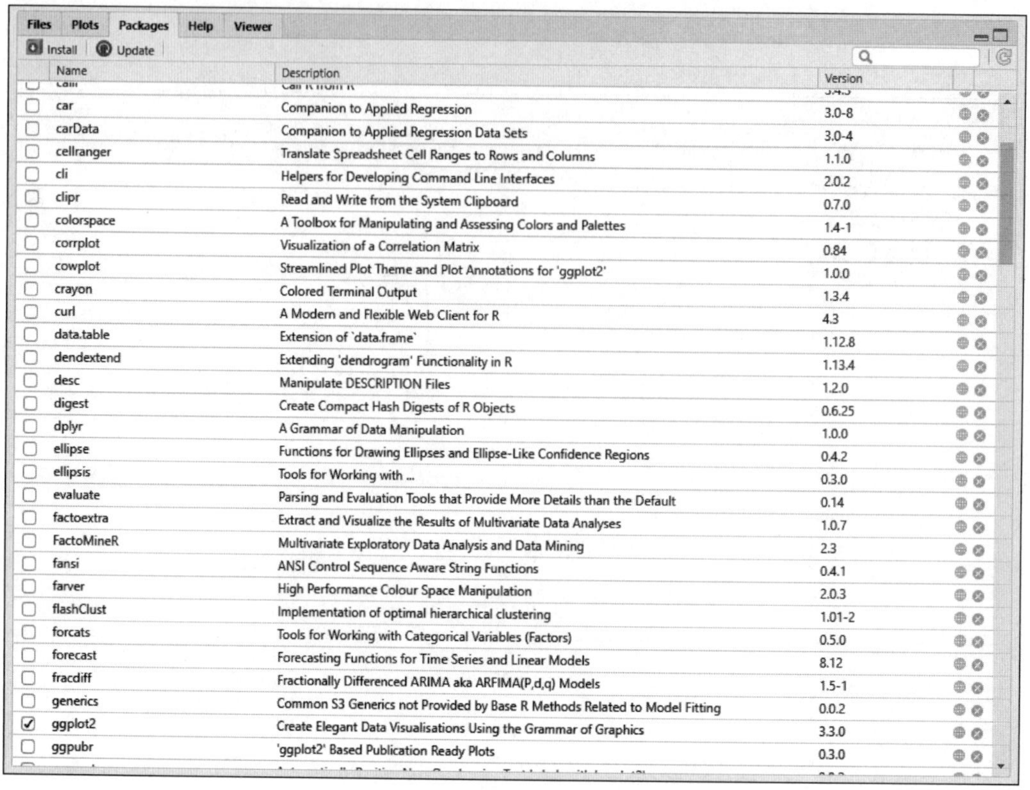

图 11-11　在 Packages 页面查看或管理 R 语言程序包

11.3.2　R 语言数据处理流程

本章会重点介绍使用 R 语言处理数据的流程,因为 R 语言功能繁多十分强大,受限于篇幅不能全部介绍,接下来将从数据导入这一流程讲解用 R 语言进行数据处理的流程与思想。

在介绍使用 R 语言的操作中,不妨先介绍一下数据处理分析或挖掘的流程。

(1) 提出问题:确定了数据处理分析或挖掘的目标和具体对象。

(2) 数据采集:采集原始数据,一种是利用文件的 i/o 函数打开现有的文件,另一种则是用其他手段如网络爬虫、数据库方法获取原始数据,原始数据接下来需要进行数据处理。

(3) 数据清洗:包括数据解析、排序、合并、筛选、缺失值插补以及其他各种数据转换和数据组织过程,最终得到一个适合数据分析的数据结构。

(4) 基础数据分析:进行基本的探索性数据分析,包括计算数据的汇总,采用基本的统计、聚类以及可视化方法来帮助用户更好地理解数据的特征,还可以通过图形来展现发现数据的主要性质、变化趋势,以及孤立点等。

(5) 高级数据分析:借用机器学习的方法基于训练数据得到预测模型,再根据预测模型预测给定数据的标签。

为了评估生成的模型是否在给定领域能够得到最优的结果，还要进行模型的筛选。该任务通常包括多个步骤，包括参数的预处理、参数调优、机器学习算法切换。

在介绍完上述数据分析或挖掘的步骤后，本章中本节的重点是介绍用 R 语言进行数据处理，其实就是对应了在数据导入 R 语言后进行数据清洗和基础数据分析的过程，再后面涉及机器学习的部分就超出本章的范围了。

1. 打开文件与预处理

在 R 语言中进行数据处理首先需要导入存有数据的文件，然后再读取后进行分析，最常见的数据导入格式是 csv 格式，其主要优势如下。

csv 文件自身结构简单，和纯文本的差别不大，易于查看预览，即便使用最简单的文本编辑器也能很好地预览，区别在于每个数据使用逗号进行分隔。

csv 文件属于轻量级的数据存储方式，也有利于网络传输以及客户端的再处理；同时 csv 不像 Excel 等格式文件有对数据的过多说明，具备基本的安全性。

csv 文件文本格式简单的同时又比纯文本格式功能强大，可以用 Excel 等软件以表格的形式进行读取并同样支持 Excel 的部分表格编辑功能与数据处理，在支持表格读取的 RStudio IDE 软件中也支持读取 csv 文件并支持以表格形式预览。

现在机器学习、深度学习等学科非常热门，csv 文件在其中依然发挥很大作用，例如，在训练 NLP 应用的算法中，诸如 Kaggle 等平台会提供以 csv 格式存储的原始语料让学习者也用 csv 文件存储从原始文本中提取的特征，用于算法训练。

本章之后从外部导入的数据文件都将以 csv 格式导入，接下来将介绍在 RStudio 中打开预览 csv 文件并进行基本的编辑。

以网络上著名的垃圾邮件数据集（spambase）为例，下载到的数据集命名为 spambase.csv，在 RStudio 中于 Files 选项中打开该文件，预览界面如图 11-12 所示。

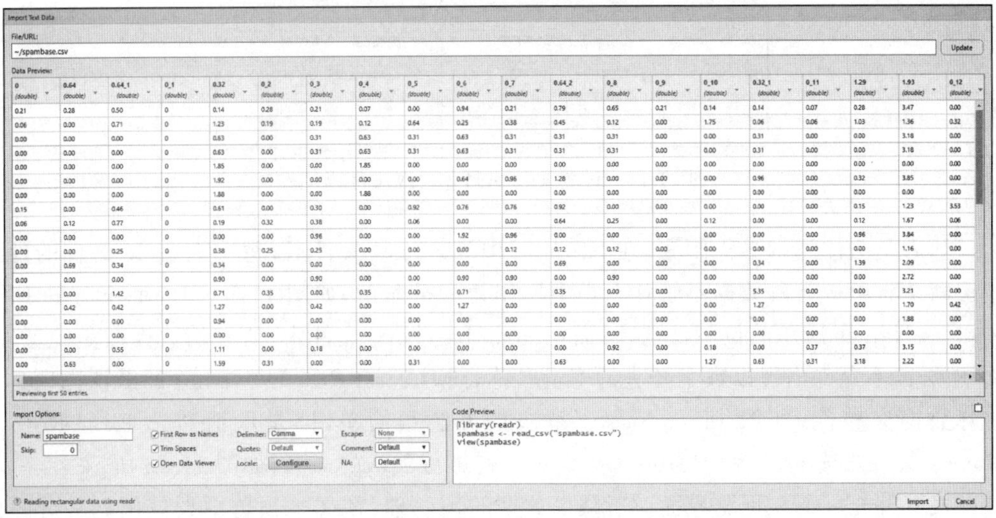

图 11-12　在 RStudio 中打开 spambase.csv 的预览界面

首先需要注意编码问题,因为 spambase.csv 的数据全部为纯数字,所以不存在编码问题,但是比如打开有中文文本的 csv 文件,RStudio 默认使用 UTF-8 进行编码,如果部分含中文或其他非 ASCII 字符文本,而采用了其他编码方式,会出现如图 11-13 所示的文本乱码。

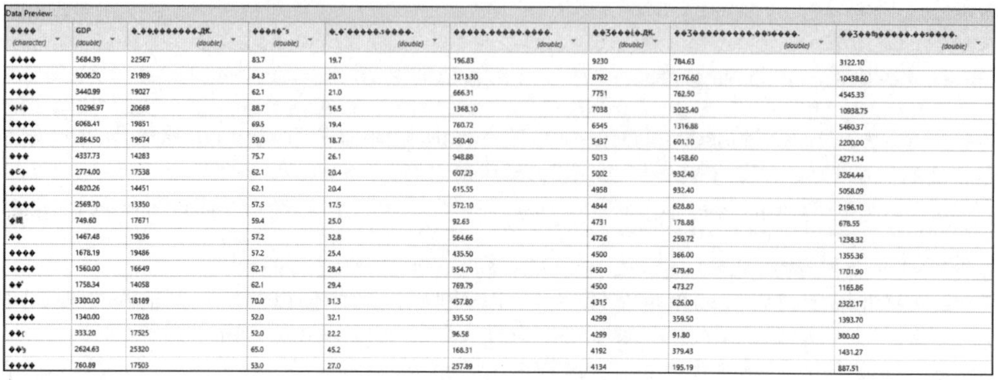
Data Preview:

◆◆◆◆ (character)	GDP (double)	◆_◆◆.◆◆◆◆◆◆◆◆.ДК. (double)	◆◆◆л◆"s (double)	◆_◆'◆◆◆◆◆.s◆◆◆◆. (double)	◆◆◆◆◆.◆◆◆◆◆.◆◆◆◆. (double)	◆◆3◆◆◆ί◆.ДК. (double)	◆◆3◆◆◆◆◆◆◆◆◆.◆◆s◆◆◆◆. (double)	◆◆3◆◆ђ◆◆◆◆◆.◆◆s◆◆◆◆. (double)
◆◆◆◆	5684.39	22567	83.7	19.7	196.83	9230	784.63	3122.10
◆◆◆◆	9006.20	21989	84.3	20.1	1213.30	8792	2176.60	10438.60
◆◆◆◆	3440.99	19027	62.1	21.0	666.31	7751	762.50	4545.33
◆M◆	10296.97	20668	88.7	16.5	1368.10	7038	3025.40	10938.75
◆◆◆◆	6068.41	19851	69.5	19.4	760.72	6545	1316.88	5460.37
◆◆◆◆	2864.50	19674	59.0	18.7	560.40	5437	601.10	2200.00
◆◆◆	4337.73	14283	75.7	26.1	948.88	5013	1458.60	4271.14
◆C◆	2774.00	17538	62.1	20.4	607.23	5002	932.40	3264.44
◆◆◆◆	4820.26	14451	62.1	20.4	615.55	4958	932.40	5058.09
◆◆◆◆	2569.70	13350	57.5	17.5	572.10	4844	628.80	2196.10
◆閥	749.60	17671	59.4	25.0	92.63	4731	178.88	678.55
,◆◆	1467.48	19036	57.2	32.8	564.66	4726	259.72	1238.32
◆◆◆◆	1678.19	19486	57.2	25.4	435.50	4500	366.00	1355.36
◆◆◆◆	1560.00	16649	62.1	28.4	354.70	4500	479.40	1701.90
◆◆'	1758.34	14058	62.1	29.4	769.79	4500	473.27	1165.86
◆◆◆◆	3300.00	18189	70.0	31.3	457.80	4315	626.00	2322.17
◆◆◆◆	1340.00	17828	52.0	32.1	335.50	4299	359.50	1393.70
◆◆(	333.20	17525	52.0	22.2	96.58	4299	91.80	300.00
◆◆ђ	2624.63	25320	65.0	45.2	168.31	4192	379.43	1431.27
◆◆◆◆	760.89	17503	53.0	27.0	257.89	4134	195.19	887.51

图 11-13　RStudio 打开 csv 文件

解决文本乱码的方法是在界面下方(如图 11-14 所示)找到 Locale 选项单击 Configure 按钮,找到 Encoding 选项更改 csv 文件的编码方式以解决乱码问题。

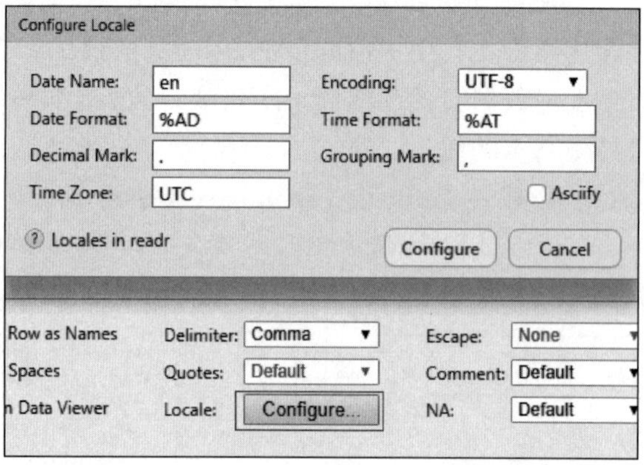

图 11-14　设置文件编码方式解决乱码问题

然后是关注列的名称问题,在 RStudio 中导入 csv 文件后,每一列在 R 语言的处理中会默认将第一行的数据不管什么类型均作为变量命名,如图 11-10 中界面下方的 First Row as Names 所示的位默认选项,而在 spambase.csv 文件中,所有的数据全是纯数字,而 R 语言不允许出现以数字开头的变量名称,同时 First Row as Names 的默认选项也会破坏数据完整性,如图 11-15 所示。解决的方法很简单,即是取消勾选 First Row as Names 这一复选框,之后 RStudio 会为每一列进行默认的命名,如图 11-16 所示。

接着补充一下在预览界面对于缺失数据的预处理,在文本预览中大量用逗号分隔的数据是看不出来 csv 文件哪一行哪一列是有缺失的,而在表格环境预览下数据有缺失能直观地反映出来,在数据预览界面提供了处理数据缺失的选项设置,可以设置将缺失部分

Data Preview:

0 (double)	0.64 (double)	0.64.1 (double)	0.1 (double)	0.32 (double)	0.2 (double)	0.3 (double)	0.4 (double)	0.5 (double)	0.64.2 (double)	0.8 (double)	0.9 (double)	0.10 (double)	0.32.1 (double)	0.11 (double)	1.29 (double)	1.93 (double)	0.12 (double)
0.21	0.28	0.50	0	0.14	0.28	0.21	0.07	0.00	0.94	0.21	0.79	0.65	0.21	0.14	0.14	0.07	3.47	0.00
0.06	0.00	0.71	0	1.23	0.19	0.19	0.12	0.64	0.25	0.38	0.45	0.12	0.00	1.75	0.06	0.06	1.03	1.36	0.32
0.00	0.00	0.00	0	0.63	0.00	0.31	0.63	0.31	0.63	0.31	0.31	0.31	0.00	0.00	0.31	0.00	3.18
0.00	0.00	0.00	0	0.63	0.00	0.31	0.63	0.31	0.63	0.31	0.31	0.31	0.00	0.00	0.31	0.00	3.18
0.00	0.00	0.00	0	1.85	0.00	0.00	1.85	0.00	0.00	0.00	0.00	0.00	0.00	0.00	0.00	0.00	3.00
0.00	0.00	0.00	0	1.92	0.00	0.00	0.00	0.64	0.96	1.28	0.00	0.00	0.00	0.96	0.00	0.32	3.85	0.00
0.00	0.00	0.00	0	1.88	0.00	0.00	1.88	0.00	0.00	0.00	0.00	0.00	0.00	0.00	0.00	0.00	0.00

图 11-15　默认将第一行来命名出现问题的示例

Data Preview:

X1 (double)	X2 (double)	X3 (double)	X4 (double)	X5 (double)	X6 (double)	X7 (double)	X8 (double)	X9 (double)	X10 (double)	X11 (double)	X12 (double)	X13 (double)	X14 (double)	X15 (double)	X16 (double)	X17 (double)	X18 (double)	X19 (double)	X20 (double)
0.00	0.64	0.64	0	0.32	0.00	0.00	0.00	0.00	0.00	0.64	0.00	0.00	0.00	0.00	0.32	0.00	1.29	1.93	0.00
0.21	0.28	0.50	0	0.14	0.28	0.21	0.07	0.00	0.94	0.21	0.79	0.65	0.21	0.14	0.14	0.07	0.28	3.47	0.00
0.06	0.00	0.71	0	1.23	0.19	0.19	0.12	0.64	0.25	0.38	0.45	0.12	0.00	1.75	0.06	0.06	1.03	1.36	0.32
0.00	0.00	0.00	0	0.63	0.00	0.31	0.63	0.31	0.63	0.31	0.31	0.31	0.00	0.00	0.31	0.00	0.00	3.18	0.00
0.00	0.00	0.00	0	0.63	0.00	0.31	0.63	0.31	0.63	0.31	0.31	0.31	0.00	0.00	0.31	0.00	0.00	3.18	0.00
0.00	0.00	0.00	0	1.85	0.00	0.00	1.85	0.00	0.00	0.00	0.00	0.00	0.00	0.00	0.00	0.00	0.00	3.00	0.00
0.00	0.00	0.00	0	1.92	0.00	0.00	0.00	0.64	0.96	1.28	0.00	0.00	0.00	0.96	0.00	0.32	3.85	0.00
0.00	0.00	0.00	0	1.88	0.00	0.00	1.88	0.00	0.00	0.00	0.00	0.00	0.00	0.00	0.00	0.00	0.00

图 11-16　RStudio 为每一列进行默认命名

进行填充,如图 11-17 所示。例如,缺失填充选项选择为 NA
后,在之后的数据处理中 R 语言会自动忽略设置为 NA 的项不
参与任何计算。当然,如果在实际数据处理中遇到数据的缺失,
不用急于进行默认填充从而在计算中被忽略或者简单地设置为
0 这种空值。事实上,有些 Kaggle 的练习赛会刻意设置一些数
据缺失项,然后让学习者自行通过其他数据的特征对缺失值进
行估算然后填充,这告诉我们盲目地对缺失值进行填充会影响
数据处理的结果。

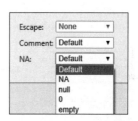

图 11-17　数据缺失时的处理选项

　　到此为止,进行必要的编码、列变量名称和数据缺失选项的
设置后,基本上可以保证从 csv 文件导入的数据能够正常进行处理,注意到图 11-10 中的
预览界面的右下方如图 11-18 所示,可以预览在 R 语言中实际用于文件导入以及各项参
数设置的指令代码,这也再次印证了 RStudio 这类软件作为 R 语言的 IDE 的强大之处,
否则在导入文件时都要手动输入各项参数和指令,会很麻烦且降低数据处理的效率,R 语
言的 IDE 完全可以将用户从一些不必要的指令代码中解放出来从而专注于数据处理与
分析。

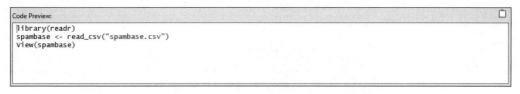

```
Code Preview:
library(readr)
spambase <- read_csv("spambase.csv")
view(spambase)
```

图 11-18　实际被执行的 R 语言代码预览

　　在接下来的内容中,会更换使用的数据集,选择使用著名的 Titanic 数据集,即泰坦
尼克号的人员生还数据集,顺便补充介绍一下 R 语言自带的大量经典数据集。这些经典
数据集容易加载,可用性高,适合进行各种数据处理分析或者更高级的挖掘建模,在讲解
中会将对 Titanic 数据集的分析处理的结果穿插其中作为本章节的案例。

　　在 R 语言命令行中输入 data(),RStudio IDE 会自动显示可选的数据集,如图 11-19

所示。

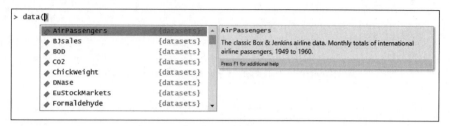

图 11-19　在 R 语言中使用 data()

输入 data(package="datasets") 指令可以预览 R 语言自带的所有数据集以及其基本介绍，在 RStudio 中则会在界面的左上方显示，如图 11-20 所示。

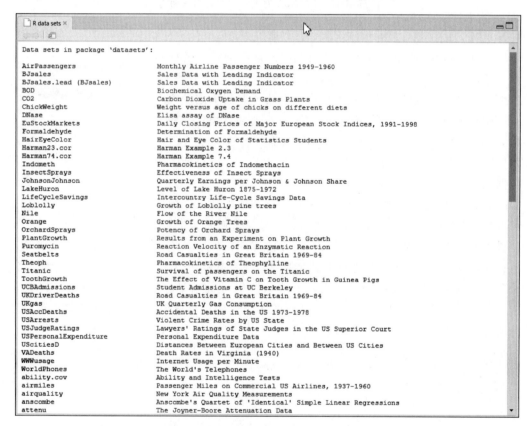

图 11-20　预览 R 语言自带的经典数据集及其介绍

另外，这些数据集的容易加载体现在无须加载任何程序包，只要正确输入数据集的名称，直接使用 View() 预览这些数据集，如输入 View(Titanic)，如图 11-21 所示，可以直接预览 Titanic 数据集，值得注意的是，R 语言自带的这个 Titanic 数据集仅作为样例演示，接下来用到的数据集是从 Kaggle 上（网址 https://www.kaggle.com/c/titanic/data）下载的完整版数据集。

下载完 Titanic 数据集，分为 train.csv 和 test.csv。顾名思义，train.csv 为训练集，

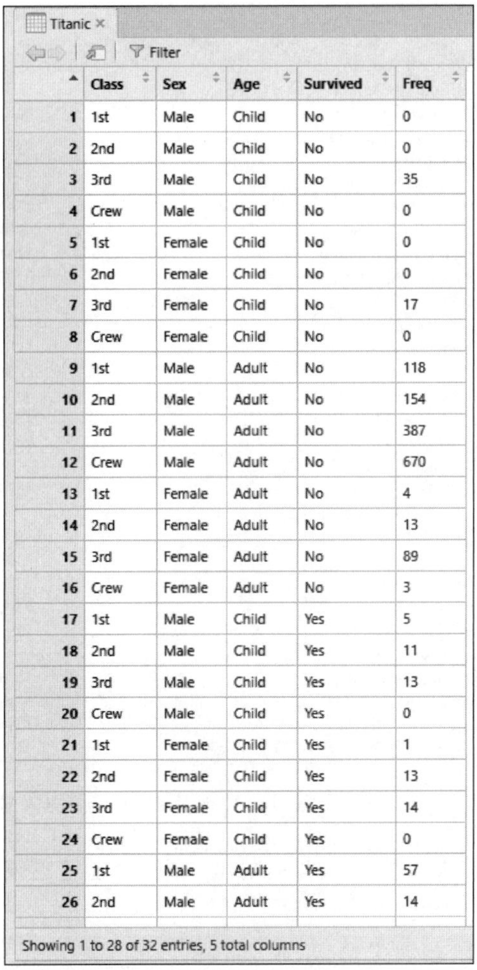

Titanic ×

Filter

	Class	Sex	Age	Survived	Freq
1	1st	Male	Child	No	0
2	2nd	Male	Child	No	0
3	3rd	Male	Child	No	35
4	Crew	Male	Child	No	0
5	1st	Female	Child	No	0
6	2nd	Female	Child	No	0
7	3rd	Female	Child	No	17
8	Crew	Female	Child	No	0
9	1st	Male	Adult	No	118
10	2nd	Male	Adult	No	154
11	3rd	Male	Adult	No	387
12	Crew	Male	Adult	No	670
13	1st	Female	Adult	No	4
14	2nd	Female	Adult	No	13
15	3rd	Female	Adult	No	89
16	Crew	Female	Adult	No	3
17	1st	Male	Child	Yes	5
18	2nd	Male	Child	Yes	11
19	3rd	Male	Child	Yes	13
20	Crew	Male	Child	Yes	0
21	1st	Female	Child	Yes	1
22	2nd	Female	Child	Yes	13
23	3rd	Female	Child	Yes	14
24	Crew	Female	Child	Yes	0
25	1st	Male	Adult	Yes	57
26	2nd	Male	Adult	Yes	14

Showing 1 to 28 of 32 entries, 5 total columns

图 11-21　预览 Titanic 数据集

已经用 0 和 1 标注了各位乘员的生还与否，而 test.csv 作为测试集，是让用户通过在训练集进行机器学习构建判别规则来根据测试集的乘员的各项信息来预测他们是否生还并比较真实结果得出准确率。之后会使用 train.csv 来进行演示，首先如图 11-22 所示，可以预览 train.csv 的各项数据，在这里根据 Kaggle 官网的说明解释一些特殊表达，Pclass 表示票价的档次，分为一等舱、二等舱和三等舱；SibSp 表示乘员的兄弟姐妹和配偶数；Parch 表示乘员的父母和子女的数量；Embarked(登船)下的 S、C、Q 代表乘员登船的三个地点。

在成功导入数据之后，接下来就是进行数据清洗了，紧接着之前完成 Titanic 数据集的下载与预览，将 train.csv 导入进 RStudio，命名为 train。

2. 数据清洗

数据清洗首先最重要的一步是讨论缺失数据的问题，这里跟之前在 RStudio 预览文件时的缺失数据补全不同，如图 11-22 所示，如部分乘员的年龄缺失，很多人的舱号缺失

	A	B	C	D	E	F	G	H	I	J	K	L
1	Passenger	Survived	Pclass	Name	Sex	Age	SibSp	Parch	Ticket	Fare	Cabin	Embarked
2	1	0	3	Braund, M	male	22	1	0	A/5 21171	7.25		S
3	2	1	1	Cumings,	female	38	1	0	PC 17599	71.2833	C85	C
4	3	1	3	Heikkinen,	female	26	0	0	STON/O2	7.925		S
5	4	1	1	Futrelle, M	female	35	1	0	113803	53.1	C123	S
6	5	0	3	Allen, Mr.	male	35	0	0	373450	8.05		S
7	6	0	3	Moran, M	male		0	0	330877	8.4583		Q
8	7	0	1	McCarthy,	male	54	0	0	17463	51.8625	E46	S
9	8	0	3	Palsson, M	male	2	3	1	349909	21.075		S
10	9	1	3	Johnson, I	female	27	0	2	347742	11.1333		S
11	10	1	2	Nasser, M	female	14	1	0	237736	30.0708		C
12	11	1	3	Sandstron	female	4	1	1	PP 9549	16.7	G6	S
13	12	1	1	Bonnell, M	female	58	0	0	113783	26.55	C103	S
14	13	0	3	Saunderco	male	20	0	0	A/5. 2151	8.05		S
15	14	0	3	Anderssor	male	39	1	5	347082	31.275		S
16	15	0	3	Vestrom, I	female	14	0	0	350406	7.8542		S
17	16	1	2	Hewlett, M	female	55	0	0	248706	16		S
18	17	0	3	Rice, Mast	male	2	4	1	382652	29.125		Q
19	18	1	2	Williams, I	male		0	0	244373	13		S
20	19	0	3	Vander Pl	female	31	1	0	345763	18		S
21	20	1	3	Masselma	female		0	0	2649	7.225		C
22	21	0	2	Fynney, M	male	35	0	0	239865	26		S
23	22	1	2	Beesley, M	male	34	0	0	248698	13	D56	S
24	23	1	3	McGowan	female	15	0	0	330923	8.0292		Q
25	24	1	1	Sloper, Mi	male	28	0	0	113788	35.5	A6	S
26	25	0	3	Palsson, M	female	8	3	1	349909	21.075		S
27	26	1	3	Asplund, I	female	38	1	5	347077	31.3875		S
28	27	0	3	Emir, Mr.	male		0	0	2631	7.225		C
29	28	0	1	Fortune, M	male	19	3	2	19950	263	C23 C25 C	S
30	29	1	3	O'Dwyer,	female		0	0	330959	7.8792		Q

train

图 11-22　预览 Titanic 数据集 train. csv 的数据

……与在预览时将全部缺失设置为 NA 不同，接下来会通过更细致的方法讨论数据缺失问题。

首先查看所有列的数据缺失情况，输入代码 sapply(train, function(x) sum(is. na(x))) 可以查看各列的数据缺失情况，如图 11-23 所示。

```
> sapply(train, function(x) sum(is.na(x)))
PassengerId    Survived      Pclass        Name         Sex
          0           0           0           0           0
        Age       SibSp       Parch      Ticket        Fare
        177           0           0           0           0
      Cabin    Embarked
        687           2
```

图 11-23　查看各列的数据缺失情况

从图 11-23 当中可以看出，年龄(Age)、船舱(Cabin)和登船地点(Embarked)有数据缺失，需要补全，不过只是看各列数据的缺失数还不够直观，如果能看到各列缺失数占总数的比例可能会更直观，可以求得每个缺失数目与总数的比例是一种办法，不过我们会给出一种可视化的办法，会更加直观。

需要下载第三方程序包 Amelia，然后输入代码 missmap(train, main="MISSINGMAP")，即可得到该数据集的数据缺失结果，如图 11-24 所示。白色色块代表有缺失，图像反映出船舱这一栏数据有大量的缺失，而事实上船舱号也并没有反映什么重要信息，从中解读不出比如船舱号对应票价等级或是在游船的位置等跟影响乘员生还的要素，在之后的数据处理与分析中可以删除船舱这一列。乘员的年龄也有相对比较大量的缺失,但是不能简单地像处理船舱信息一样将这一列删除,因为年龄对于乘员的生还有很大的影响,结合史实与常识,例如,行动不便的老人或幼儿的生还难度会相对更大等,加之乘员中有超过一半以上的乘员年龄缺失,如果简单地将其设置为 NA,而不参与后面的处理分析,如果后期还要通过机器学习建立判别规则,一定会产生很大的误差。

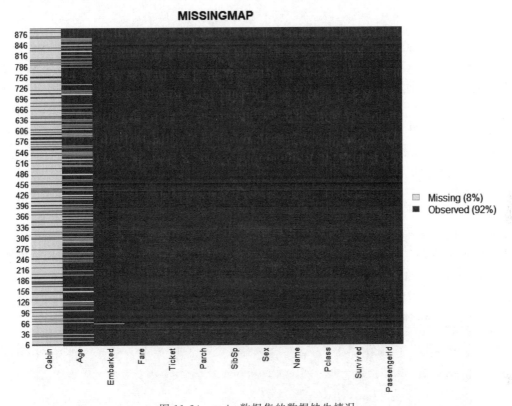

图 11-24　train 数据集的数据缺失情况

基于上述分析,对于年龄这种有数据缺失但是明显对于数据分析有重要意义的要自行设计方法进行填充。首先以填充缺失的 Embarked(登船地点)的数据为例介绍如何进行缺失数据的不是设为空白值的填充方式。

我们采用用高频值填充的方式,输入代码 table(train ＄Embarked, useNA ＝ "always"),查看登船地点中各个地点的出现频次,结果如图 11-25 所示,可以看出仅有 2 个数据缺失,出现频次最高的是 S 地点,之后不妨将这两个缺失的地点用出现频次最高的 S 地点填充。

C	Q	S	<NA>
168	77	644	2

图 11-25　登船地点各地的频次

如图 11-26 所示,是对登船地点进行缺失数据补齐的操作过程,用高频数据进行填充,完成补齐后,数据集没有缺失数据,这两位乘员经过补全后,在 S 地点登船。

关于年龄的补全,本节会提供一种思路,注意到所有乘员的姓名是没有缺失的,而数据集中的英文人名中基本上有"Mr""Mrs""Dr""Miss"这一类表明乘员身份特征的词汇,

```
> table(train$Embarked,useNA = "always")

   C   Q   S <NA>
 168  77 644    2
> train$Embarked[which(is.na(train$Embarked))] = 'S'
> table(train$Embarked,useNA = "always")

   C   Q   S <NA>
 168  77 646    0
```

图 11-26　缺失数据补齐的代码与补全结果

不同于补全登船地时用高频地点,这里采用均值方法补全,统计每一类身份的乘员的年龄均值,对于每一个缺失年龄数据的乘员,提取姓名当中的特征词汇,然后进行归类,将年龄用对应身份类别的均值补全。这一过程需要大量复杂的 R 语言代码编程,在本节中受限于篇幅不会具体介绍,本节会直接介绍使用程序包函数补全的方法,让 R 语言自动根据数据特征自动填补缺失值。运用 mice 包,先利用 mice( )函数建模,再利用 complete( )函数生成完整的数据。

具体流程如下。

输入代码 md. pattern(train) 查看 train 数据集各项缺失数据的特征,会生成一个特征图,如图 11-27 所示,关于图像的解读,横坐标表示各列的缺失数据数,可以发现只有登船地点(Embarked)、年龄(Age)和船舱(Cabin)是有缺失的,缺失数跟之前的结果一致,然后纵坐标有两个维度,右侧表示特征分类,左侧表示各个特征分类的数量,如年龄(Age)和船舱(Cabin)的缺失数据都有两个分类,特征分类用 1,2 表示。

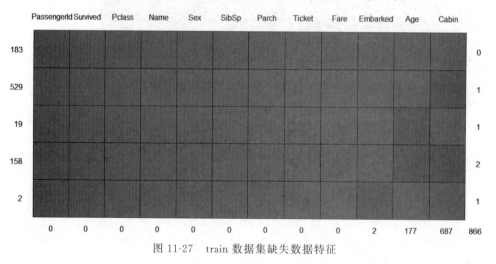

图 11-27　train 数据集缺失数据特征

输入代码 tempfull <-mice(train [,! names(train)%in%c('PassengerId','Ticket','Survived')],method ="pmm"),在输入代码 complete_trian <-complete(tempfull)后就能得到经过分析数据特征建模补全缺失数据的数据集。

以年龄(Age)为例,输入如图 11-28 所示的代码,对比缺失数据补充前后各年龄段的分布,如图 11-29 所示,可以直观地看出补全前后,两个数据集的年龄段分布是差不多的,这也反映了使用 mice( ) 进行缺失数据补全的基本思想,尽可能在维持数据原有的分布。

```
par(mfrow=c(1,2))
hist(train$Age,freq = F,main='Age: Original data',col="darkorange",ylim=c(0,0.04))
hist(complete_train$Age,freq = F,main='Age: Complete data',col="orange",ylim=c(0,0.04))
```

图 11-28　对比补全前后年龄段的可视化作图代码

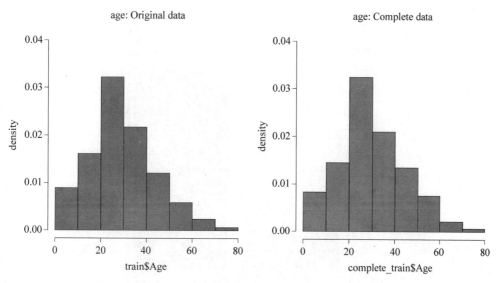

图 11-29　缺失数据补全前后年龄段分布对比

3. 基础数据分析

在完成数据清洗后，便可以开始基础的数据分析了，对于使用 Titanic 数据集进行分析的案例，一个经典的角度就是分析乘员的各种特征与其是否生还的关系，以及分析哪种人群的生还可能相对更大。

首先分析不同性别的生还率，输入如图 11-30 所示的代码，绘制不同性别生还者占比的条形图，在绘图之前，先讲解如何在 R 语言中绘制带有分组的条状图，正常来说，先基于乘员的男女数量的条状图，再在每一栏区分生还者与遇难者，方法是将数据集的 Sex（性别）与 Survived（生还）两列数据用 table() 函数整合，就可以进行带有分组的绘制。然后在 R 语言中绘制条状图使用 barplot() 函数，除了传入绘图用的数据外，将介绍一些常用参数设置。

```
> cnt_sex_survive <- table(Train$Survived,Train$Sex)
> barplot(cnt_sex_survive, col = c("blue","red"), legend = c("Victim","Survived"),main = "Passenger survived by sex")
```

图 11-30　绘制不同性别生还者占比条形图代码

col 参数是设置各个条状的颜色，写成如 c('blue','red') 这样的代表颜色的字符串的向量形式，注意在 R 语言中用小括号括起来类似元组的形式前面加上 'c' 代表这是一个向量，是 R 语言常用的数据结构

然后是 legend 参数，设置不同颜色代表的标签。

main 参数是设置 R 语言绘制的可视化图像的标题，类似地可以设置 x 轴和 y 轴的

标签,在这个条状图示例中没有用上,参数设置为 xlab 和 ylab。

完成绘制的条状图如图 11-31 所示,从颜色的对比可以得出,女性一栏红色块占比更多,代表女性的生还率更高。

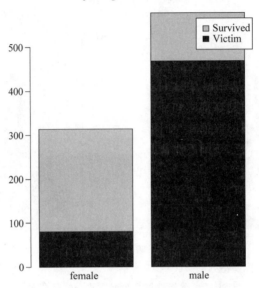

图 11-31　不同性别生还者占比条形图

然后分析不同船舱等级的生还率,输入如图 11-32 所示的代码,得到不同舱位等级生还者占比的条形图,如图 11-33 所示。条形图直观地反映出住在一等舱的乘员生还率最高,二等舱其次,住在三等舱的乘员很多,但是生还人数与一、二等舱相差不多,所以总的生还率很低。泰坦尼克号上舱位等级越高的生还率越高,他们能优先接受救助使用逃生设施。

```
cnt_sex_class <- table(Train$Survived,Train$Pclass)
barplot(cnt_sex_class, col = c("blue","red"), legend = c("victim","survived"),main = "Passenger survived by price class")
```

图 11-32　绘制不同舱位等级生还者占比条形图代码

最后从年龄角度分析各个年龄段的生还率,当然年龄段的分类比性别和舱位等级的数目多,使用条状图不如使用直方图好,直方图更适合分类多的可视化作图,其参数设置与条状图差不多,这里介绍与之前 table() 函数不同的操作以实现根据生还分组。这里要画两组图,用 Train $ Age[which(Train $ Survived == '0')]方法找所有遇难者对应的下标,从而根据生还者分组,然后在第二张图中绘制生还者,将 add 参数设置为 T(True)表明是在第一张图的基础上添加,输入如图 11-34 所示的代码,得到不同年龄段生还者占比的直方图,如图 11-35 所示,深色部分代表遇难者数量,浅色部分代表生还者,可以直观看出生还者集中在 20~40 岁的年龄段,年轻人相对生还率更高。

为了更细致地分析生还率与年龄段的关系,我们采用箱线图(Box plot)。箱线图是一种用作显示一组数据分散情况资料的统计图,因形状像箱子而得名。箱线图能显示出一组数据的最大值、最小值、中位数和上下四分位数。这里分析生还率在不同年龄段的分

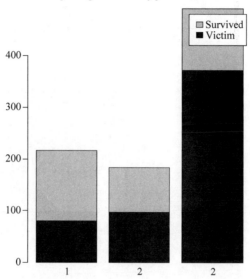

图 11-33　不同舱位等级生还者占比条形图

```
> hist(Train$Age[which(Train$Survived == "0")],main = "Passenger Age Histogram",xlab = "Age",ylab = "count",col = "blue",
breaks=seq(0,80,by=2))
> hist(Train$Age[which(Train$Survived == "1")],col = "red",add=T,breaks=seq(0,80,by=2))
```

图 11-34　绘制不同年龄段生还者占比直方图代码

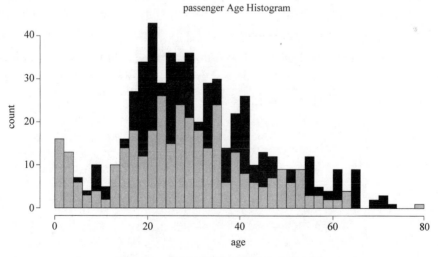

图 11-35　不同年龄段生还者占比直方图

散情况,是适用于箱线图的,输入代码 boxplot(Train ＄ Age ～ Train ＄ Survived, main ＝
"passenger survival by age", xlab ＝ "survived", ylab ＝ "age"),可以绘制年龄与生还与否
的箱线图,如图 11-36 所示,可以看出,遇难者当中的老年人相比中位数更加分散明显,也
反映了老年乘员不容易生还,而生还者多集中在 20～40 岁的年龄段,从中位数和上下四

分位数构成的箱线可以反映出来。

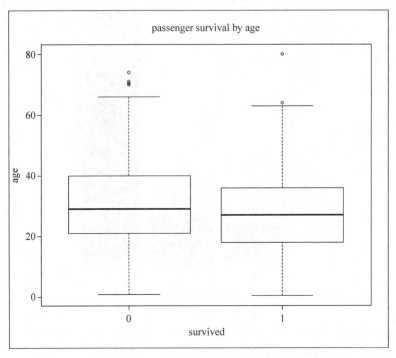

图 11-36　年龄段与生还者的箱线图

通过以上的基础分析,初步完成对于 Titanic 数据集乘员的系列特征与生还与否的关系,初步得出结论,年轻人、女性和住在高等舱位的乘员更容易生还。同时在基础数据处理流程中,本章讲解了遇到数据缺失情况的处理思路与实用方法,可以自行根据数据特征编写 R 语言代码进行填充或者使用 mice 程序包让程序自动分析数据特征进行填充,完成数据清洗后,又介绍了几种常见的可视化图像在 R 语言中的作图方式以及实用的参数设置,并结合生还者分析绘制了可视化实例。

第 12 章

FineBI数据可视化方法

12.1　FineBI 介绍

　　FineBI 是帆软软件有限公司推出的一款商业智能（Business Intelligence）产品。FineBI 自助分析以业务需求为方向，通过便携的数据处理和管控，提供自由的探索分析，适合前端的业务人员进行自助数据处理分析与解决业务需求。软件的自助分析特点如图 12-1 所示，从以业务需求为方向、自由探索分析、便捷数据处理和数据管控四个方面给出了 FineBI 软件的产品解决方案。

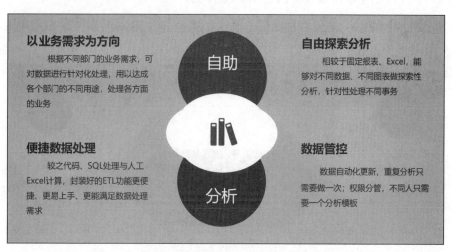

图 12-1　FineBI 软件自助分析特点

12.1.1　产品定位

对于前端业务人员而言,进行大数据分析具有以下难点以及局限性。

需要进行数据分析的原始表结构混乱,需要信息部的 IT 人员对数据进行预处理,前端业务人员需要与 IT 人员不断沟通,增大沟通成本。

数据处理后查询与可视化等需要由 IT 人员建立,前端业务人员接收查询处理结果有较长的延迟,很大程度上影响了工作效率。

所以 FineBI 的产品定位就是提供一种自助数据分析模式,帮助企业的业务人员和数据分析师,开展以问题导向的探索式分析,适当减少 IT 人员在其中的参与,从而减少跨部门沟通产生的时间等成本。如图 12-2 所示,对传统的数据分析方式与 FineBI 软件提供的自助式数据分析模式进行了直观的比较,IT 人员只需要准备好数据交给业务人员,把开发报表的工作交给业务人员自行完成,所以省去了由 IT 人员开发报表让业务人员反复审验是否满足需求的繁杂流程,同时业务人员也无须将二次分析需求再次交给 IT 人员处理,自己就可以通过软件进行自主分析,很大程度上提高了大数据分析的效率。

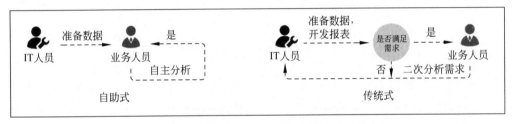

图 12-2　传统与自助式数据分析模式的比较

12.1.2　与传统商务智能 BI 软件相较的优势

FineBI 让业务人员/数据分析师自主制作仪表板,进行探索分析。数据取于业务,用于业务,让需要分析数据的人,可以自己处理分析数据,相比传统的商务智能软件,FineBI 软件这类采用自助数据分析模式的优势如图 12-3 所示。

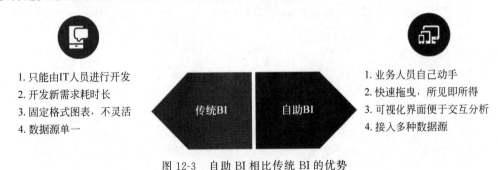

图 12-3　自助 BI 相比传统 BI 的优势

12.1.3　软件安装与启动

在 FineBI 官网根据计算机的系统版本选择软件安装包,下载完成后进行安装,注意 Windows 版本仅支持 64 位操作系统,本章由于所有的软件运行结果均是在安装有 64 位 Windows 10 操作系统上的计算机上获得,所以本节仅介绍 Windows 平台上的安装与使用。如图 12-4 所示在 FineBI 官网选择 Windows 平台的安装包进行下载,有需要在 MacOS 或 Linux 系统上安装 FineBI 软件的可以在 FineBI 帮助文档上查看详细安装过程以及使用方法。

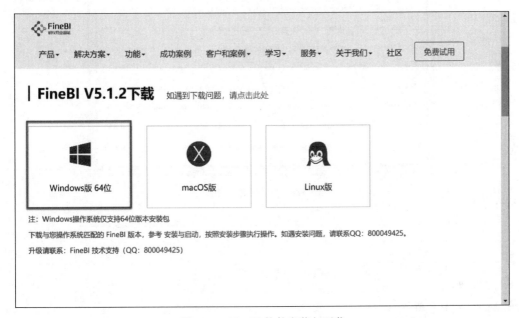

图 12-4　FineBI 软件安装包下载

由于当前 BI 安装包本身配置了 Tomcat 的服务器环境,软件运行时是基于这样一个服务器运行,单击即弹出加载页面,随后出现 Tomcat 打开 BI 服务器,如图 12-5 所示。当 Tomcat 服务器开启以后,会自动弹出浏览器地址 http://localhost:37799/webroot/decision 打开 BI 平台进入初始化设置,注意 http://localhost:37799 这个地址是在计算机本地启动 BI 服务器的地址,如果从外网访问,需要输入其 IP 地址,必要时需要用内网穿透软件访问内网服务器。

成功启动 BI 服务器后,在浏览器界面先初始化设置登录账户,如图 12-6 所示。

然后选择场景所使用的数据库,如图 12-7 所示,此处选择的数据库用于存储系统使用配置、日志数据,分为内置数据库和外接数据库。

内置数据库:使用产品中内置的 HSQL 数据库,可进行产品的试用。但该内置数据库不能多线程访问。数据量大后不稳定,不建议应用于平台的正式使用。选择直接登录,可进入 FineBI 商业智能登录页面。

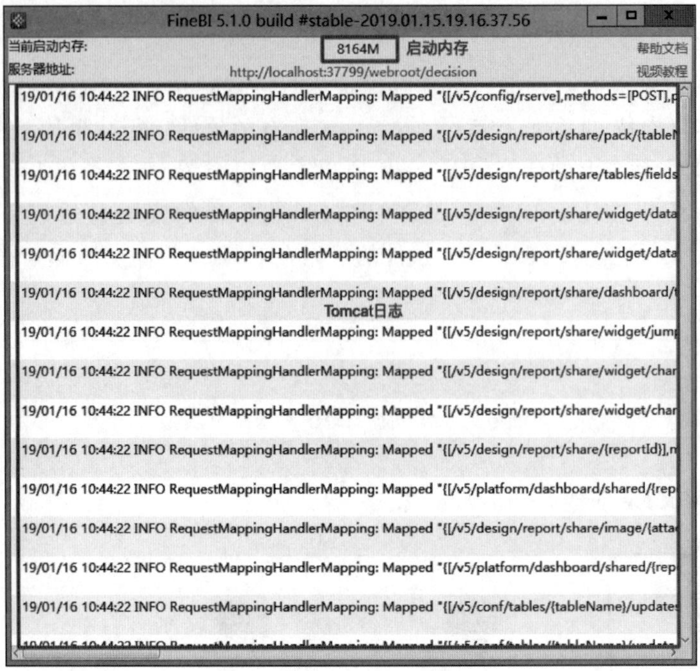

图 12-5　BI 服务器界面

图 12-6　BI 服务器管理员账户设置

　　外接数据库：可连接至任意数据库，外接数据库的性能更强大、稳定，若要正式使用强烈建议配置外接数据库。单击配置数据库，跳转至外接数据库配置界面，输入相应的数据库信息，单击启用新数据库进入连接数据库、导入数据，此处导入的数据为原先存储在内置数据库中系统配置相关数据。导入成功并显示已成功启用新数据库后，即可跳转到登录页面。

　　如图 12-8 所示演示为配置本地 MySQL 数据库的步骤，选择数据库类型为 MySQL，然后配置好驱动、数据库名称、主机、端口、用户密码等参数，会自动生成数据库的连接

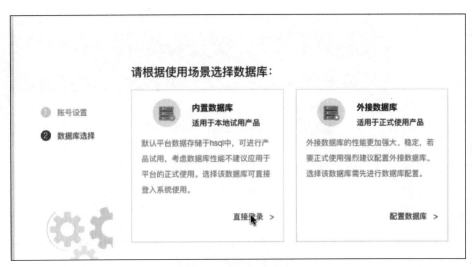

图 12-7　场景数据库选择界面

URL，单击"启用新数据库"按钮，如果数据库导入成功，则可以类似使用内置数据库的步骤，进入到 FineBI 的登录界面。此处配置前需在 MySQL 中新建 FineDB 数据库并设置默认字符集和排序规则分别为 utf8 和 utf8_bin。

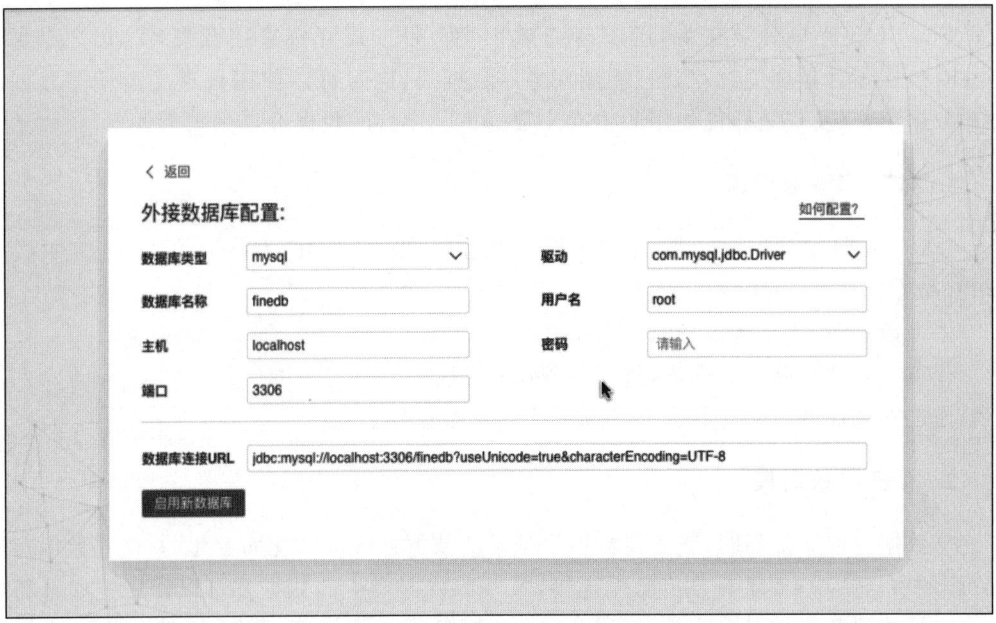

图 12-8　外界数据库配置（以 MySQL 为例）

成功登录进入 FineBI 软件界面后，界面如图 12-9 所示。

图 12-9　FineBI 主界面

12.2　数据准备与加工

12.2.1　数据源

　　FineBI 支持多种数据源,既支持通过 JDBC 的方式直接连接数据库,也支持通过 FineReport 设计器建立远程连接使用服务器数据集,同时可以使用自定义类型的数据源程序数据集,以及安装插件使用的 JSON 数据集。支持的数据源详细类型如下。

1. 数据库型数据源

　　JDBC 数据库(即 Java 数据库连接),如主流的 MySQL、Oracle 等数据库便属于 JDBC 型数据库。

　　多维数据库,仅支持 SAP HANA。

　　分布式文件存储的数据库,仅支持 MongoDB。

　　通过安装插件可以使其支持 Spider、JSON 数据集。

2. 服务器数据集

　　与数据库数据集不同,服务器数据集是不随数据连接的变化而变化的,这些数据存储在 BI 的服务器中,不论有没有数据连接,服务器数据集中的数据都可以使用。如果需要使用完整的服务器数据集功能,如可以通过 FineReport 数据库查询、程序数据集、内置数据集、文件数据集、存储过程、关联数据集、树数据集等提取数据,那么需要用 FineReport 设计器远程连接建立。

12.2.2　数据准备

　　在业务人员进行数据分析之前,管理员需要先准备好数据。管理员的数据准备阶段

包括创建数据连接、新建业务包、新建数据表、进行基础的表处理操作等,流程如图 12-10
所示。

图 12-10　数据准备流程图

其中更详细的流程如下。

(1) 创建数据连接:管理员搭建数据库与 FineBI 之间的数据桥梁。多维数据库,仅
支持 SAP HANA。

(2) 新建业务包:为后续新建的数据表创建用于分类保存的业务包。

(3) 在新建的业务包中创建从数据连接能够获取到的表数据。

(4) 基础表处理:对于从数据库获取的数据进行基本处理,包括表字段设置、自循环
列、行列转换。

1. 业务包管理

FineBI 的业务包是 BI 分析的数据基础,由管理员创建,通过 FineBI 定义的数据连接
向数据库中取数,业务包中包含连接数据库所获取的数据表。若为非实时数据表,业务包
在数据更新以后将获取到的数据保存在本地,BI 分析则从本地取数,这也就保证了只要
本地保存了数据,就算不联网也可以使用 BI 分析。开启了实时数据的数据表中则保存了
获取连接数据库数据的一系列 SQL 配置等,在模板分析时生成相应的 SQL 语句向数据
库查询。

FineBI 业务包包含能够提供给分析人员使用的所有数据库表,由管理员创建并将数
据库中的表添加进去,以供分析人员使用,在数据准备一栏即可找到业务包以及所在分
组,如图 12-11 所示。

添加业务包的流程如图 12-12 所示,在数据准备一栏中选择添加业务包,FineBI 默认
有三个分组:功能数据、行业数据和实时数据,可以新建业务包至以上分组,也可以自行
创建分组存放业务包。

2. 基础表管理

为便于进行后续的可视化和仪表盘建立操作,操作用户需要将数据库表添加进数据
决策系统。这样一个过程便称为基础表管理。为了添加数据表,需要登录数据决策系统,
选择数据准备并进入业务包,如图 12-13 所示。

之后打开要操作的业务包,选中添加表,FineBI 软件支持从数据库添加表、添加 SQL
数据集、Excel 数据集以及自助数据集,添加表的界面如图 12-14 所示。

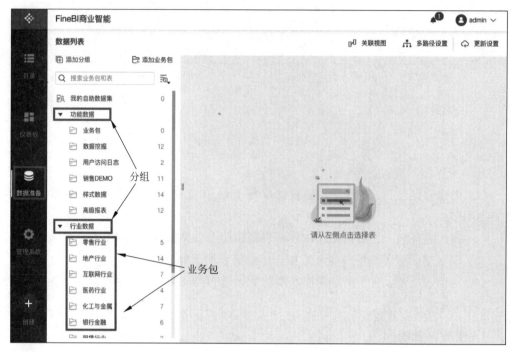

图 12-11　业务包在数据准备栏中的位置

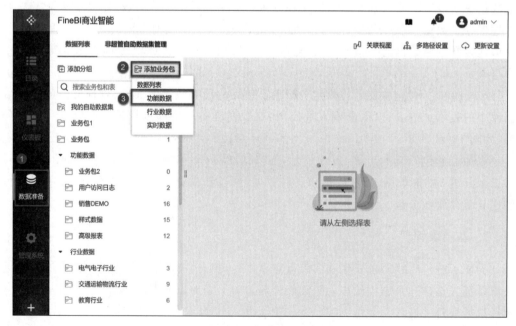

图 12-12　添加业务包

图 12-13 数据准备中业务包内添加表

图 12-14 添加表的界面

首先以从数据库添加表为例进行说明,在添加表选择界面选择数据库表一栏,再在数据库选表中选择之前已有的数据连接,再在其中选择要导入的数据表,如图 12-15 所示。

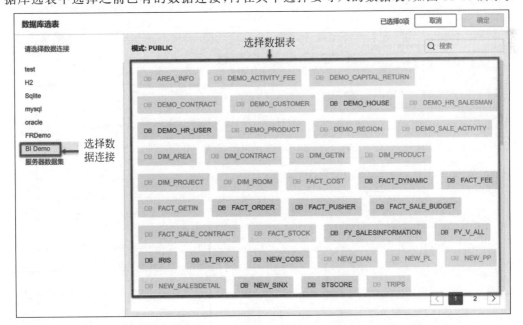

图 12-15 数据连接中选择导入的表

如果导入成功,随后进入业务包界面,可以在业务包中看到刚刚添加成功的数据库表。以选择 BI Demo 数据连接中的 FACT_FEE 数据表为例,如图 12-16 所示。

图 12-16　数据表导入成功后预览界面

关于更新设置内的数据更新选项,添加成功的数据库表若不选择开启实时数据,需要进行数据更新才能使用,如添加自助数据集、创建组件等。

如果要创建 SQL 数据表,如图 12-17 所示,在表名处给创建的表命名,选择数据来源的数据连接,在 SQL 语句框中输入 SQL 语句,例如,要从 BI Demo 数据连接中导入名为

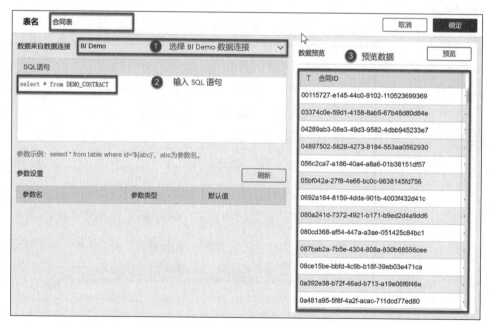

图 12-17　SQL 数据表导入栏

DEMO_CONTRACT 的表，则在 SQL 语句框内输入 select * from DEMO_CONTRACT，SQL 语句若正确则可以在右端预览栏预览刚刚选择的数据表，同理，回到业务包一栏导入成功后可以在业务包的表中看到，如图 12-18 所示。

图 12-18　SQL 表导入成功结果

Excel 表的导入过程相对更加简单，直接从本地上传然后如图 12-19 所示修改表名，还可以根据数据分析的需要修改各个字段的数据类型，导入成功后同样可以在业务包中查看。

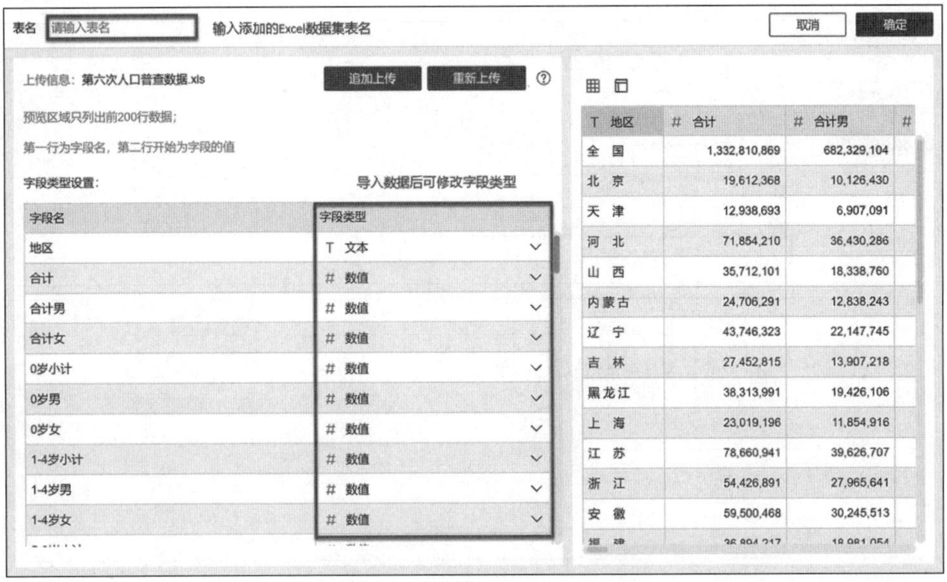

图 12-19　Excel 表导入

在完成添加数据库表、添加 SQL 数据集、添加 Excel 数据集以后,若对业务包内的数据表进行进一步的管理,有时需要对添加的基础表进行字段选择、字段类型设置等处理。例如,在 Excel 表中就可以直接在导入时一经上传便可以修改各个字段的类型,接下来着重说明如何进行字段选择。

(1) 数据库表。

如图 12-20 所示,在业务包中打开数据库表,单击"编辑"按钮进入对数据库表的编辑。

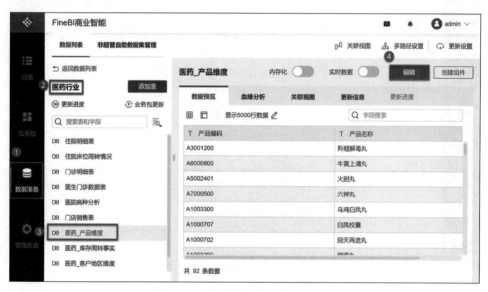

图 12-20　找到数据库表的编辑功能

进入编辑界面中,字段设置中可以选择是否使用某个字段或者是修改字段类型,修改完成后可以进行预览,如图 12-21 所示。

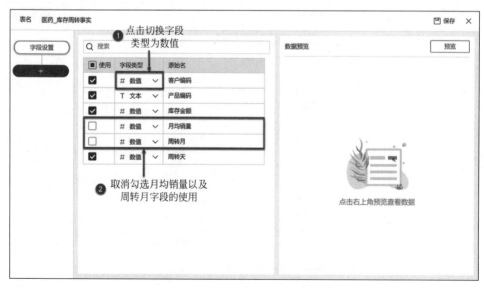

图 12-21　编辑数据库表的字段设置

（2）SQL 数据集。

若已经添加了 SQL 数据集,在编辑的时候修改 SQL 语句,先如图 12-22 所示找到 "修改 SQL"并进入编辑界面,比如之前在导入名为 DEMO_CONTRACT 的表时用的是 select ＊ from DEMO_CONTRACT,则是导入所有的字段所在列,按如图 12-23 所示只 需要客户 ID、合同 ID 和合同类型三个字段,则可以修改 SQL 语句为 select 客户 ID,合同 ID,合同类型 from DEMO_CONTRACT 即可。

图 12-22　找到修改 SQL 功能

基础表的管理除了对于字段的选择管理之外,也有编辑、重命名、移动位置和删除等 基本操作,如图 12-24 所示,直接在业务包中找到需要修改的数据表,单击设置按钮进行 上述操作。

12.2.3　关联设置

在某些业务场景下,有时需要从多张表中抽取多个字段合并成一张表来进行分析,此 时可以创建多张表间的关联,并通过自助数据集添加多张表的字段到一张表中。

FineBI 可以创建和读取表间关联关系。获取关联关系的方法有以下两种。

（1）在添加数据库表中将数据表添加到业务包时,系统会自动读取数据库中的表间 关联。

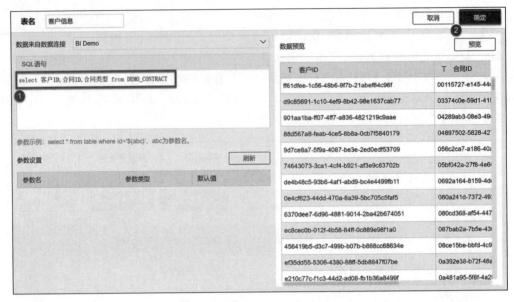

图 12-23 修改 SQL 语句的界面

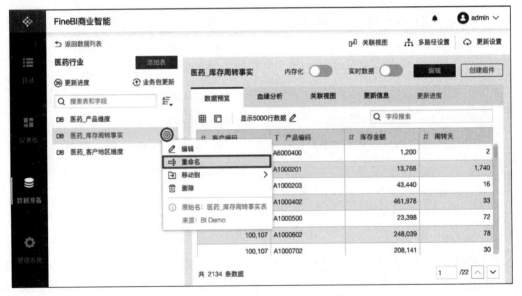

图 12-24 数据表管理的基本操作

（2）在 FineBI 中手动建立表间关联关系。

关于允许创建关联关系的表的规则如图 12-25 所示。

在关联设置中常用的三种关联方向如下。

关联方向

1 : 1	1 : N	N : 1
主表：主表	主表：子表	与 1 : N 相反
两张表中的每条记录都相互对应	主表中每一条记录都不重复,子表中有重复记录	

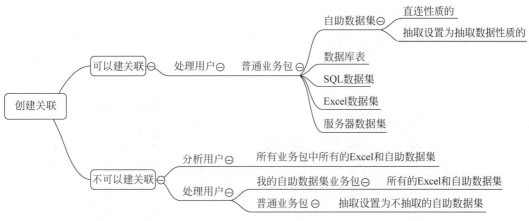

图 12-25　创建关联可行情况规定

在设置关联关系时需要根据实际情况谨慎选择。不能违反实际数据对应的关联关系，如实际意义上的主表不会因为手动设置为子表而变为子表。

实际的关联设置流程如下。

如果要添加关联，在业务包中找到需要添加关联关系的数据表，在"关联视图"一栏中找到"添加关联"，如图 12-26 所示。

图 12-26　数据表的关联视图

如图 12-27 所示，根据实际的数据表的关联关系，设置关联字段和关联关系，选择被关联的数据表以及相应字段。

关联设置成功之后，再在业务包中进入数据表的关联视图，如图 12-28 所示，可以发现，在关联设置时将医药_库存周转事实表中客户编码以 $N:1$ 的方式与医药_客户地区维度中的客户编码字段相关联，在新的关联视图中，这个关联关系就很直观地体现出来了。

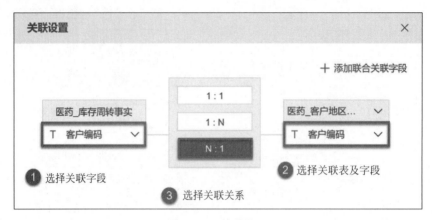

图 12-27　关联设置

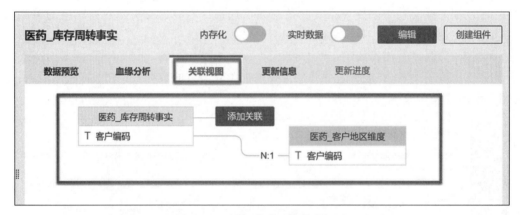

图 12-28　添加关联后的关联视图

12.3　可视化分析

概述：可视化组件就是进行数据分析的可视化展示工具，通过添加来自数据库的维度指示字段，使用各种表格和图表类型来展示多维分析的结果，如图 12-29 所示展示了 FineBI 软件所支持的常见的可视化中所使用的图标。

在 FineBI 软件中可视化组件主要涉及表格组件、图表组件和过滤组件，接下来将通过举例说明各种组件的创建方法，各大类组件还有更多的用法以及多种多样的组件类型，更多内容以及组件可以参阅 FineBI 的帮助文档，帮助文档下对于组件创建更加详细的参数设置有更为具体的介绍讲解。

12.3.1　表格组件

FineBI 支持的表格组件分为三类：分组表、交叉表和明细表。

分组表：是由一个行表头维度和数值指标数据组成的分组报表，没有列表头。分组表按照行表头拖曳的维度分组，对指标内的数据进行汇总统计，如图 12-30 所示。

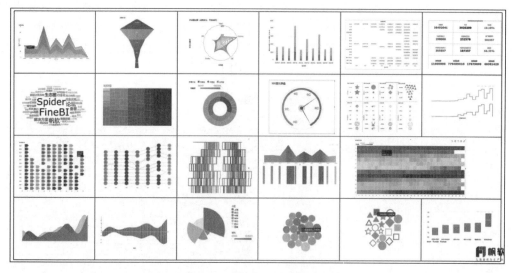

图 12-29　FineBI 软件支持常用可视化组件

各省份销售额和回款额					
省份	城市	合同金额	回款金额	回款率	回款率组内排…
北京市	北京市	120,667,700	75,205,400	62.32%	1
上海市	上海市	84,508,500	59,192,000	70.04%	1
	深圳市	46,895,000	36,405,000	77.63%	5
	广州市	10,090,000	8,270,000	81.96%	4
	东莞市	2,760,000	1,510,000	54.71%	6
广东省	中山市	1,710,000	1,419,000	82.98%	3
	佛山市	450,900	450,900	100.00%	1
	惠州市	384,000	384,000	100.00%	1
	汇总	62,289,900	48,438,900	77.76%	6
	杭州市	56,780,800	42,060,800	74.08%	1
	绍兴市	3,680,000	1,656,000	45.00%	4
浙江省	宁波市	2,467,000	1,617,000	65.55%	2
	丽水市	4,950,000	1,585,000	32.02%	5
	温州市	1,300,000	650,000	50.00%	3
	汇总	69,177,800	47,568,800	68.76%	24
	东营市	46,250,000	35,010,000	75.70%	4
	济南市	5,105,000	3,505,000	68.66%	5
山东省	青岛市	2,154,000	2,039,000	94.66%	3
	威海市	1,100,000	1,070,000	97.27%	2
	日照市	110,000	110,000	100.00%	1
	汇总	54,719,000	41,734,000	76.27%	16
	南京市	46,545,340	35,866,520	77.06%	6
	苏州市	4,060,000	2,989,000	73.62%	7
	镇江市	490,000	490,000	100.00%	1
江苏省	常州市	330,000	330,000	100.00%	1
	淮安市	190,000	190,000	100.00%	1
	连云港市	180,000	180,000	100.00%	1
	盐城市	120,000	120,000	100.00%	1
	汇总	51,915,340	40,165,520	77.37%	9
汇总		982,182,690	671,323,650	68.35%	1

图 12-30　分组表

交叉表：是指由行维度、列维度以及数值区域组成的较为复杂的报表。用户多用来显示表中某个字段的汇总值，并将它们分组。其中一组为行维度，在数据表的左侧，另一组为列维度，在数据表的上部。行和列的交叉处即数值区域，可以对数据进行多种汇总计算，如求和、平均值、记数、最大值、最小值等，如图 12-31 所示。

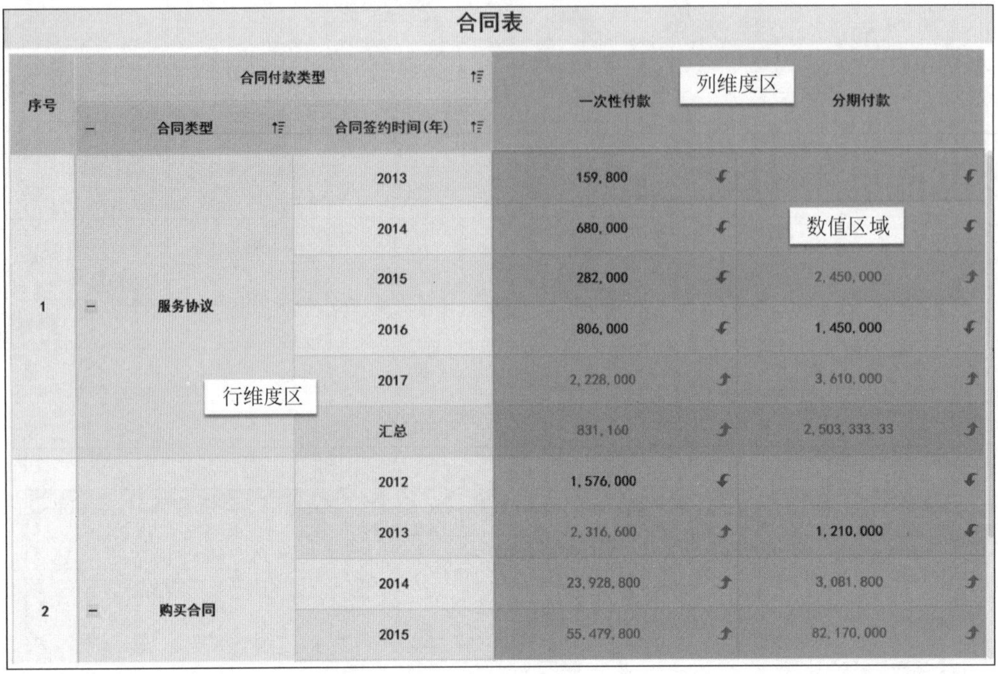

合同表

序号	合同付款类型 合同类型	合同签约时间(年)	一次性付款	分期付款
1	服务协议	2013	159,800	
		2014	680,000	
		2015	282,000	2,450,000
		2016	806,000	1,450,000
		2017	2,228,000	3,610,000
		汇总	831,160	2,503,333.33
2	购买合同	2012	1,576,000	
		2013	2,316,600	1,210,000
		2014	23,928,800	3,081,800
		2015	55,479,800	82,170,000

图 12-31　交叉表

明细表：用于展示报表明细数据，并进行简单汇总。FineBI 提供“明细表组件”，用户可在仪表板中添加该组件，并添加相关数据字段至单一区域。FineBI 可自动匹配数据字段间的关联关系，然后展示出明细数据，如图 12-32 所示。

以创建如图 12-30 所示的根据省份分组的地区数据分析的分组表为例，如图 12-33 所示，原来的数据表中，省份和城市的排列并没有规律，需要按照省份进行分组以便于查看。

在图表类型中选择分组表，为行维度拖入待分析维度区域的“省份”“城市”字段，则分组标准则按照各个销售合同客户所在省市进行分组，列维度拖入待分析维度区域的“合同金额”“回款金额”字段，如图 12-34 所示。然后在下面即可预览生成的分组表，单击“＋”号则可以展开各个省份下各个城市的数据。

12.3.2　图表组件

不难发现，从图 12-29 可以看出，FineBI 支持的图表类型非常多，有柱形图、点图、热力图、线形图、面积图、饼图……以柱形图组件的创建为例，相较于表格创建，柱形图创建时的维度设置更为简单，直接将横纵坐标所代表的字段拖曳进去即可，同样是分析图 12-33 中的地区数据，若要创建直观反映各个省份总合同金额的柱状图，直接将省份字段拖至横轴维度，将合同金额(求和)拖至纵轴维度，如图 12-35 所示。

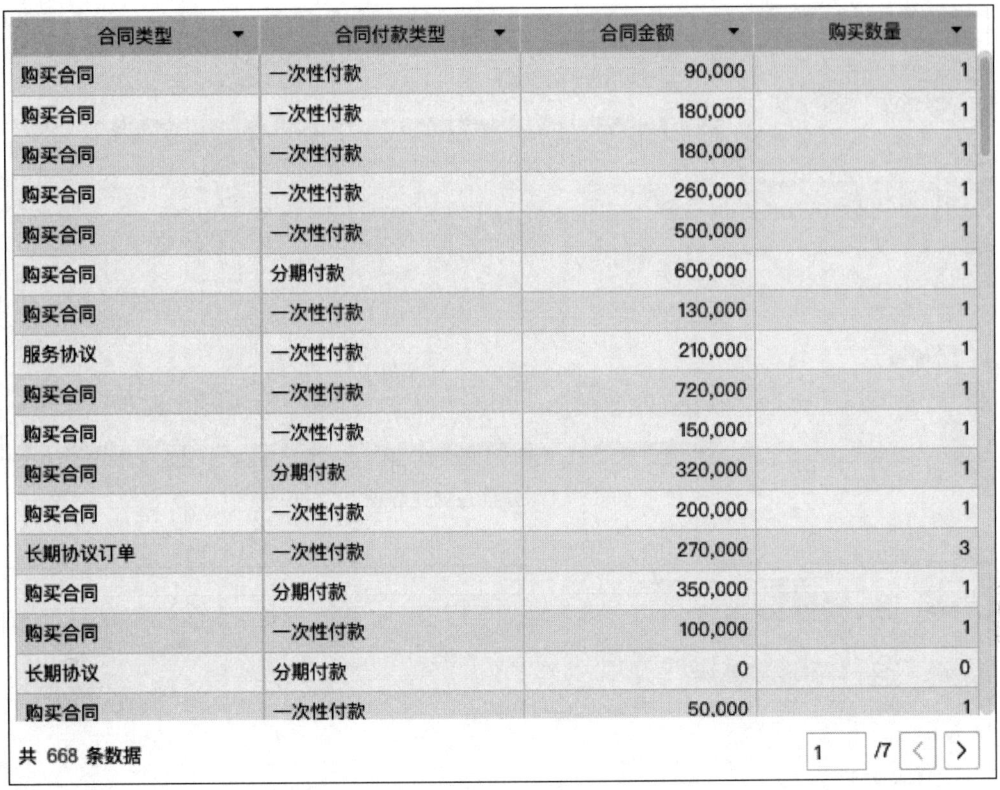

合同类型 ▼	合同付款类型 ▼	合同金额 ▼	购买数量 ▼
购买合同	一次性付款	90,000	1
购买合同	一次性付款	180,000	1
购买合同	一次性付款	180,000	1
购买合同	一次性付款	260,000	1
购买合同	一次性付款	500,000	1
购买合同	分期付款	600,000	1
购买合同	一次性付款	130,000	1
服务协议	一次性付款	210,000	1
购买合同	一次性付款	720,000	1
购买合同	一次性付款	150,000	1
购买合同	分期付款	320,000	1
购买合同	一次性付款	200,000	1
长期协议订单	一次性付款	270,000	3
购买合同	分期付款	350,000	1
购买合同	一次性付款	100,000	1
长期协议	分期付款	0	0
购买合同	一次性付款	50,000	1

共 668 条数据　　　　　　　　　　　　　　1 /7 < >

图 12-32　明细表

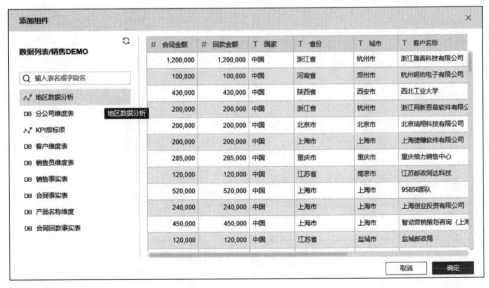

图 12-33　地区数据未分组数据表

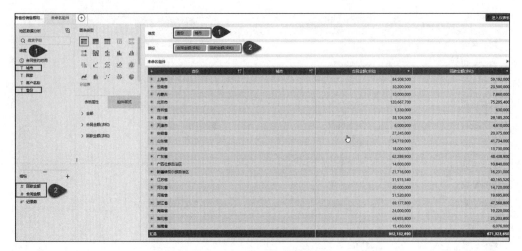

图 12-34 分组表创建界面

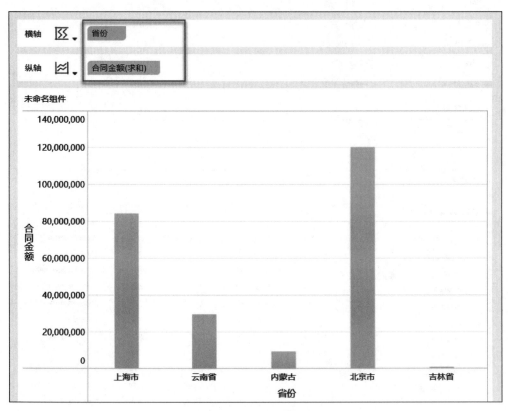

图 12-35 柱形图组件创建

12.3.3 过滤组件

FineBI 提供了多种常用的条件过滤组件,用来展现数据和提供过滤的分析交互。主要包括文本类过滤组件、数值类过滤组件、树类型过滤组件、日期类型过滤组件、通用查询重置组件。其中,文本类过滤组件仅用于文本字段的过滤;数值区间过滤组件仅用于数值字段的过滤;树过滤组件也仅用于文本字段的过滤;时间过滤组件仅用于时间类型字段的过滤。接下来以创建数值类过滤组件为例。

　　数值区间过滤组件与文本过滤组件的用途类似,不同之处在于数值过滤组件是对数值进行的过滤操作。如在销售业务过程中,可以通过数值区间过滤得到销售额在100万以上的销售员的信息。

　　如图12-36所示,在组件界面中的"过滤组件"栏中选中"数值区间"过滤组件。

图12-36　"过滤组件"栏

　　在过滤组件界面,按表选择要进行操作的数据表,将想要过滤的数值字段拖入右端,然后设置过滤组件的数值区间,如图12-37所示。

　　在仪表板的设计中,如果在仪表板中加入包含销售数据的明细表,在数值区间过滤组件中设置"100～200万"的过滤条件,则明细表会显示合同金额在该区间的合同数据,如图12-38所示。

12.3.4　设计仪表板

　　仪表板为展示进行数据分析而创建的可视化组件的面板,即在面板上嵌入多个可视化的结果并且可以设置联动关系或者设置跳转到其他可视化组件的仪表盘,一般在仪表盘建立以后需要进行管理。

　　在仪表板中可以添加任意的组件,包括表格、图表、控件等。而一张精心设计的仪表板不仅能够协调组织工作,帮助发现问题的关键,还能让别人一眼了解作者想表达的内容,或者在作者设计的基础上发散思维,拓展分析。

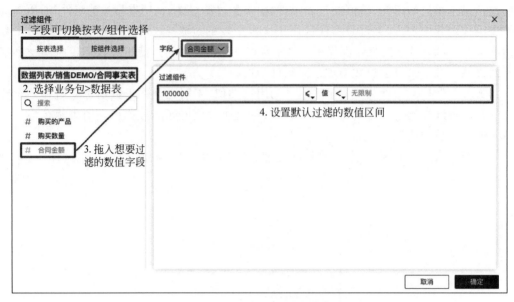

图 12-37　数值区间过滤组件设置

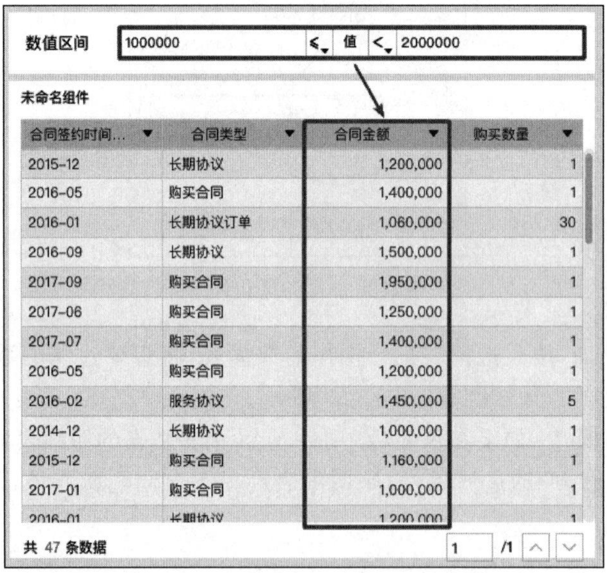

图 12-38　仪表板中加入数值区间过滤组件的效果

如图 12-39 所示就是一个仪表板,将表格组件、图表组件以及过滤组件放在同一个界面内,可以通过设置过滤条件等,在仪表板上与各种组件互动得到不同的可视化效果,同时也可以配以概要性的文字对可视化的结果予以总结说明。

新建一个仪表板非常简单,在 FineBI 软件的主界面中找到仪表板一栏,在其中可以新建仪表板或者新建文件夹以便于按分组等方式存放仪表板,如图 12-40 所示。对仪表板进行重命名、位置移动或者删除等操作也很简单,直接选中要操作的仪表板即可。

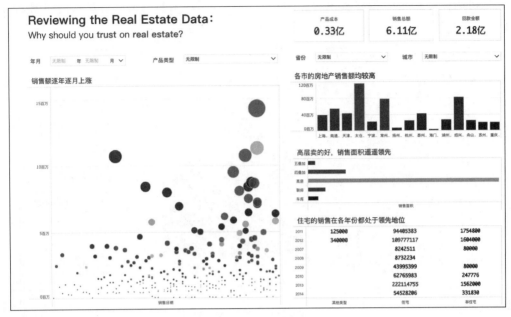

图 12-39 仪表板样例

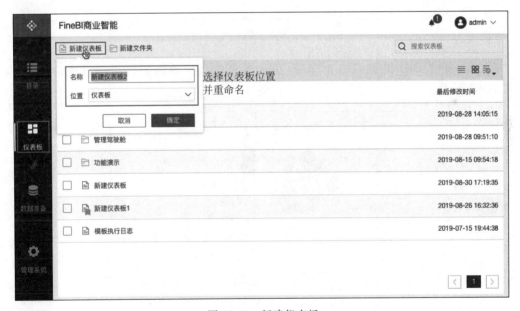

图 12-40 新建仪表板

关于仪表板的布局,FineBI 的仪表板布局方式包含网格布局、自由布局。默认即为网格布局,可设置组件间是否有间隙;自由布局通过设置组件悬浮实现。

以网格布局为例,网格布局只支持纵向延伸,不支持横向延伸。网格布局把平面按规则划分成多个单元格,每个组件占据一定数量的单元格,当屏幕大小发生变化时,随着屏幕实际宽高划分单元格,组件相对整个屏幕的比例不变。在默认布局方式下,组件之间有间隙,可调整为无间隙,始终吸顶放置,组件之间不能重叠放置。网格布局示例如图 12-41所示。

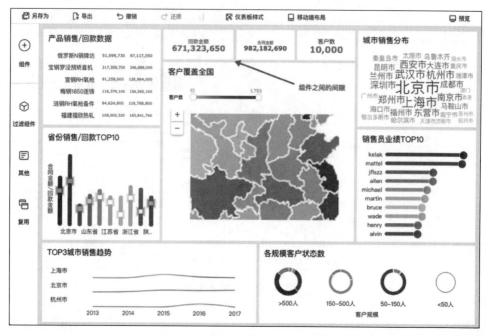

图 12-41　网格布局示例(有间隙)

另外一种布局方式则是自由布局,在选择自由布局前需要将组件设置为悬浮,如图 12-42 所示。

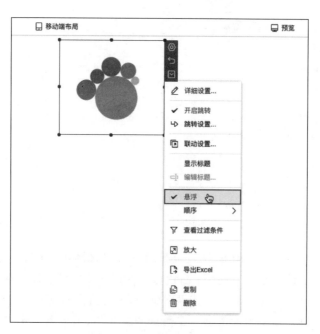

图 12-42　组件设置为悬浮

自由布局通过设置组件悬浮实现,为组件设置悬浮后,可自由拖动摆放位置及大小,支持设置组件叠放时的顺序调整,如图 12-43 所示。

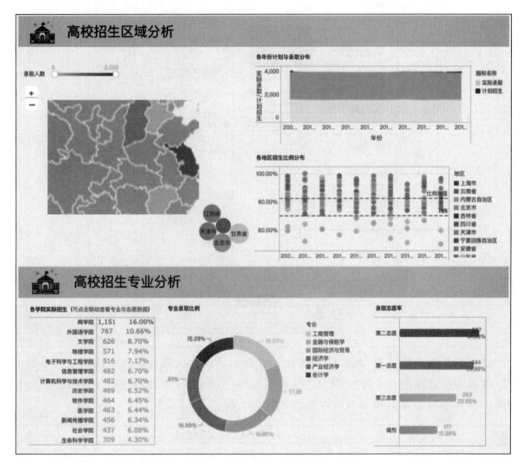

图 12-43　自由布局仪表板示例

关于仪表板布局的设计,FineBI 为用户内置了六种预设样式,在仪表板编辑界面可选择想要的风格,同时也支持用户进行自定义样式设置并保存为预设样式,如图 12-44 所示。

自定义仪表板样式设置包含仪表板、标题、组件、图表、表格和过滤组件的背景主题等设置,自定义表板各类样式的可设置项目如表 12-1 所示。

表 12-1　自定义表板各类样式的可设置项目

样　　式	可设置项目
仪表板	画布背景、组件间隙
标题	标题栏背景、标题文字格式
组件	单个组件的背景
图表	图表的整体配色、图表中的文本格式
表格	表格风格、主题色和文字格式
过滤组件	过滤组件主题色

图 12-44　仪表板预设样式与自定义样式

以仪表板样式的设置为例,仪表板样式设置包含仪表板的背景和组件间隙的设置,背景可设置为指定颜色和上传的图片。组件间隙,顾名思义,即设置组件与组件之间有没有间隙。有无间隙的设置界面及效果如图 12-45 所示。

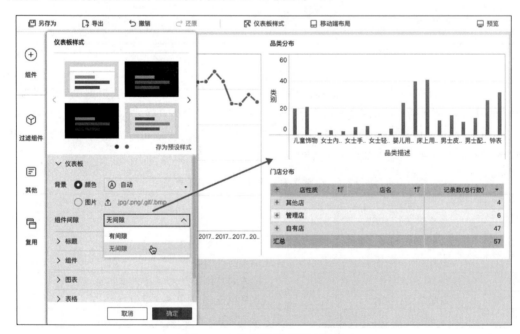

图 12-45　仪表板样式设置界面

12.4　案例：零售行业数据分析

为了更好地理解通过 FineBI 软件的使用并能进行自助的数据分析，我们将研究 FineBI 软件自带零售行业数据集数据分析得到的区域销售统计仪表板的案例。首先登录 FineBI 的 BI 服务器进入主界面，在数据准备一栏中于数据列表中，在行业数据中找到零售行业的业务包，如图 12-46 所示，业务包内共含有 5 张表，均已经事先准备好，其中有 4 张表是以数据库表形式导入的基础表，可以单击进行预览。

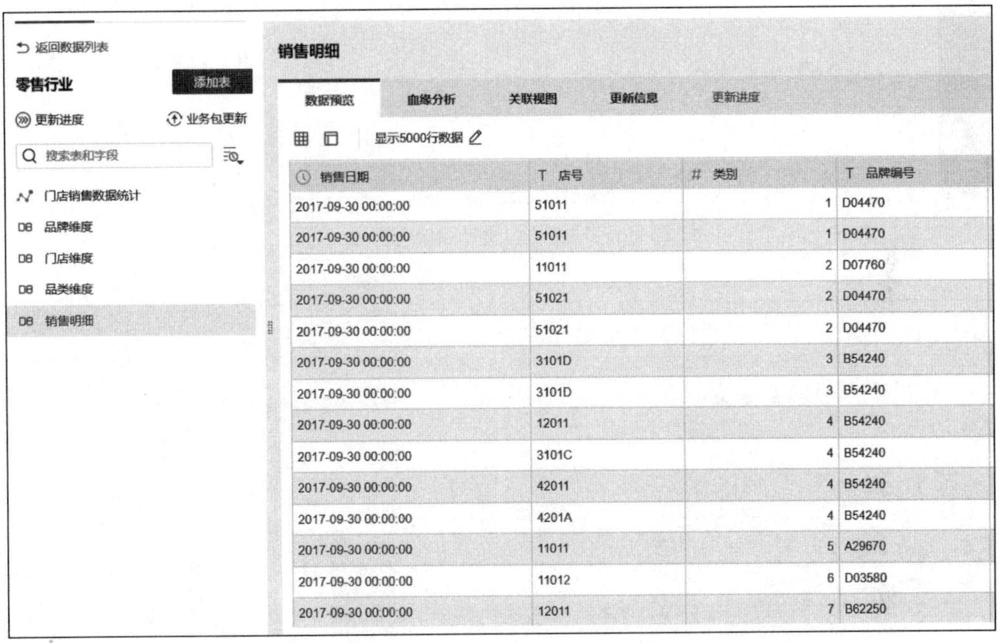

图 12-46　零售行业的业务包含的数据表

在 FineBI 的仪表板栏中找到行业应用文件夹下零售行业文件夹下的区域销售统计仪表板，如图 12-47 所示。

首先对于门店的大区小区的关系要有一个直观的认知，适合创建一个矩形图，如图 12-48 所示。将小区作为横轴，大区作为纵轴，为了能让每个大矩形中的小矩形通过联动显示各个店的销售情况，在"细粒度"参数一栏设置为"店名"。矩形图生成的结果十分直观，上海作为唯一的东南区，东北华北作为北方区，华中西南等作为中西区，这样划分便于对于不同大区的销售情况有一个直观的了解。

例如，要分析各个小区一年内每周的销售额的情况，可以考虑作一个聚合气泡图，每一周的销售额就像浮上水面的气泡一样进行可视化，销售额在一段时间内的增大减小的趋势就非常直观，如图 12-49 所示。横轴为所属小区，纵轴为销售日期（年周数），每一个气泡的大小就能反映该周的区域销售额，可视化结果反映出比如上海每周的销售额非常稳定而且数额很大，像中南西北小区，销售额也很稳定但是数额比起上海明显偏小，而华北地区销售额在年中经历了大幅度的下跌然后在年末逐渐恢复。

图 12-47　区域销售统计仪表板所在位置

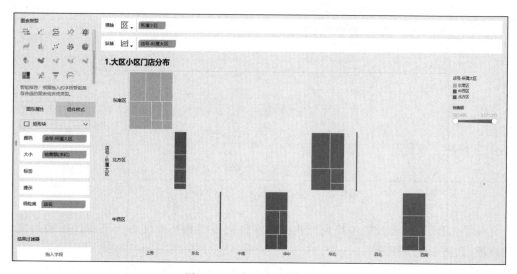

图 12-48　大区小区的矩形图

再例如对于各个小区各种商品销售情况的分析,采用分区折线图的方法,如图 12-50 所示。折线图上各点的大小代表销售额的多少,可以得出各个小区中上海区的运动服务及用品销售额最多,处于领先。

再例如,分析全国各个小区的运动品牌的销售情况,类比之前对各小区运动服务及用品销售额的分析,可以类似地作一个分区图以直观反映各个小区的销售情况,于是这里作一个分区柱形图,对每一个小区的各个运动品牌销售情况作一个柱形图再聚合在一起,如图 12-51 所示。可以得出,在各个小区,上海区当中新百伦品牌的销售额相比其他地区和品牌遥遥领先。

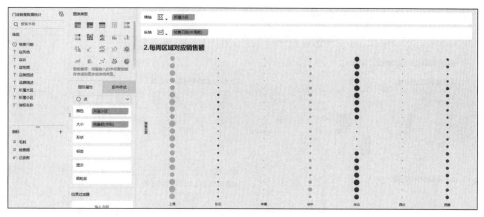

图 12-49　小区周销售额聚合气泡图

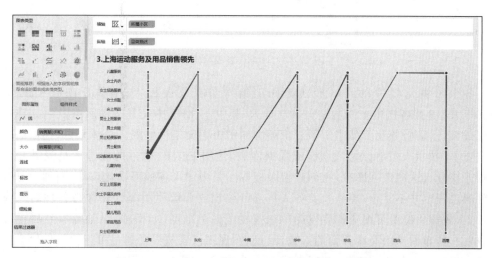

图 12-50　各小区运动服务及用品销售额分区折线图

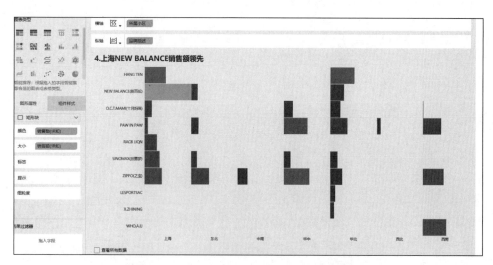

图 12-51　各小区运动品牌销售额分区柱形图

最终可以将各个组件整合在一张仪表板上,如图 12-52 所示。

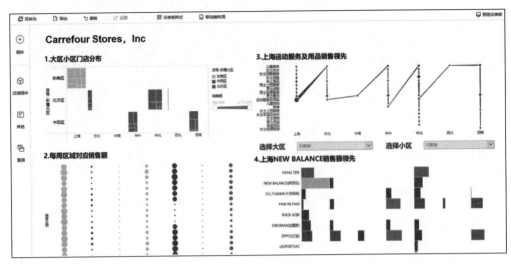

图 12-52　最终仪表板呈现结果

各个可视化组件以网格形式无间隙地排布在仪表板上,整体反映在 Carrefour Stores,Inc 全国各区中上海的销售额最优秀,其中,上海区中又是运动服务及用品销售额占比很大,运动服务及用品当中新百伦品牌的销售额又是最好的。总体来讲,案例的实现只需要 IT 技术人员将原始数据制成数据库表,使用 FineBI 软件的业务人员只需要创建数据连接导入这些数据库表,再创建仪表板并在其中加入各种可视化组件,而创建可视化组件的过程也并不复杂,不需要业务人员进行编程或者像使用统计软件写各种语句或参数设置,只需要将要可视化的字段简单地拖曳至各个维度(如横轴、纵轴等),然后再细化地设置一些布局排版美观方面的参数便可以实现在仪表板界面通过可视化组件聚合的方式进行自助数据分析,直观地获得想要的结果,非常方便。

第**13**章

ECharts数据可视化方法

移动互联网时代,让自己的图表能够在移动端被轻松浏览是很重要的一件事, ECharts可以帮助我们完成这件事。

13.1 ECharts

ECharts,一个使用JavaScript实现的开源可视化库,可以流畅地运行在PC和移动设备上,兼容当前绝大部分浏览器(IE 8/9/10/11,Chrome,Firefox,Safari等),底层依赖矢量图形库ZRender,提供直观、交互丰富、可高度个性化定制的数据可视化图表。ECharts有如下特点。

1. 丰富的可视化类型

ECharts提供了常规的折线图、柱状图、散点图、饼图、K线图,用于统计的盒形图,用于地理数据可视化的地图、热力图、线图,用于关系数据可视化的关系图、树图(treemap)、旭日图,多维数据可视化的平行坐标,还有用于BI的漏斗图,仪表盘,并且支持图与图之间的混搭。

除了已经内置的包含丰富功能的图表,ECharts还提供了自定义系列,只需要传入一个renderItem()函数,就可以从数据映射到任何想要的图形,更棒的是这些都还能和已有的交互组件结合使用而不需要操心其他事情。

用户可以在下载界面下载包含所有图表的构建文件,如果只是需要其中一两个图表,又嫌包含所有图表的构建文件太大,也可以在在线构建中选择需要的图表类型后自定义构建。

2. 多种数据格式无须转换直接使用

ECharts 内置的 dataset 属性(4.0+)支持直接传入包括二维表、Key-Value 等多种格式的数据源,通过简单地设置 encode 属性就可以完成从数据到图形的映射,这种方式更符合可视化的直觉,省去了大部分场景下数据转换的步骤,而且多个组件能够共享一份数据而不用克隆。

为了配合大数据量的展现,ECharts 还支持输入 TypedArray 格式的数据,TypedArray 在大数据量的存储中可以占用更少的内存,对垃圾回收(Garbage Collection)友好等特性也可以大幅度提升可视化应用的性能。

3. 千万数据的前端展现

通过增量渲染技术(4.0+),配合各种细致的优化,ECharts 能够展现千万级的数据量,并且在这个数据量级依然能够进行流畅地进行缩放、平移等交互。

几千万的地理坐标数据就算使用二进制存储也要占上百 MB 的空间,因此 ECharts 同时提供了对流加载(4.0+)的支持,用户可以使用 WebSocket 或者对数据分块后加载,使用时根据需要加载多少渲染多少,不需要漫长地等待所有数据加载完再进行绘制。

以如图 13-1 所示为例,在 ECharts 上将 102 500 000 个地理坐标在世界地图上进行点亮,根据用户对地图进行放大和拖动查看的部分分块加载相应的地理坐标再进行实时渲染,能够保证即使面对千万级数据量也能对可视化应用进行流畅交互。

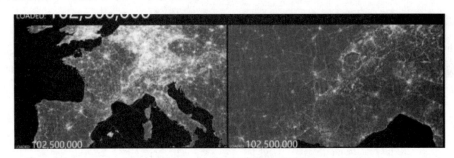

图 13-1　千万级数据呈现示例

4. 移动端优化

ECharts 针对移动端交互做了细致的优化,例如,移动端小屏上适于用手指在坐标系中进行缩放、平移。PC 端也可以用鼠标在图中进行缩放(用鼠标滚轮)、平移等。同时,细粒度的模块化和打包机制可以让 ECharts 在移动端也拥有很小的体积,可选的 SVG 渲染模块让移动端的内存占用不再捉襟见肘。

5. 支持多渲染方案与跨平台使用

ECharts 支持以 Canvas、SVG(4.0+)、VML 的形式渲染图表。VML 可以兼容低版

本 IE,SVG 使得移动端不再为内存担忧,Canvas 可以轻松应对大数据量和特效的展现。不同的渲染方式提供了更多选择,使得 ECharts 在各种场景下都有更好的表现。

除了 PC 和移动端的浏览器,ECharts 还能在 Node.js 上配合 node-canvas 进行高效的服务端渲染(SSR)。从 4.0 开始还和微信小程序的团队合作,提供了 ECharts 对小程序的适配。

社区热心的贡献者也为 ECharts 官方提供了丰富的其他语言扩展,如 Python 的 pyecharts,R 语言的 recharts,Julia 的 ECharts.jl,等等。

6. 深度的交互式数据探索

对于数据的可视化而言,交互是从数据中发掘信息的重要手段。"总览为先,缩放过滤按需查看细节"是数据可视化交互的基本需求。

ECharts 一直在交互的路上前进,官方提供了图例、视觉映射、数据区域缩放、tooltip、数据刷选等易于使用的交互组件,可以对数据进行多维度数据筛取、视图缩放、展示细节等交互操作,让用户可以更有深度地进行交互式的数据探索。

7. 多维数据的支持以及丰富的视觉编码手段

ECharts 3 开始加强了对多维数据的支持。除了加入了平行坐标等常见的多维数据可视化工具外,对于传统的散点图等,传入的数据也可以是多个维度的。配合视觉映射组件 visualMap 提供的丰富的视觉编码,能够将不同维度的数据映射到颜色、大小、透明度、明暗度等不同的视觉通道。

8. 动态数据

ECharts 由数据驱动,数据的改变驱动图表展现的改变。因此动态数据的实现也变得异常简单,只需要获取数据、填入数据,ECharts 会找到两组数据之间的差异然后通过合适的动画去表现数据的变化。配合 timeline 组件能够在更高的时间维度上去表现数据的信息。

9. 绚丽特效以及强大的三维可视化

ECharts 不仅针对线数据、点数据等地理数据的可视化提供了吸引眼球的特效,官方还提供了基于 WebGL 的 EChartsGL,用户可以像使用 ECharts 普通组件一样轻松地使用 EChartsGL 绘制出三维的地球、建筑群、人口分布的柱状图。在这基础之上官方还提供了不同层级的画面配置项,只需几行配置就能得到艺术化的画面。也有助于在 VR、大屏场景里实现三维的绚丽可视化效果。

13.2 ECharts 基础概念

在开始使用 ECharts 前,首先介绍一下 ECharts 的一些基本概念,对这些基本概念了解了才能更好地进行更多内容的学习。

1. ECharts 实例

一个网页中可以创建多个 ECharts 实例。每个 ECharts 实例中可以创建多个图表和坐标系等(用 option 来描述)。准备一个 DOM 节点(作为 ECharts 的渲染容器),就可以在上面创建一个 ECharts 实例。每个 ECharts 实例独占一个 DOM 节点。关于 DOM 节点,在绘图前需要为 ECharts 准备一个具备高和宽的 DOM 容器,按如下代码建立。

```
< body >
 <!-- 为 ECharts 准备一个具备大小(宽高)的 DOM -->
< divid = "id1"style = "width:600px;height:400px;"></div >
</body
```

如图 13-2 所示,如 instance1(实例 1)中,在之前建立了名为 id1 的 DOM 容器,之后便可以基于这个 DOM 容器开始可视化。

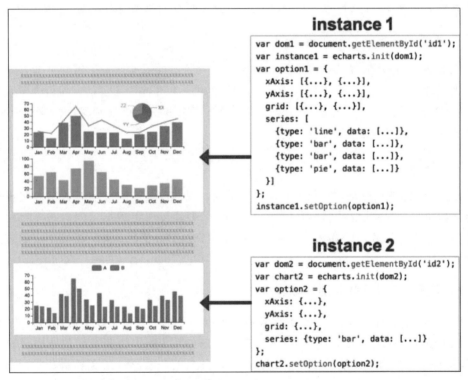

图 13-2　基于 DOM 容器建立可视化图表

2. 系列

系列(series)是很常见的名词。在 ECharts 里,系列是指一组数值以及它们映射成的图。"系列"这个词原本可能来源于"一系列的数据",而在 ECharts 中取其扩展的概念,不仅表示数据,也表示数据映射成为的图。所以,一个系列包含的要素至少有:一组数值、图表类型（series. type），以及其他关于这些数据如何映射成图的参数。所以换句话说，系列是决定可视化图表类型和使用数据的关键设置。

ECharts 里系列类型就是图表类型。系列类型至少有：line（折线图）、bar（柱状图）、pie（饼图）、scatter（散点图）、graph（关系图）、tree（树图）……

如图 13-3 所示，右侧的 option 中声明了三个系列：pie、line、bar，每个系列中有它所需要的数据（series. data）。

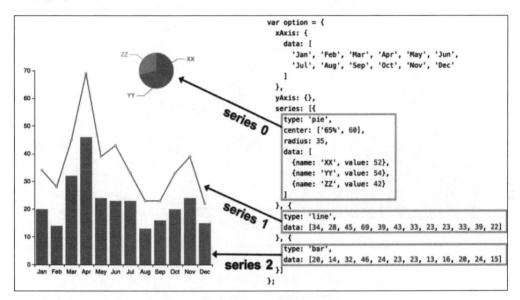

图 13-3　通过系列设置得到的可视化图表

在系列设置中，如图 13-4 所示还有另一种配置方式，系列的数据从 dataset 中获取，在使用时设置 encode 参数是通过在 dataset 中以下标选择绘制可视化图表的相应维度。

3. 组件

在系列之上，ECharts 中各种内容被抽象为"组件"。例如，ECharts 中至少有这些组件：xAxis（直角坐标系 X 轴）、yAxis（直角坐标系 Y 轴）、grid（直角坐标系底板）、angleAxis（极坐标系角度轴）、radiusAxis（极坐标系半径轴）、polar（极坐标系底板）、geo（地理坐标系）、dataZoom（数据区缩放组件）、visualMap（视觉映射组件）、tooltip（提示框组件）、toolbox（工具栏组件）、series（系列）、……

我们注意到，其实系列也是一种组件，可以理解为：系列是专门绘制"图"的组件。

如图 13-5 所示，图中右侧的 option 中声明了各个组件（包括系列），各个组件就出现在图中。

为了便于概念的理解与区分，因为系列是一种特殊的组件，所以有时候也会出现"组件和系列"这样的描述，这种语境下的"组件"是指除了"系列"以外的其他组件。

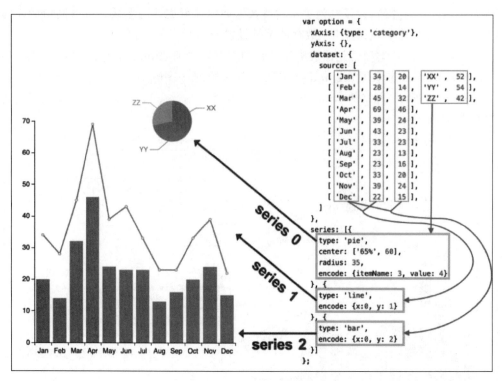

图 13-4　通过 dataset 获取数据用于绘制

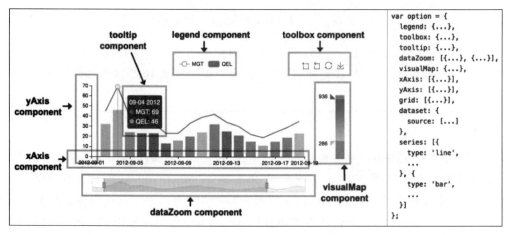

图 13-5　ECharts 中各个组件的设置

4. 用 option 描述图表

在之前已经提到了 option 这个概念。ECharts 的使用者,使用 option 来描述其对图表的各种需求,包括有什么数据、要画什么图表、图表长什么样子、含有什么组件、组件能操作什么事情等。简而言之,option 表述了数据、数据如何映射成图形、交互行为。

5. 组件的定位

不同的组件、系列,常有不同的定位方式。常见的定位方式有类 CSS 的绝对定位和用于圆形可视化组件的中心半径定位,少数组件和系列可能有自己的特殊定位方式,可以查阅 ECharts 中对应的使用文档,其中会有说明。

(1) 类 CSS 式绝对定位。

多数组件和系列都能够基于 top/right/down/left/width/height 进行绝对定位。这种绝对定位的方式类似于 CSS 的绝对定位(position:absolute)。绝对定位基于的是 ECharts 容器 DOM 节点。

其中,它们每个值都可以是:

- 绝对数值(例如,bottom:54 表示距离 ECharts 容器底边界54px)。
- 基于 ECharts 容器高宽的百分比(例如,right:'20%'表示距离 ECharts 容器右边界的距离是 ECharts 容器宽度的 20%)。

如图 13-6 所示的例子,对 grid 组件(也就是直角坐标系的底板)设置 left、right、height、bottom 达到的效果,在图 13-6 中很直观地展示了各个参数的设置效果。

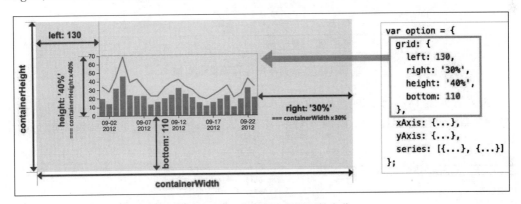

图 13-6 在 grid 设置中给组件定位

值得注意的是,left、right、width 是一组(横向),top、bottom、height 是另一组(纵向),这两组没有什么关联。每组中至多设置两项就可以了,第三项会被自动算出。例如,设置了 left 和 right 就可以了,width 会被自动算出。

(2) 中心半径定位。

少数圆形的组件或系列可以使用"中心半径定位",例如,pie、sunburst(旭日图)、polar(极坐标系)。

中心半径定位往往依据 center(中心)、radius(半径)来决定位置。

6. 坐标系

很多系列,例如 line、bar、scatter、heatmap 等,需要运行在"坐标系"上。坐标系用于布局这些图,以及显示数据的刻度等。例如,ECharts 中至少支持这些坐标系:直角坐标系、极坐标系、地理坐标系(GEO)、单轴坐标系、日历坐标系等。其他一些系列,例如 pie、 tree 等,并不依赖坐标系,能独立存在。还有一些图,例如 graph(关系图)等,既能独立存在,也能布局在坐标系中,依据用户的设定而来。

一个坐标系可能由多个组件协作而成。以最常见的直角坐标系来举例。直角坐标系中,包括 xAxis、yAxis、grid 三种组件。xAxis、yAxis 被 grid 自动引用并组织起来,共同工作。

首先来看如图 13-7 所示的实例,这是最简单的使用直角坐标系的方式:只声明了 xAxis、yAxis 和一个 scatter,ECharts 暗自为它们创建了 grid 并关联起它们。

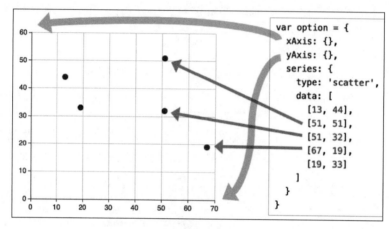

图 13-7　最简单的坐标轴设置实例

再来看如图 13-8 所示的图表,两个 yAxis 共享了一个 xAxis。两个 series 也共享了这个 xAxis,但是分别使用不同的 yAxis,使用 yAxisIndex 来指定它自己使用的是哪个 yAxis。

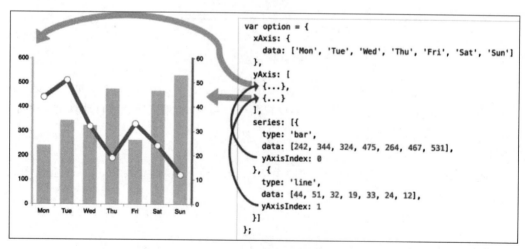

图 13-8　共享坐标轴的实例

接下来看如图 13-9 所示的图表,一个 ECharts 实例中有多个 grid,每个 grid 分别有 xAxis、yAxis,它们使用 xAxisIndex、yAxisIndex、gridIndex 来指定引用关系。

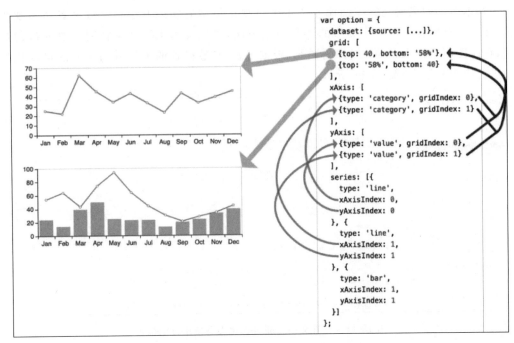

图 13-9　多个 grid 环境下坐标轴的设置

13.3　可视化类型

ECharts 支持多种可视化类型,具体支持的可视化类型如图 13-10 所示。

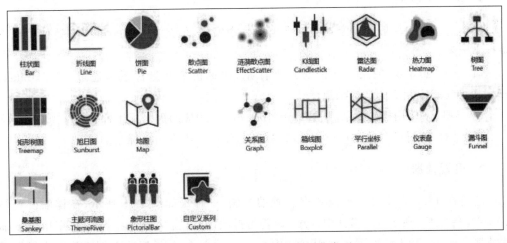

图 13-10　ECharts 支持的可视化类型

在 13.2 节中,创建可视化组件时,在 series 中的 type 参数设置图表的可视化类型,在如图 13-10 所示的支持类型概览图中,如柱状图对应 bar,折线图对应 line……各个可视化类型在 type 参数中的设置与其下方对应的英文名称一致,只是都要写成小写。

在本节中如果要完整详细地介绍每个可视化类型的使用方法和参数设置是不现实的,如果要查阅各个可视化类型的详细使用方法,可以参考 ECharts 官网提供的帮助文档,在配置项中找到 series 组件的说明,根据 type 参数设置的不同分为不同的可视化类型进行说明介绍,如图 13-11 所示。

图 13-11　官方文档查阅可视化类型使用方法位置

之前提及本章并不会详细介绍每一个可视化类型的使用,不过在本节中会接下来简要介绍折线图的一些使用与参数设置,以传达在 ECharts 中创建可视化组件的基本思想。

如果要创建基于折线图的可视化图表,在 series 组件中设置参数 type 的值为 line 即可。

1. 设置坐标系

虽然折线图中一般都肯定是在二维坐标系中实现,但是在 ECharts 中支持使用以下两种坐标系。

(1) cartesian2d:使用二维的直角坐标系(也称笛卡儿坐标系),通过 xAxisIndex、yAxisIndex 指定相应的坐标轴组件。

(2) polar:使用极坐标系,通过 polarIndex 指定相应的极坐标组件。

当然如果不对该项参数进行设置时,默认是使用二维直角坐标系的。

2. 设置数据

之前在 13.2 节中已经提及数据设置的方法,一种是如图 13-3 所示,在详细设置好 xAxis 坐标轴后,在 series 组件中,type 设置为折线图后,直接将 data 导入数据用于 y 轴的数据;而另一种方法如图 13-4 所示,用 dataset 的方法,先设置所有创建可视化组件需要的数据集,再根据下标取用来设置对应的数据。

3. 其他可选设置

在前面的操作中,设置了折线图的基础参数,使 ECharts 得以绘制出折线图,接下来可以设置更多的参数来使得折线图更为美观或者能够传达更多的信息。

(1) 线条样式。

例如，折线图中可以修改线型的颜色，设置 series-line. lineStyle. color 参数，颜色可以使用 RGB 表示，如 rgb(128,128,128)，如果想要加上 alpha 通道表示不透明度，可以使用 RGBA，如 rgba(128,128,128,0.5)，也可以使用十六进制格式，如 ♯ccc。除了纯色之外颜色也支持渐变色和纹理填充，渐变色又包括线性渐变和径向渐变，渐变和纹理填充的代码都是通用的，如果用户在设置其他可视化图表的颜色参数时，都可以仿照设置相应的渐变和纹理效果。代码如下。

```
//线性渐变,前四个参数分别是 x0,y0,x2,y2,范围为 0~1,相当于在图形包围盒中的百分比,如果
//globalCoord 为 true,则该四个值是绝对的像素位置
color:{
type:'linear',
x:0,
y:0,
x2:0,
y2:1,
colorStops:[{
offset:0,color:'red'      //0% 处的颜色
  },{
offset:1,color:'blue'     //100% 处的颜色
  }],
global:false              //默认为 false
  }
  //径向渐变,前三个参数分别是圆心 x,y 和半径,取值同线性渐变
color:{
type:'radial',
x:0.5,
y:0.5,
r:0.5,
colorStops:[{
offset:0,color:'red'      //0% 处的颜色
  },{
offset:1,color:'blue'     //100% 处的颜色
  }],
global:false              //默认为 false
  }
//纹理填充
color:{
image:imageDom,           //支持为 HTMLImageElement,HTMLCanvasElement,不支持路径字符串
repeat:'repeat'           //是否平铺,可以是'repeat-x','repeat-y','no-repeat'
  }
```

(2) 折线图区域填充。

有的时候，需要对折线图进行填充颜色，可以给图表的阅读者传达更多的信息，如折线图指定部分区域填色就代表要重点关注涂色区域的数据。例如，如图 13-12 所示的折线图，在折线图下方有填充颜色。

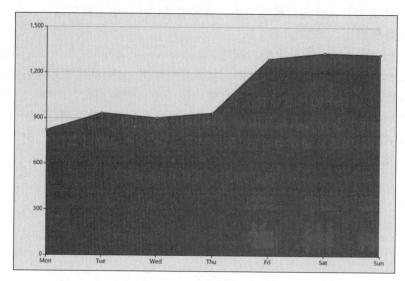

图 13-12 折线图填色示例

区域填色的参数是设置 areaStyle 的相关参数,如果不列出这一项则不会填色,如果里面不设置任何参数,只是 areaStyle:{},则会出现如图 13-12 所示的效果,默认填充红色,如改颜色可以设置 color 参数,设置方法在前面有介绍,包括设置渐变与纹理填充的代码跟之前是一致的,代码模板通用。

13.4 Echarts 数据交互与 API 使用

1. 数据交互

除了图表外,ApacheECharts(incubating)TM 中提供了很多交互组件。例如:图例组件 legend、标题组件 title、视觉映射组件 visualMap、数据区域缩放组件 dataZoom、时间线组件 timeline。接下来以数据区域缩放组件 dataZoom 为例,介绍如何加入这种组件。

"概览数据整体,按需关注数据细节"是数据可视化的基本交互需求。dataZoom 组件能够在直角坐标系、极坐标系中实现这一功能。

(1) 原理。

dataZoom 组件是对数轴(axis)进行"数据窗口缩放""数据窗口平移"操作。可以通过 dataZoom.xAxisIndex 或 dataZoom.yAxisIndex 来指定 dataZoom 控制哪个或哪些数轴。本质上,dataZoom 的运行原理是通过"数据过滤"来达到"数据窗口缩放"的效果。

(2) 支持形式。

dataZoom 的数据窗口范围的设置,目前支持以下两种形式。

① 百分比形式:参见 dataZoom.start 和 dataZoom.end。

② 绝对数值形式:参见 dataZoom.startValue 和 dataZoom.endValue。

dataZoom 组件现在支持以下几种子组件。

① 内置型数据区域缩放组件(dataZoomInside)：内置于坐标系中。

② 滑动条型数据区域缩放组件(dataZoomSlider)：有单独的滑动条操作。

③ 框选型数据区域缩放组件(dataZoomSelect)：全屏的选框进行数据区域缩放。入口和配置项均在 toolbox 中。

（3）在代码中加入 dataZoom 组件。

以如图 13-13 所示的散点图为例。

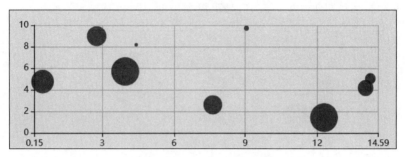

图 13-13　示例用散点图

先只在单独一个横轴上加上 dataZoom 组件,代码示例如下。

```
option = {
xAxis:{
type:'value'
  },
yAxis:{
type:'value'
  },
dataZoom:[
  {                      //这个 dataZoom 组件,默认控制 x 轴
type:'slider',          //这个 dataZoom 组件是 slider 型 dataZoom 组件
start:10,               //左边在 10％的位置
end:60                  //右边在 60％的位置
  }
  ],
series:[
  {
type:'scatter',         //这是个"散点图"
itemStyle:{
opacity:0.8
  },
symbolSize:function(val){
returnval[2]＊40;       //纵坐标值大小决定散点大小
  },
data:[["14.616","7.241","0.896"],["3.958","5.701","0.955"],["2.768","8.971",
"0.669"],["9.051","9.710","0.171"],["14.046","4.182","0.536"],["12.295","1.429",
"0.962"],["4.417","8.167","0.113"],["0.492","4.771","0.785"],["7.632","2.605",
"0.645"],["14.242","5.042","0.368"]]
  }
```

```
        ]
    }
```

加入上述代码所示的 dataZoom 组件后,如图 13-14 所示,可以在下方的缩放组件中左右拖动或者调动可见宽度,上面的图只能拖动 dataZoom 组件导致窗口变化。如果想在坐标系内进行拖动,以及用滚轮(或在移动设备触屏上的两指滑动)进行缩放,那么要再加上一个 inside 型的 dataZoom 组件。直接在上面的 option.dataZoom 中增加即可,增加代码后效果看起来与图 13-14 一致,但是可以在坐标系内进行拖动。

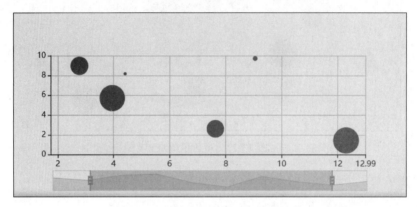

图 13-14　加入 dataZoom 组件后效果

增加的代码如下。

```
option = {
  ...,
dataZoom:[
  {                      //这个 dataZoom 组件,默认控制 x 轴
type:'slider',         //这个 dataZoom 组件是 slider 型 dataZoom 组件
start:10,              //左边在 10 % 的位置
end:60                 //右边在 60 % 的位置
  },
  {                      //这个 dataZoom 组件,也控制 x 轴
type:'inside',         //这个 dataZoom 组件是 inside 型 dataZoom 组件
start:10,              //左边在 10 % 的位置
end:60                 //右边在 60 % 的位置
  }
  ],
  ...
  }
```

类似地,如果想 y 轴也能够缩放,那么在 y 轴上也加上 dataZoom 组件,代码如下。

```
option = {
  ...,
dataZoom:[
  {
type:'slider',
```

```
xAxisIndex:0,
start:10,
end:60
 },
 {
type:'inside',
xAxisIndex:0,
start:10,
end:60
 },
 {
type:'slider',
yAxisIndex:0,
start:30,
end:80
 },
 {
type:'inside',
yAxisIndex:0,
start:30,
end:80
 }
 ],
 …
 }
```

效果如图 13-15 所示,并且因为也设置了 inside 参数,同样可以在坐标轴内进行缩放
与拖动。

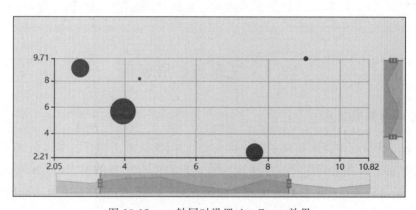

图 13-15 xy 轴同时设置 dataZoom 效果

2. API 使用

ECharts 提供了供用户使用的 API,是一些预先定义的函数,用户使用这些 API 无须
访问源码,或理解内部工作机制的细节,只需要理解 API 实现的功能即可,减少用户代码
的编辑量以及编辑界面的繁杂程度,很大程度地提高用户创建可视化图标的效率。

ECharts 提供的 API 有四大类型：echarts、echartsInstance、action、events。其中：

- echarts：全局 echarts 对象，在 script 标签中引入 echarts.js 文件后获得。
- echartsInstance：即通过 echarts.init 创建的实例。
- ECharts 中支持的图表行为，通过 dispatchAction 触发。
- 在 ECharts 中主要通过 on 方法添加事件处理函数，该文档描述了所有 ECharts 的事件列表。ECharts 中的事件分为两种，一种是鼠标事件，在鼠标单击某个图形时会触发，还有一种是调用 dispatchAction 后触发的事件。

例如，在图 13-2 中创建 DOM 容器后使用 echarts.init(dom)创建可视化实例时其实本质上就是调用 API，用户直接使用 echarts.init 这个 API 而不需要弄清楚 echarts.init 内部的代码长什么样，也不需要弄懂 echarts.init 具体如何通过 DOM 容器创建 instance 实例。

再例如，echarts.init()会返回 echartsInstance 对象，之后即是对 echartsInstance 的对象进行编辑以创建可视化图表，最后调用 echartsInstance.setOption(option) 的 API (option 是用户之前创建的 echartsIntance 对象的组件设置)，就能打包将设置的组件以用于在 HTML 页面中展示，用户在使用这个 API 时也不会知道具体是通过什么代码将之前 option 设置的各组件的参数用于创建图表并显示的。

总的来说，API 看起来因为用户不知道调用的函数代码长什么样以及具体的功能如何而产生一种 API 很难用、很难理解的错觉，而通过上面两个例子：echarts 实例的创建与组件的运行显示，了解到其实 API 的调用也可以很简单，就是实现一些基本、简单的功能，只是用户并不需要知道调用的函数背后是怎样的原理，理解 API 背后的代码与功能跟绝大多数用户掌握使用 ECharts 工具并无直接关系，当然 ECharts 是开源的，如果用户希望在 Github 等平台参与对 ECharts 开发与优化做出贡献，则理解这些源码才是有必要的。

13.5　主题与扩展管理

1. 主题与编辑工具

ECharts 是项目中经常使用的数据可视化插件，默认的主题样式基本能满足需求，但是如果用户对于可视化组件的颜色样式以及美观程度有更高的追求，ECharts 官方提供了主题构建工具，让用户能够轻松实现自定义各种样式配置，并且易于导入并应用于实际可视化组件的创建。

主题构建工具可在 ECharts 首页的资源一项找到，单击进入即可开始自定义主题配置，如图 13-16 所示。

主体构建页面提供了几种默认方案，在构建工具页面的左侧，用户可以根据喜好选择一种默认方案导出，在页面左上方，如图 13-17 所示，如果直接选择"导出配置"，则会直接下载 JSON 文件，如果选择"下载主题"，则会有两种可选下载方式，一种是导出 JS 版本文件，如图 13-18 所示，在创建 HTML 的图表时引用以导入主题，另一种方式则是下载

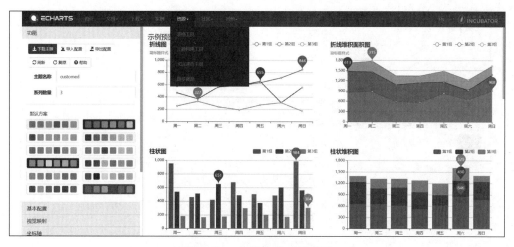

图 13-16　主题构建工具页面

JSON 版本文件，如图 13-19 所示，在编辑 HTML 时需要导入再转换为 JSON 对象，需要使用 echarts.registerTheme() 注册主题，再在 echarts.init() 中传入第二参数导入主题以创建图表。

图 13-17　选择导出方式

图 13-18　导出为 JS 版本

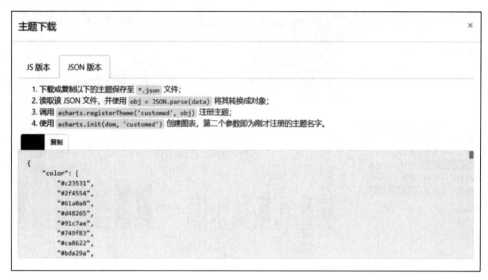

图 13-19　导出为 JSON 版本

如果默认主题无法满足用户对于可视化组件美观的需求,用户可以自行搭配各种颜色以及其他各种配置,ECharts 提供了基本配置、视觉、坐标轴、图例、提示框等各个模块的样式的配置,可以说相当丰富。如图 13-20 所示,可以选择这些模块展开配置,比如以折线图的自定义主题为例,展开折线图的自定义选项如图 13-21 所示,可以设置是否使用平滑曲线连接或是折线图上各个坐标点的形状。

基本配置
视觉映射
坐标轴
图例
工具箱
提示框
时间轴
数据缩放
折线图
K 线图
力导图
关于

图 13-20　自定义主题配置选项

图 13-21　折线图的自定义主题设置

2．扩展管理

（1）扩展插件简介与下载。

ECharts 在下载界面可以选择下载扩展，如图 13-22 所示，可以在此免费下载各类 ECharts 扩展插件，以获取更丰富的图表类型和增强功能。

ECharts 主要支持以下四大类的扩展插件。

① 图表与组件，如其中代表性的 EChartsGL 支持 3D 图表。

② 功能增强，如统计工具可以让 ECharts 支持在编辑可视化图表的过程中加入更强大的统计模块。

③ 框架协作，即在其他的框架中加入 ECharts 的协作编辑。

④ 其他语言，ECharts 是基于 JS 文件在 HTML 环境中编辑可视化图表。

（2）扩展插件管理与使用。

接下来将通过两个简单的例子说明扩展的下载管理与使用的思想。

① 在 EChartsGL 中创建简单的 3D 图表。

首先要下载 EChartsGL 对应的扩展，一种是通过 npm 安装 EChartsGL，另外一种方式则是下载相应文件，是针对在本地下载相应的 JS 文件再导入，使用这种方式，在编辑

图 13-22　扩展下载界面

HTML 时除了引入 echarts.min.js 文件之外,引入 echarts-gl.min.js 文件,代码如下。

```
< scriptsrc = "dist/echarts.min.js"></script>
< scriptsrc = "dist/echarts - gl.min.js"></script>
```

下面以创建一个只有三个坐标点的最简单的三维散点图为例,代码如下。

```
option = {
grid3D:{},
xAxis3D:{},
yAxis3D:{},
zAxis3D:{},
series:[{
type:'scatter3D',
symbolSize:50,
data:[[ - 1, - 1, - 1],[0,0,0],[1,1,1]],
itemStyle:{
opacity:1
  }
  }]
  };
myChart.setOption(option);
```

这段代码放在 ECharts 网页的在线简易编辑器中运行,结果如图 13-23 和图 13-24 所示,右侧生成的三维图表可以拖动以从不同视角查看。

② 使用 Python 创建 ECharts 图表。

ECharts 是一个由百度开源的数据可视化,凭借着良好的交互性、精巧的图表设计,得到了众多开发者的认可。而 Python 是一门富有表达力的语言,很适合用于数据处理。当数据分析遇上数据可视化时,pyecharts 诞生了。其特性如下。

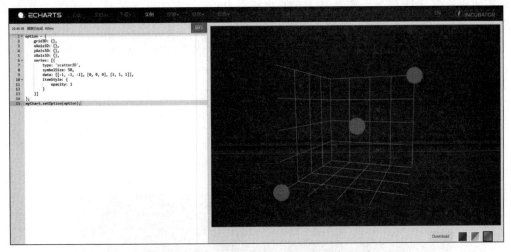

图 13-23　使用 EChartsGL 创建的 3D 图表

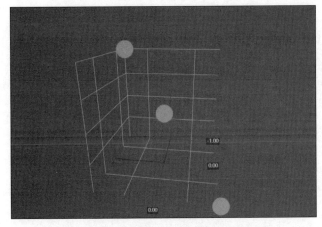

图 13-24　3D 图表拖动从不同角度查看

- 简洁的 API 设计,使用如丝滑般流畅,支持链式调用。
- 囊括了三十余种常见图表。
- 支持主流 Notebook 环境,JupyterNotebook 和 JupyterLab。
- 可轻松集成至 Flask、Sanic、Django 等主流 Web 框架。
- 高度灵活的配置项,可轻松搭配出精美的图表。
- 详细的文档和示例,帮助开发者更快地上手项目。
- 多达四百余个地图文件,并且支持原生百度地图,为地理数据可视化提供强有力的支持。

关于其下载安装方法,由于是换作基于 Python 运行,所以不能像之前安装 EChartsGL 一样使用 npm 安装或直接下载 JS 文件的贴近 ECharts 本体的安装方法。

一种是直接 pipinstallpyecharts-U 进行安装,另外一种则是从 GitHub 上 clone 下来再进行安装,如果对于开发倾向更强的用户,事实上后一种方法的意义更大,因为接下来介绍的方法其实适用于大多数从 GitHub 安装 Python 第三方库的过程,尤其是在遇到 pipinstall 方法失效的时候,当然这需要有一定的 Git 使用基础。

首先选择下载 pyecharts 源码包的文件夹,如图 13-25 所示,再右击 GitBash(使用的 Windows 版本下的 Git)进入 gitbash 命令行,输入指令 gitclonehttps://github.com/pyecharts/pyecharts.git,耐心等待下载完成,下载成功后,结果如图 13-26 所示。

图 13-25　在文件夹下运行 Git 命令行

```
$ git clone https://github.com/pyecharts/pyecharts.git --depth 1
Cloning into 'pyecharts'...
remote: Enumerating objects: 166, done.
remote: Counting objects: 100% (166/166), done.
remote: Compressing objects: 100% (148/148), done.
Receiving objects: 91% (152/166), 148.0remote: Total 166 (delta 27), reused 48
(delta 10), pack-reused 0
Receiving objects: 100% (166/166), 674.62 KiB | 657.00 KiB/s, done.
Resolving deltas: 100% (27/27), done.
```

图 13-26　git clone 命令下载完成结果

之后再在 CMD 命令行中切换至安装 pyecharts 的文件夹,输入 pip install-rrequirements.txt 指令(这一指令代表需要按照该第三方库所依赖的其他第三方库,如果不进行此项操作可能会导致引用该第三方库时出现错误),安装相应依赖的库,之后再在 CMD 命令行中输入 pythonsetup.pyinstall 指令开始安装。

安装成功后,例如,输入以下代码。

```
from pyecharts.chartsimportBar
from pyechartsimportoptionsasopts

bar = (
Bar()
.add_xaxis(["衬衫","毛衣","领带","裤子","风衣","高跟鞋","袜子"])
.add_yaxis("商家 A",[114,55,27,101,125,27,105])
.add_yaxis("商家 B",[57,134,137,129,145,60,49])
.set_global_opts(title_opts = opts.TitleOpts(title = "某商场销售情况"))
)
bar.render()      #生成 HTML

#不习惯链式调用的开发者依旧可以单独调用方法
'''
bar = Bar()
bar.add_xaxis(["衬衫","毛衣","领带","裤子","风衣","高跟鞋","袜子"])
bar.add_yaxis("商家 A",[114,55,27,101,125,27,105])
bar.add_yaxis("商家 B",[57,134,137,129,145,60,49])
bar.set_global_opts(title_opts = opts.TitleOpts(title = "某商场销售情况"))
bar.render()
'''
```

打开 HTML 文件后得到这样一个可视化结果,如图 13-27 所示。

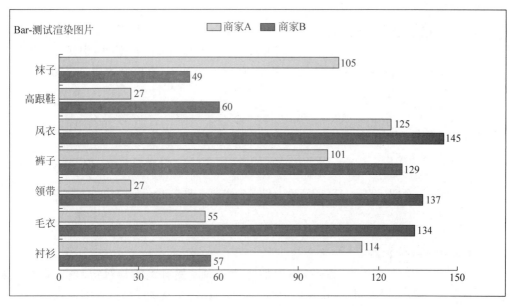

图 13-27　使用 pyecharts 创建的可视化实例

13.6　案例：人口增长数据可视化

1. 使用 ECharts 的环境配置

在使用 ECharts 前，需要下载 ECharts 并且配置好相应环境，用户可以通过以下几种方式获取 ECharts。

（1）从 ApacheECharts(incubating)官网下载界面获取官方源码包后构建。

（2）在 ECharts 的 GitHub 获取。

（3）通过 npm 获取 ECharts，详见"在 webpack 中使用 ECharts"。

（4）通过 jsDelivr 等 CDN 引入。

接下来会介绍几种常见的开发环境。

（1）下载 JS 文件编辑 HTML。

在 HTML 的编辑中，如果是选择下载好相关源码，在文件头部引入下载的 ECharts 的相关 JS 文件，这样即可进入 ECharts 的编辑环境，代码如下。

```html
<!DOCTYPEhtml>
<html>
<head>
<metacharset = "utf - 8">
 <!-- 引入 ECharts 文件 -->
<scriptsrc = "echarts.min.js"></script>
</head>
</html>
```

（2）使用 CDN 添加 script 编辑 HTML。

也可以不用下载任何源码，使用 jsDelivr 提供的 CDN，在 HTML 代码中需要将 head 节点下的 script 节点内的 src 改为 CDN 的地址，echarts.min.js 在 CDN 中对应的地址是 https://cdn.jsdelivr.net/npm/echarts/dist/echarts.min.js，直接修改后结果如下。

```
<!DOCTYPEhtml>
<html>
<head>
<metacharset = "utf - 8">
 <!-- 引入 ECharts 文件 -->
<scriptsrc = "https://cdn.jsdelivr.net/npm/echarts/dist/echarts.min.js"></script>
</head>
</html>
```

（3）使用在线编辑器。

当然之前在 11.5 节中，ECharts 官网的实例中在左侧有编辑与运行，虽然官网并未提供直接从空白编辑器编辑 ECharts 实例的页面，如图 13-28 所示，但是随便选中一个实例，类似如图 13-23 所示方法，在编辑界面清空然后写入用户自己的代码，运行以获得图表结果，就跟 11.5 节中运行示例的 EChartsGL 扩展 3D 图表的效果一样，如果对 HTML 开发不太上手，可以考虑直接进行在线开发，比起 HTML 编辑少了很多工作量。

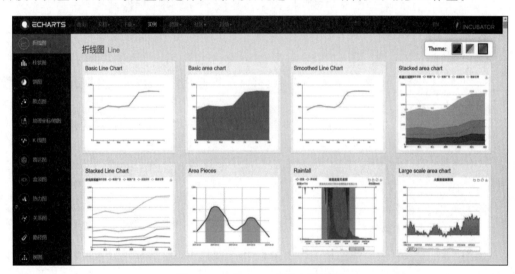

图 13-28　ECharts 官网实例页面

（4）使用扩展插件实现 Python 等第三方语言开发。

在 11.5 节中介绍了通过第三方库 pyecharts 将 Python 语言用于 ECharts 工具创建可视化实例的方法，在 11.5 节介绍了下载安装 pyecharts 库的方法，在安装完成后，可以使用如 JupyterNotebook 等环境进行开发，示例如图 13-29 所示。

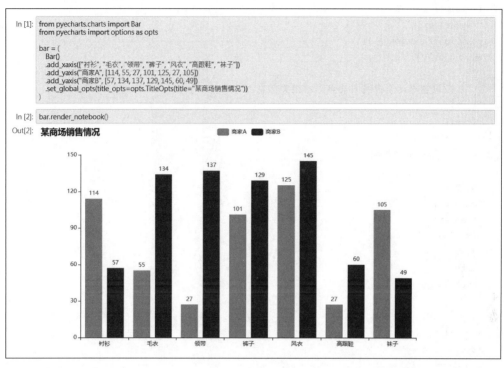

```
In [1]:  from pyecharts.charts import Bar
         from pyecharts import options as opts

         bar = {
             Bar()
             .add_xaxis(["衬衫", "毛衣", "领带", "裤子", "风衣", "高跟鞋", "袜子"])
             .add_yaxis("商家A", [114, 55, 27, 101, 125, 27, 105])
             .add_yaxis("商家B", [57, 134, 137, 129, 145, 60, 49])
             .set_global_opts(title_opts=opts.TitleOpts(title="某商场销售情况"))
```

```
In [2]:  bar.render_notebook()
```

图 13-29　在 JupyterNotebook 环境使用 pyecharts 创建可视化实例

2. 案例

为了模拟 ECharts 在处理大数据上的能力，我们将模拟生成 20 000 条日期数据构成的时间序列，这是一个基于每天的数据基于前一天数据加上一个可正可负的随机生成值，例如，可以用于随机模拟一段时间的人口净增长模型，数据生成器代码用 JavaScript 写成如下。

```
varbase = + newDate(1970,1,1);
varoneDay = 24 * 3600 * 1000;
vardate = [ ];

vardata = [Math. random() * 300];

for(vari = 1; i < 20000; i++){
varnow = newDate(base += oneDay);
date. push([now. getFullYear(), now. getMonth() + 1, now. getDate()]. join('/'));
data. push(Math. round((Math. random() - 0.5) * 30 + data[i - 1]));
 }
```

为了直观展示这个随机模型的结果，以求反映随着时间数据变化的趋势，案例选择使用折线图进行可视化展示，创建相应的可视化组件的 JSON 格式代码如下。

```
option = {
```

```
tooltip:{
trigger:'axis',
position:function(pt){
return[pt[0],'10%'];
  }
       //设置移动至折线图某点提示相关信息
  },
title:{
left:'center',
text:'大数据量面积图',
  },
toolbox:{
feature:{
dataZoom:{
yAxisIndex:'none'
  },
restore:{},
saveAsImage:{}
  }
  },
xAxis:{
type:'category',
boundaryGap:false,
data:date
  },
yAxis:{
type:'value',
boundaryGap:[0,'100%']
  },
dataZoom:[{
type:'inside',
start:0,
end:10
  },{
start:0,
end:10,
handleSize:'80%',
handleStyle:{
color:'#fff',
shadowBlur:3,
shadowColor:'rgba(0,0,0,0.6)',
shadowOffsetX:2,
shadowOffsetY:2
  }
  }],
  //由于时间跨度大,设置 x 轴的缩放工具
series:[
  {
name:'模拟数据',
```

```
type:'line',
smooth:true,
symbol:'none',
sampling:'average',
itemStyle:{
color:'rgb(255,70,131)'
  },
areaStyle:{
color:newecharts.graphic.LinearGradient(0,0,0,1,[{
offset:0,
color:'rgb(255,158,68)'
  },{
offset:1,
color:'rgb(255,70,131)'
  }])
  },
          //设置面积填充,包含渐变效果
data:data
  }
  ]
  };
```

在 HTML 编辑器内完善格式或者在线运行后,最后生成的可视化图表如图 13-30 所示,结合对折线图下方进行渐变填色,对于这一大段时间内数据大小比不填充要直观,通过折线能够反映数据变化的趋势。

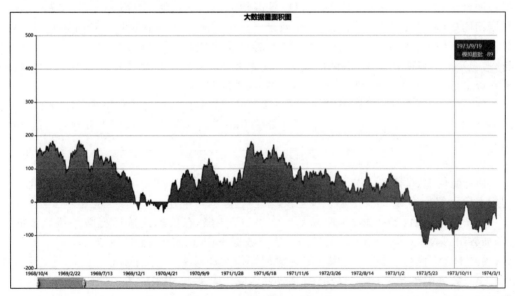

图 13-30　案例生成可视化组件

第 14 章

D3.js数据可视化方法

14.1 简 介

D3.js(D3 或 Data-Driven Documents)是一个使用动态图形,基于数据操作文档,进行数据可视化的 JavaScript 程序库。D3 可以帮助用户通过使用 HTML、SVG 和 CSS 使数据栩栩如生,产生交互式的数据展示效果——分层条形图、动画树状图、力导向图、等高线、散点图……此外,D3 还提供了现代浏览器的全部功能,无须束缚在特定框架中,可以与 Vue、React 等结合使用,提供强大的可视化组件和数据驱动的 DOM 操作方法。目前最新版本的 D3 已经更新到了 7.0 版本(截止到 2021 年 7 月)。

D3 是一个开源项目,其源码托管于 GitHub,地址为 https://github.com/d3/d3,官网地址为 https://d3js.org/。另外,官方的 Wiki 手册和推荐资源可在 https://github.com/d3/d3/wiki 中找到。

D3.js 具有如下一些特点。

(1) **使用 Web 标准**:D3 是一个非常强大的可视化工具,用于交互式数据可视化。它利用现代网络标准 SVG、HTML 和 CSS 来创建数据可视化。

(2) **数据驱动**:D3 是数据驱动的。它可以使用静态数据或从远程服务器以不同格式(如数组、对象、CSV、JSON、XML 等)获取数据来创建不同类型的图表。

(3) **DOM 操作**:D3 允许用户根据数据操作文档对象模型(DOM)。

(4) **数据驱动元素**:它使数据能够动态生成元素并将样式应用于元素,表格、图形等都支持。

(5) **动态属性**:D3 可以灵活地为其大部分功能提供动态属性。属性可以指定为数据的函数。这意味着用户的数据可以驱动用户的样式和属性。

(6) **可视化类型**:对于 D3,尽管没有标准的可视化格式,但它允许用户自由发挥,创建从 HTML 表格到饼图、图形、条形图到地理空间地图等任何内容。

（7）**自定义可视化效果**：由于 D3 使用 Web 标准，因此用户可以完全控制可视化功能。

（8）**交互和动画**：D3 通过 duration（）、delay（）和 ease（）等函数为动画提供了很好的支持，能快速响应应用户交互的需要。

如图 14-1～图 14-4 所示，这些都是用 D3.js 所绘制出的交互式数据可视化图表。

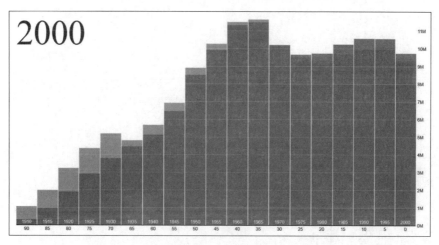

图 14-1 示例条形图

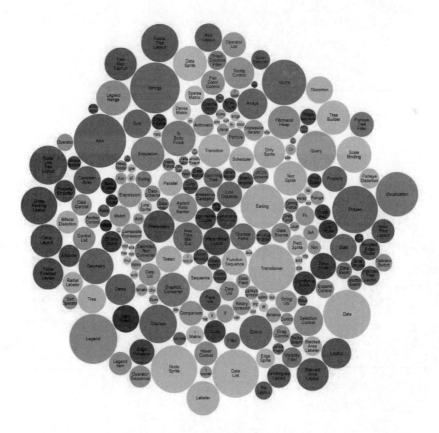

图 14-2 示例气泡图

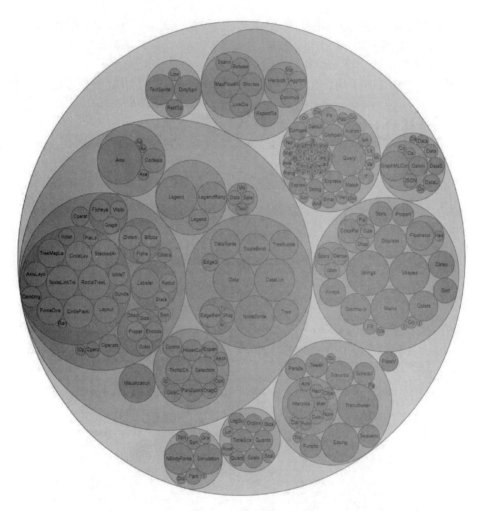

图 14-3　示例圈层图

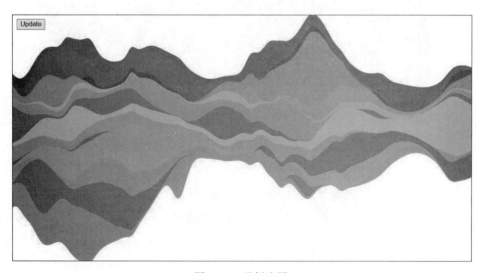

图 14-4　示例流图

14.2　安　　装

D3 作为一个 JavaScript 函数库,其实并不是标题中所说的"安装",更准确地说是"导入"。它只有单文件,在 HTML 中引用即可。有以下两种引用方法。

方法一:从官网处下载 D3.js 的压缩包文件并解压。

当前官网可下载到最新 7.0.0 版本的 D3,链接为 https://registry.npmjs.org/d3/-/d3-7.0.0.tgz。

解压后,在 HTML 中导入相关的 js 文件即可使用 D3。(package/dist 文件夹下的 d3.js 或 d3.min.js,其中含 min 的文件为压缩后版本。)

方法二:直接通过网络上的 D3 地址,引用链接到 HTML 中。

```
1   < script src = "https://d3js.org/d3.v7.min.js"></script >
```

注意应用方法二时,需要保证使用 D3 时网络畅通。

注:本章中所使用到的 D3 版本为 7.0.0 版本。

14.3　预备知识和工具

D3 是作为 JavaScript 语言编写的程序库,常应用并展示于网页浏览器之中,故离不开制作网页相关的技术栈,主要包括如下一些预备知识。

(1) HTML:超文本标记语言,用于设定网页的内容。

(2) CSS:层叠样式表,用于设定网页的样式。

(3) JavaScript:一种直译式脚本语言,用于设定网页的行为。

(4) DOM:文档对象模型,用于修改文档的内容和结构。

(5) SVG:可缩放矢量图形,用于绘制可视化的图形。

本章对 D3 的应用不需要对这以上几个技术有很深的了解,大概知道其作用即可。我们会通过 D3 的案例简单地综合运用,重点则关注于 D3 的使用和操作上。

D3 可以认为是一套含有可视化代码片段模板的程序库,操作 D3 的数据可视化应用还要通过编程写代码来实现。通常以制作网页的形式来呈现出 D3 可视化的数据。在此推荐使用几个制作网页时会用到的 D3 编程相关工具。

(1) 编辑器:Visual Studio Code(VS Code),微软出品的非常强大且流行的编辑器,在前端开发者中广泛使用。配合插件,开发体验非常好。

(2) 浏览器:Chrome、Firefox、Edge 等主流浏览器均可。

14.4　HTML 模板和导入 D3

```
1   <!DOCTYPE html >
2   < html lang = "en">
```

```
3      < head >
4        < meta charset = "UTF - 8" />
5        < meta name = "viewport" content = "width = device - width, initial - scale = 1.0" />
6        < title > D3.js </title >
7      </head >
8      < body >
9        < p > Hello, World!  -- 1 </p >
10       < p > Hello, World!  -- 2 </p >
11     </body >
12   </html >
```

这便是最基础的一个 HTML 文件,可将其命名并保存为 index.html,在浏览器中打开,可知会打印出两行"Hello,World!"。但现在还没有引入 D3,我们要怎么样引入 D3,并让 D3 对该 HTML 发挥作用呢?

这里,将之前下载安装好的 d3.js 或 d3.min.js 存放在新建的 js 文件夹下,而 index.html 与该文件夹同级。即文件目录情况为:

```
1    | - index.html
2    | - js/
3        d3.js
4        d3.min.js
```

将文件安置在相对目录后可从 VS Code 中打开项目进行编辑。如下为引入了 D3 的 HTML 文件 index.js,只需通过添加一行< script src = "xxx">来引入即可,src = 可指定 D3.js 的存放位置。例如,这里使用的是 d3.min.js,通过相对目录./js/d3.min.js 引入。

```
1    <! DOCTYPE html >
2    < html lang = "en">
3      < head >
4        < meta charset = "UTF - 8" />
5        < meta name = "viewport" content = "width = device - width, initial - scale = 1.0" />
6        < title > D3.js </title >
7
8        <!-- 引入 D3 -->
9        < script src = "./js/d3.min.js" charset = "utf - 8"></script >
10
11     </head >
12     < body >
13       < p > Hello World!  -- 1 </p >
14       < p > Hello World!  -- 2 </p >
15     </body >
16   </html >
17
18   < script >
19       var e = d3.select("body").selectAll("p");
```

```
20        e.style("color","blue").style("font-size","72px");
21    </script>
```

如使用 VS Code 打开该项目,并安装了 Preview on Web Server 插件,便可实时地在侧边栏中看到该 HTML 的展示效果,非常方便。如图 14-5 所示。通常,在编写 Web 应用时会利用 console.log()等方法进行调试,则可选择在浏览器中打开,进入到浏览器的开发者调试模式(通常通过按 F12 键进入),查看 console 输出、HTML 元素信息等。

图 14-5　在 VS Code 中打开引入了 D3 操作的项目

以上导入了 D3 对<p>标签文本进行操作后的效果,两行"Hello,World!"变为蓝色,且字号变大了许多。这是通过用 D3 的 script 脚本来控制的,而这些 script 在以上代码片段中写在了该 HTML 文件的末尾被<script>…</script>标签(HTML 中标签总是成对出现)包围起来的部分,也可以单独保存为一个 js 文件,通过类似于 D3 导入的方式引用。

14.5　元素选择和数据绑定

再观察上述<script>中的 D3 代码:

```
1   var e = d3.select("body").selectAll("p");
2   //选择所有<p>标签的网页元素
3   e.style("color","blue").style("font-size","72px");
4   //将颜色样式改为 blue,用链式语法继续将文本大小修改为 72px
```

14.5.1　元素选择

D3 可以非常简洁地操作 HTML 中的 DOM 元素,我们通过 d3.select()(选择第一个找到的元素)或 d3.selectAll()(选择所有找到的元素)选择元素后返回对象,这就是选择集。可以根据元素的不同特性来选择出想要的对象,根据属性值、class、ID 等都可以进行选择。

而多次连续调用的.style()等函数被称为链式语法,和 jQuery 中的语法颇为类似。此处调用.style()改变了元素的样式,而 D3 还可以提供设置属性(.attr())、添加(.append())、更改文本内容(.text())等方法,能满足用户大部分的需求。

14.5.2　数据绑定

D3 可以将数据绑定到 DOM 上去(DOM 能将 HTML 文档表达为树结构,数据绑定与 DOM 绑定即是让 HTML 标签与数据进行绑定)。例如,让段落元素<p>标签与字符串变量"Hello"绑定,绑定后,当需要依靠该数据操作元素时,会更为方便。

D3 中有以下两个函数可以绑定数据。

(1) datum():绑定一个数据到选择集上。

(2) data():绑定一个数组到选择集上,数组的各项值分别与选择集的各元素绑定(更常用)。

举一个例子,当前有三个段落元素如下。

```
1  < body >
2      < p >张三</p>
3      < p >李四</p>
4      < p >王五</p>
5  </body>
```

方式一:使用 datum()绑定。假设有一个字符串"China",可将其分别与三个段落<p>元素绑定:

```
1  var str = "China";
2  var body = d3.select("body");
3  var p = body.selectAll("p");
4  p.datum(str);
5  p.text(function(d, i){
6      return i + ": " + d;
7  });
```

绑定数据后,使用此数据来修改三个段落元素的内容,其结果为:

```
1  0: China
2  1: China
3  2: China
```

在上面的代码中,用到了一个匿名函数 function(d,i)。当选择集需要使用被绑定的数据时,常需要这么使用。其包含两个参数,其中,d 代表数据,即与某元素绑定的数据;而 i 代表索引,代表数据的索引号,从 0 开始。

方式二:使用 data()绑定。有一个数组 var arr=["a", "b", "c"];,接下来要分别将数组的各元素绑定到三个段落元素上。

绑定后,其对应关系应为张三-a,李四-b,王五-c。我们调用 data()函数绑定数据,并替换三个段落元素的字符串为被绑定的字符串,代码如下。

```
1  var arr = ["a", "b", "c"];
2  var body = d3.select("body");
3  var p = body.selectAll("p");
4  p.data(arr).text(function (d, i) {
5    return d;
6  });
```

此处也用到了一个无名函数 function(d,i),其对应的情况为 i=0,1,2 时,d 分别为 a,b,c。

此时,三个段落<p>元素与数组 arr 的三个字符串是一一对应的。因此,在函数 function(d,i)中直接 return d 即可。

14.6　插入和删除元素

14.6.1　插入元素

插入元素涉及如下两个函数。

(1) append():在选择集末尾插入元素。

(2) insert():在选择集前面插入元素。

假设有和前文一样的三个段落<p>元素:张三、李四、王五,其中给李四用 id 加了标签 id="label"。

```
1  <body>
2      <p>张三</p>
3      <p id="label">李四</p>
4      <p>王五</p>
5  </body>
```

```
1  var body = d3.select("body");
2  body.append("p").text("赵六")
3  //在 body 的末尾 append<p>元素
4  body.insert("p","#label").text("insert here")
5  //找到 id 为 label 的标签<p>,insert 插入元素
```

最终结果为：

```
1   张三
2   insert here
3   李四
4   王五
5   赵六
```

与预想的一致，即 append()在末尾插入，insert()在元素前插入。

14.6.2 删除元素

删除一个元素时，对于选择的元素，使用 remove()函数即可，例如：

```
1   var p = body.select("#label");
2   p.remove();
```

于是，便删除了指定 id 的段落元素。

14.7 enter()和 exit()方法

使用 D3 中的 enter()和 exit()对象选择方法，可以为传入的数据(通常为数组形式)创建新节点，以及删除不再需要的传出节点。

当数据绑定到选择集上后，数据数组中的每个元素都与选择中的相应节点配对。如果节点数少于数据的长度(即该数组的长度)，则额外的数据元素可通过 enter()选择，附加进节点。如果节点数多于数据的长度，通过 exit()选择，多余的节点会被删除。下面通过代码来说明。

假设当前有两个段落标签，其中的内容分别是 a 和 b。

```
1   <body>
2       <p>a</p>
3       <p>b</p>
4   </body>
```

考察以下三种情况：不使用 enter()和 exit()，使用 enter()，以及使用 exit()来观察它们的作用。

```
1   //Case 1: Update
2   var p = d3.select("body")
3     .selectAll("p")
4     .data([1, 2, 3, 4])
5       .text(function(d) { return d; });
```

```
 6  //结果为 1 2
 7  //即 a 和 b 被替换成了数组中的前两个元素
 8
 9  //Case 2: Enter
10  p.enter().append("p")
11     .text(function(d) { return d; });
12  //结果为 1 2 3 4
13  //在 Case 1 的基础上继续操作
14  //数据长度大于节点数,通过 enter(),3 和 4 成为附加节点
15
16  //Case 3: Exit
17  d3.select("body")
18    .selectAll("p")
19    .data([8])
20    .exit().remove()
21      .text(function(d) { return d; });
22  //结果为 1
23  //在 Case 2 的基础上继续操作
24  //数据长度小于节点数,通过 exit()删除了多余节点,留下了 1
25  //注: 如果先.text,再.exit().remove(),则会因为先赋值了而结果为 8
```

通过分别处理这三种情况,可以观察和分析了解这二者的作用,可以认识到各个操作具体作用于哪些节点。这在绘制图形时可以得到应用——如对于条形图,可能先使用旧的尺度来初始化了输入的条的个数,当遇到新的输入导致数据长度与初始化时的条数不一致时,就可以通过这二者来进行更新。

14.8　绘制 SVG 图形

前面所处理的对象都是 HTML 的文字,没有涉及图形的制作。若要进行绘图,首要需要的是一块绘图的"画布"。在 HTML 5 中,提供了两种强有力的"画布":SVG 和 Canvas。其中,D3 对 SVG 的支持非常好,提供了众多的 SVG 图形的生成器。本节中,将用 SVG 绘制简单的条形图为例来了解 D3 是如何操作 SVG 图形的。

14.8.1　什么是 SVG

SVG(Scalable Vector Graphics,可缩放矢量图形)是用于描述二维矢量图形的一种图形格式,是由万维网联盟制定的开放标准。SVG 使用 XML 格式来定义图形,除了 IE 8 之前的版本外,绝大部分浏览器都支持 SVG,可将 SVG 文本直接嵌入 HTML 中显示。

SVG 具有如下特点。

(1) SVG 绘制的是矢量图,因此对图像进行放大时不会失真。

(2) 基于 XML,可以为每个元素添加 JavaScript 事件处理器。

(3) 每个图形均视为对象,更改对象的属性时,图形也会改变。

14.8.2　添加画布

使用 D3 在< body >元素中添加 SVG 画布的代码如下。

```
1   var width = 300;              //画布的宽度
2   var height = 300;             //画布的高度
3   var svg = d3.select("body")   //选择文档中的<body>元素
4       .append("svg")            //添加一个 SVG 元素
5       .attr("width", width)     //设定宽度
6       .attr("height", height);  //设定高度
```

有了画布,接下来就可以在画布上作图了。

14.8.3 绘制矩形

在 SVG 中,矩形的元素标签是<rect>,在 HTML 中可作为标签使用。

```
1   < svg >
2       < rect ></rect >
3       < rect ></rect >
4   </svg >
```

上面的<rect>里没有矩形的属性。矩形的属性常用的有以下四个。

(1) x:矩形左上角的 x 坐标。

(2) y:矩形左上角的 y 坐标。

(3) width:矩形的宽度。

(4) height:矩形的高度。

要注意的是,在 SVG 中,x 轴的正方向是水平向右,y 轴的正方向是垂直向下的。

现在给出一组数据(截止到 2021 年 7 月 31 日的东京奥运会金牌榜前五名的金牌数),对其进行可视化。数据如下。

```
var arr = [21, 17, 16, 11, 10];      //数据(表示矩形的宽度)
```

直接将数值的大小作为矩形的宽度,然后添加以下代码。

```
1    var rectHeight = 25;            //每个矩形所占的像素高度(包括空白)
2    svg.selectAll("rect")
3        .data(arr)
4        .enter()
5        .append("rect")
6        .attr("x",20)
7        .attr("y",function(d,i){
8            return i * rectHeight;
9        })                          //为各元素的属性赋值
10       .attr("width",function(d){
11           return d * 10;
```

```
12              //为了显示效果对数值进行了缩放
13              //更好的方法是通过设置比例尺来优化
14          })
15      .attr("height",rectHeight-5)
16      .attr("fill","gold");      //设置填充色为金色
```

其中便应用到了enter()方法,它使得在有数据而没有足够图形元素的情况下,补充足够的元素。

最终结果如图14-6所示。

图14-6　金牌榜条形图

14.8.4　使用比例尺

在先前的代码注释中提到了比例尺的概念,比例尺有线性比例尺(连续)、序数比例尺(离散)等多种类型之分。其中,线性比例尺能使数值从一个连续的区间(定义域 domain)映射到另一个区间(值域 range),来解决条形图宽度的问题。

仍然以金牌榜的数据为例,应用以下代码来使用线性比例尺。

```
1  var arr = [21, 17, 16, 11, 10];
2  var max = d3.max(arr);
3  var linear = d3.scaleLinear()
4          .domain([0, max])      //定义域
5          .range([0, 300]);      //值域
```

其中,d3.scaleLinear()的返回值,可被当作函数来使用。因此,有如这样的用法linear(0.9)去调用该比例尺,于是先前代码中的 return d*10;可替换成 return linear(d);。

14.9　坐　标　轴

14.9.1　类型简介

坐标轴是可视化图表中经常出现的一种图形,由轴线、刻度和标签组成,可以分为水平的 x 轴和垂直方向上的 y 轴。D3 支持以下四种绘制坐标轴的函数,使用起来很方便。

(1) d3.axisTop():创建顶部坐标轴。

（2）d3.axisRight()：创建垂直居右坐标轴。

（3）d3.axisBottom()：创建底部坐标轴。

（4）d3.axisLeft()：创建垂直居左坐标轴。

14.9.2 x轴坐标轴

```
1  <script>
2    //将 SVG 画布的宽高定义成变量
3    var width = 400,
4      height = 100;
5
6    //需要刻画的数据
7    var data = [10, 15, 20, 25, 30];
8
9    //添加 SVG 画布
10   var svg = d3
11     .select("body")
12     .append("svg")
13     .attr("width", width)
14     .attr("height", height);
15
16   //创建线性比例尺
17   //设置其宽高、定义域、值域
18   //从定义域到值域: 10 -> 0, 30 -> 300
19   var scale = d3
20     .scaleLinear()
21     .domain([d3.min(data), d3.max(data)])
22     .range([0, width - 100]);
23
24   //创建横向底部的 x 轴,并向 x 轴添加比例尺
25   var x_axis = d3.axisBottom().scale(scale);
26
27   //创建"组"并向其中插入 x 轴坐标
28   svg.append("g").call(x_axis);
29  </script>
```

运行这个例子,可以观察到已作出了一个 x 轴坐标轴。如图 14-7 所示为其渲染出的形状。

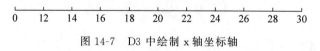

图 14-7　D3 中绘制 x 轴坐标轴

对应生成的 HTML 代码如下。

```
1  <svg width = "400" height = "100">
```

```
 2     <g fill = "none" font - size = "10" font - family = "sans - serif" text - anchor = "middle">
 3       <path class = "domain" stroke = "currentColor" d = "M0,6V0H300V6"></path>
 4       <g class = "tick" opacity = "1" transform = "translate(0,0)">
 5         <line stroke = "currentColor" y2 = "6"></line>
 6         <text fill = "currentColor" y = "9" dy = "0.71em"> 10 </text>
 7       </g>
 8       <g class = "tick" opacity = "1" transform = "translate(30,0)">
 9         <line stroke = "currentColor" y2 = "6"></line>
10         <text fill = "currentColor" y = "9" dy = "0.71em"> 12 </text>
11       </g>
12       …
13     </g>
14   </svg>
```

14.9.3　y 轴坐标轴

类似地,也可以创建垂直方向上的轴,代码如下。

```
 1  <script>
 2    var width = 400,
 3      height = 400;
 4
 5    var data = [10, 15, 20, 25, 30];
 6    var svg = d3
 7      .select("body")
 8      .append("svg")
 9      .attr("width", width)
10      .attr("height", height);
11
12    var scale = d3
13      .scaleLinear()
14      .domain([d3.min(data), d3.max(data)])
15      .range([height / 2, 0]);
16
17    var y_axis = d3.axisLeft().scale(scale);
18
19    svg.append("g").attr("transform", "translate(50, 10)").call(y_axis);
20    //translate transform 操作调整了坐标轴在 SVG 图中的位置
21  </script>
```

运行后的效果如图 14-8 所示。

14.9.4　同时包含 x 轴和 y 轴坐标轴

现在可以把 x 轴和 y 轴并在一张图里,代码如下,效果如图 14-9 所示。

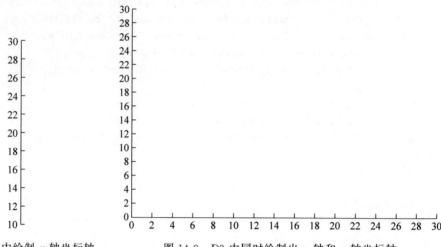

图 14-8　D3 中绘制 y 轴坐标轴　　　　图 14-9　D3 中同时绘制出 x 轴和 y 轴坐标轴

```
1   <script>
2     var width = 400,
3       height = 400;
4     var data = [10, 15, 20, 25, 30];
5
6     var svg = d3
7       .select("body")
8       .append("svg")
9       .attr("width", width)
10      .attr("height", height);
11
12    var xscale = d3
13      .scaleLinear()
14      .domain([0, d3.max(data)])
15      .range([0, width - 100]);
16
17    var yscale = d3
18      .scaleLinear()
19      .domain([0, d3.max(data)])
20      .range([height / 2, 0]);
21
22    var x_axis = d3.axisBottom().scale(xscale);
23
24    var y_axis = d3.axisLeft().scale(yscale);
25
26    svg.append("g").attr("transform", "translate(50, 10)").call(y_axis);
27
28    var xAxisTranslate = height / 2 + 10;
29
30    svg
31      .append("g")
```

```
32        .attr("transform", "translate(50, " + xAxisTranslate + ")")
33        .call(x_axis);
34  </script>
```

14.10 条 形 图

此前,已经学会了如何用 SVG 绘制简单的矩形、创建比例尺和坐标轴等。现在,可以综合运用起来画出一个带有完整信息的条形图。

模拟 X 公司在 2011—2016 年期间的股票价格作为数据集,并为它作出条形图实现数据可视化。数据保存在与 HTML 文件同级目录下,命名为"data.csv",内容如下。

```
1  year,value
2  2011,45
3  2012,47
4  2013,52
5  2014,70
6  2015,75
7  2016,78
```

接下来,将用这份数据创建垂直方向的条形图。

14.10.1 建立画布并定义比例尺

在 HTML 标签中的<body>部分建立好 SVG 画布空间:

```
1  < body >
2      < svg width = "600" height = "500"></svg>
3  </body >
```

在< script >脚本中,为 SVG 画布定义宽高等,并分别为 x 轴和 y 轴创建比例尺,设定了比例尺的值域。

```
1  < script >
2    var svg = d3.select("svg"),
3      margin = 200, //通过 margin 外边距调整位置
4      width = svg.attr("width") − margin,
5      height = svg.attr("height") − margin;
6
7    //scaleBand()序数比例尺常用于离散值,如年份
8    //padding 用于调整条之间的距离
9    var xScale = d3.scaleBand().range([0, width]).padding(0.4),
10      yScale = d3.scaleLinear().range([height, 0]);
```

```
11
12    //创建"组"元素,调整了图表在 SVG 中的位置
13    var g = svg
14      .append("g")
15      .attr("transform", "translate(" + 100 + "," + 100 + ")");
16  </script>
```

14.10.2　加载数据并创建坐标轴

在上述< script >的代码中,继续添加以下这些部分。

```
1   d3.csv("data.csv").then(function (data) {
2     xScale.domain(
3       data.map(function (d) {
4         return d.year;
5       })
6     );
7     yScale.domain([
8       0,
9       d3.max(data, function (d) {
10        return d.value;
11      }),
12    ]);
13
14    g.append("g")
15      .attr("transform", "translate(0," + height + ")")
16      .call(d3.axisBottom(xScale));
17
18    g.append("g")
19      .call(
20        d3
21          .axisLeft(yScale)
22          .tickFormat(function (d) {
23            return "$" + d;
24          })
25          .ticks(10)
26      );
27  });
```

下面来一点点拆解这里新增的代码。

```
1   d3.csv("data.csv").then(function (data) {
2     //...
3   });
```

这一步使用了 d3.csv() 方法加载了数据集 data.csv。然后,可以为 x 轴和 y 轴上的比例尺继续添加定义域的范围(在上一步中已经给出了值域)。

```
1    //使用 data.map()映射离散的年份值给 x 比例尺
2    xScale.domain(
3      data.map(function (d) {
4        return d.year;
5      })
6    );
7    //对于 y 轴,使用 d3.max()将定义域设为[0, max]
8    yScale.domain([
9      0,
10     d3.max(data, function (d) {
11       return d.value;
12     }),
13   ]);
```

通过创建组(g)元素,将 x 轴添进组元素中,然后用 transform 属性来调整其在 SVG 画布中的位置居底部,并调用了 d3.axisBottom(xScale) 插入了 x 轴坐标轴。

```
1    g.append("g")
2    .attr("transform", "translate(0," + height + ")")
3    .call(d3.axisBottom(xScale));
```

同样地,我们调用 axisLeft() 在组元素中创建了 y 轴坐标轴。由于 y 轴上的元素是股价,可以格式化添加 $ 的前缀,同时使用了 ticks() 方法来指定 y 轴大致有多少个区间。

```
1    .tickFormat(function (d) {
2      return "$ " + d;
3    })
4    .ticks(10)
```

截止到这里,如图 14-10 所示,已经作出了与数据相适应的坐标系。

14.10.3　条形绘制

然后,我们可以在轴上根据数据创建条形,见如下代码(添加在 .csv() 函数内部),在此通过注释方式来讲解。

```
1    g.selectAll(".bar")           //选择所有 class 为 bar 的元素
2    .data(data)
3    .enter()
4    .append("rect")               //使用 enter()绑定数据
```

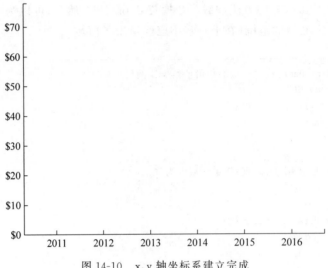

图 14-10　x、y 轴坐标系建立完成

```
5    .attr("class", "bar")          //添加 class 属性
6    .attr("x", function (d) {
7      return xScale(d.year);
8    })                             //x 轴坐标为年份
9    .attr("y", function (d) {
10     return yScale(d.value);
11   })                             //y 轴坐标为股票价格
12   .attr("width", xScale.bandwidth())
13   //和 x 轴下的 scaleBand()对应
14   .attr("height", function (d) {
15     return height - yScale(d.value);
16   })
17   .attr("fill", "grey");
18   //使用灰色填充,也可以根据.bar 写 CSS 样式来改变颜色
```

此时的效果如图 14-11 所示。

14.10.4　添加标签

还需要为图表添加标签,如标题、坐标轴上的单位等。使用以下代码添加条形图位于正上方的标题。

```
1  svg
2    .append("text")
3    .attr("transform", "translate(100,0)")
4    .attr("x", 50)
5    .attr("y", 50)
6    .attr("font-size", "24px")
7    .text("X 公司股票价格");
```

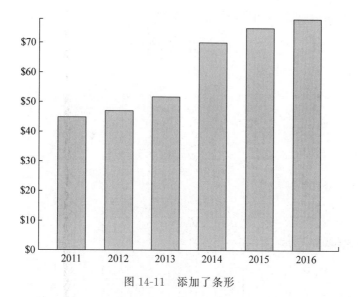

图 14-11　添加了条形

　　找到此前为 x 轴和 y 轴分别使用 axisBottom()和 axisLeft()方法创建坐标轴的代码段,修改为:

```
 1  g.append("g")
 2    .attr("transform", "translate(0," + height + ")")
 3    .call(d3.axisBottom(xScale))
 4    .append("text")
 5    .attr("y", height - 250)
 6    .attr("x", width - 100)
 7    .attr("text-anchor", "end")
 8    .attr("stroke", "black")
 9    .text("年份");
10
11  g.append("g")
12    .call(
13      d3
14        .axisLeft(yScale)
15        .tickFormat(function (d) {
16          return "$" + d;
17        })
18        .ticks(10)
19    )
20    .append("text")
21    .attr("transform", "rotate(-90)")
22    .attr("y", 6)
23    .attr("dy", "-5.1em")
24    .attr("text-anchor", "end")
25    .attr("stroke", "black")
26    .text("股价");
```

至此,条形图绘制完成,效果如图 14-12 所示。

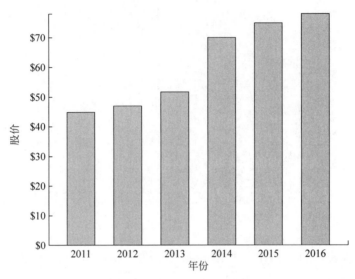

图 14-12　完整条形图

以下附上完整代码。

```
1   <!DOCTYPE html >
2   < html lang = "en">
3     < head >
4       < meta charset = "UTF - 8" />
5       < meta name = "viewport" content = "width = device - width, initial - scale = 1.0" />
6       < title > D3. js </title >
7       <!-- 引入 D3 -->
8       < script src = "./js/d3.min.js" charset = "utf - 8"></script >
9     </head >
10
11    < body >
12      < svg width = "600" height = "500"></svg >
13    </body >
14  </html >
15
16  < script >
17    var svg = d3.select("svg"),
18      margin = 200,
19      width = svg.attr("width") - margin,
20      height = svg.attr("height") - margin;
21
22    var xScale = d3.scaleBand().range([0, width]).padding(0.4),
23      yScale = d3.scaleLinear().range([height, 0]);
```

```
24
25    var g = svg
26      .append("g")
27      .attr("transform", "translate(" + 100 + "," + 100 + ")");
28
29    d3.csv("data.csv").then(function (data) {
30      xScale.domain(
31        data.map(function (d) {
32          return d.year;
33        })
34      );
35      yScale.domain([
36        0,
37        d3.max(data, function (d) {
38          return d.value;
39        }),
40      ]);
41
42      g.append("g")
43        .attr("transform", "translate(0," + height + ")")
44        .call(d3.axisBottom(xScale))
45        .append("text")
46        .attr("y", height - 250)
47        .attr("x", width - 100)
48        .attr("text-anchor", "end")
49        .attr("stroke", "black")
50        .text("年份");
51
52      g.append("g")
53        .call(
54          d3
55            .axisLeft(yScale)
56            .tickFormat(function (d) {
57              return "$" + d;
58            })
59            .ticks(10)
60        )
61        .append("text")
62        .attr("transform", "rotate(-90)")
63        .attr("y", 6)
64        .attr("dy", "-5.1em")
65        .attr("text-anchor", "end")
66        .attr("stroke", "black")
67        .text("股价");
68
69      g.selectAll(".bar")
70        .data(data)
```

```
71          .enter()
72          .append("rect")
73          .attr("class", "bar")
74          .attr("x", function (d) {
75            return xScale(d.year);
76          })
77          .attr("y", function (d) {
78            return yScale(d.value);
79          })
80          .attr("width", xScale.bandwidth())
81          .attr("height", function (d) {
82            return height - yScale(d.value);
83          })
84          .attr("fill", "grey");
85        });
86
87    svg
88        .append("text")
89        .attr("transform", "translate(100,0)")
90        .attr("x", 50)
91        .attr("y", 50)
92        .attr("font-size", "24px")
93        .text("X 公司股票价格");
94    </script>
```

14.11 饼　　图

在这一节中,将学习如何使用 D3 来绘制饼图做数据可视化,会用到以下几个方法。

(1) SVG 路径:使用预定义的命令创建 SVG 路径。

(2) d3.scaleOrdinal():创建序数比例尺。

(3) d3.pie():饼图生成器。

(4) d3.arc():弧生成器。

14.11.1　SVG 路径

路径元素用于在 SVG 上创建路径,可以使用命令在 SVG 中绘制出路径。

```
1  < body >
2      < svg height = "210" width = "400">
3          < path d = "M150 0 L75 200 L225 200 Z" />
4      </svg>
5  </body>
```

如上述代码定义了一条从起点（150,0）开始,经过（75,200）,（225,200）的路径,并在起点处汇合,如图 14-13 所示。

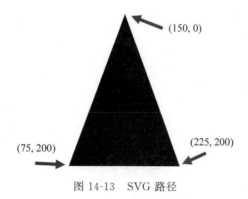

图 14-13　SVG 路径

14.11.2　d3.scaleOrdinal()

我们在此前也学习过了比例尺的相关概念,此处会新使用到比例尺中的序数比例尺 d3.scaleOrdinal()。

```
1  < script >
2      var color = d3.scaleOrdinal(['♯4daf4a','♯377eb8','♯ff7f00','♯984ea3','♯e41a1c']);
3      console.log(color(0))          //♯4daf4a
4      console.log(color(1))          //♯377eb8
5      console.log(color(2))          //♯ff7f00
6      console.log(color(3))          //♯984ea3
7      console.log(color(4))          //♯e41a1c
8      console.log(color(5))          //♯4daf4a,循环序数
9  </script >
```

在这段代码定义了 5 种颜色,并进行了枚举遍历。当遍历到第 6 个值时,超出了颜色总数量会回到起点,即循环序数。

14.11.3　d3.pie()

d3.pie()函数根据给定的数据,生成在 SVG 中的饼图对象(楔形)。对每一个楔形计算了初始角度和结束角度,而这便能被用于创建 SVG 中楔形的实际路径。

```
1  < script >
2      var data = [2, 4, 8, 10];
3      var pie = d3.pie()
4      console.log(pie(data))
5  </script >
```

打开浏览器中的 Console 调试,可以看到 log 输出。

```
1  [
2    {
3        "data": 2,
4        "index": 3,
5        "value": 2,
6        "startAngle": 5.759586531581287,
7        "endAngle": 6.283185307179586,
8        "padAngle": 0
9    },
10   {...}, {...}, {...}
11 ]
```

14.11.4 d3.arc()

d3.arc()函数用于生成弧,具体楔形的路径。弧需要一个内径和外径。如果内径为0,则结果将是饼图,否则结果将是环形图。我们需要用到这些生成的弧线提供给我们的SVG 路径元素。

以下这段代码生成了一个简单的饼图,如图 14-14 所示。

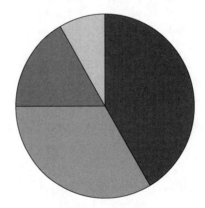

图 14-14　简单饼图

< body >标签内的部分:

```
1  < body >
2    < svg width = "300" height = "200"></svg>
3  </body>
```

< script >脚本部分:

```
1  < script >
2    var data = [2, 4, 8, 10];
3
```

```
 4    //定义宽 高 半径变量
 5    var svg = d3.select("svg"),
 6        width = svg.attr("width"),
 7        height = svg.attr("height"),
 8        radius = Math.min(width, height) / 2,          //保证不会超出 SVG 画布边界
 9        g = svg.append("g").attr("transform", "translate(" + width / 2 + "," + height /
          2 + ")");
10    //添加组元素
11
12    //对颜色使用序数比例尺
13    var color = d3.scaleOrdinal(["#4daf4a","#377eb8","#ff7f00","#984ea3","#
          e41a1c",]);
14
15    //生成饼
16    var pie = d3.pie();
17
18    //生成弧,设置内径和外径
19    var arc = d3.arc()
20                   .innerRadius(0)
21                   .outerRadius(radius);
22
23    //生成组
24    var arcs = g.selectAll("arc")
25                   .data(pie(data))
26                   .enter()
27                   .append("g")
28                   .attr("class", "arc");
29
30    //绘制路径,枚举序数填充颜色
31    arcs.append("path")
32       .attr("fill", function (d, i) {
33           return color(i);
34       })
35       .attr("d", arc);
36    </script>
```

14.11.5　饼图案例：浏览器市场份额

接下来,将以绘制桌面端浏览器市场份额饼图的实际案例来演示一个完整包含标签等信息的饼图。

创建一个 browser_share.csv 的 CSV 文件,内容为:

```
1    browser,percent
2    Chrome,68.4
3    Safari,9.41
```

```
4   Firefox,8.03
5   Edge,6.36
6   Opera,2.5
7   其他,5.3
```

完整代码如下,绘制出的效果如图 14-15 所示。

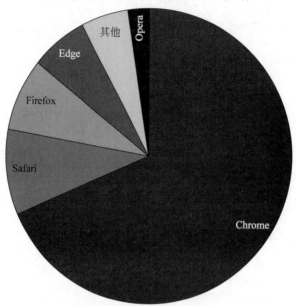

图 14-15　桌面端浏览器市场份额统计(截至 2021 年 7 月)

```
1   <!DOCTYPE html>
2   <html lang = "en">
3     <head>
4       <meta charset = "UTF-8" />
5       <meta name = "viewport" content = "width = device-width, initial-scale = 1.0" />
6       <title>D3.js</title>
7
8       <!-- 引入 D3 -->
9       <script src = "./js/d3.min.js" charset = "utf-8"></script>
10    </head>
11    <body>
12      <svg width = "500" height = "400"></svg>
13    </body>
14  </html>
15
16  <script>
17    var svg = d3.select("svg"),
18      width = svg.attr("width"),
```

```
19      height = svg.attr("height"),
20      radius = Math.min(width, height) / 2;
21
22  var g = svg
23      .append("g")
24      .attr("transform", "translate(" + width / 2 + "," + height / 2 + ")");
25
26  var color = d3.scaleOrdinal([
27      "#4daf4a",
28      "#377eb8",
29      "#ff7f00",
30      "#984ea3",
31      "#e41a1c",
32  ]);
33
34  //创建匿名函数返回数据中百分比的值
35  var pie = d3.pie().value(function (d) {
36      return d.percent;
37  });
38
39  //定义内径和外径
40  var arc = d3
41      .arc()
42      .outerRadius(radius - 30)
43      .innerRadius(90); //0 时为饼图,非 0 时为环形图
44
45  //定义标签所在位置
46  var label = d3
47      .arc()
48      .outerRadius(radius)
49      .innerRadius(radius - 100);
50
51  //读取 CSV 文件
52  d3.csv("browser_share.csv").then(function (data) {
53      //为每个 data 创建组元素
54      var arcs = g
55          .selectAll(".arc")
56          .data(pie(data))
57          .enter()
58          .append("g")
59          .attr("class", "arc");
60
61      //将路径元素添加进组中
62      //使用序数比例尺填充颜色
63      arcs
64          .append("path")
```

```
65          .attr("d", arc)
66          .attr("fill", function (d) {
67            return color(d.data.browser);
68          });
69
70        //在每个楔形中填写标签为浏览器名
71        arcs
72          .append("text")
73          .attr("transform", function (d) {
74            return "translate(" + label.centroid(d) + ")";
75          })
76          .text(function (d) {
77            return d.data.browser;
78          });
79      });
80
81      //添加图表标题
82      svg
83        .append("g")
84        .attr("transform", "translate(" + (width / 2 - 150) + "," + 20 + ")")
85        .append("text")
86        .text("桌面端浏览器市场份额统计(截至 2021 年 7 月)")
87        .attr("class", "title");
88  </script>
89
90  <style>
91      /* 设置 CSS 样式 */
92      .arc text {
93        font: 8px sans-serif;
94        text-anchor: middle;
95      }
96
97      .arc path {
98        stroke: #fff;
99      }
100
101     .title {
102       fill: teal;
103       font-weight: bold;
104     }
105  </style>
```

若在为 arc 设置内径时,不为 0,如设置成 90 则可得到环形图,如图 14-16 所示。

桌面端浏览器市场份额统计（截至2021年7月）

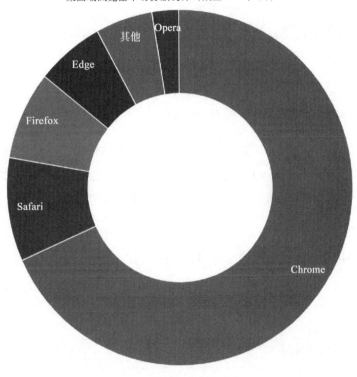

图 14-16 环形图

14.12 动 态 交 互

D3 支持制作动态的图表。有时候，图表的变化需要缓慢地发生，以便于让用户看清楚变化的过程。此外，用户还可能会对图表中的部分元素进行单击，而图表可能会对不同的事件做出反应。D3 提供了这些能提升交互式的用户体验的方法和操作。

14.12.1 什么是动态效果

前面几节中制作的图表是直接显示出现，且绘制完成后不再发生变化的，这是静态的图表。

动态的图表，是指图表在某一时间段会发生某种变化，可能是形状、颜色、位置等，用户能够看到变化的过程。

例如，有一个圆，圆心坐标为（100，100）。现在我们希望圆的 x 坐标从 100 移到 300，并且移动过程在 2s 的时间内发生。

这种时候就需要用到动态效果，在 D3 里称之为过渡（transition）。

14.12.2 实现动态的方法

D3 提供了 4 个方法用于实现图形的过渡：从状态 A 变为状态 B。

1. transition()

transition()用于启动过渡效果。其前后是图形变化前后的状态(形状、位置、颜色等)。例如这段代码片段:

```
1  .attr("fill", "red")        //初始颜色为红色
2  .transition()               //启动过渡
3  .attr("fill", "green")      //终止颜色为绿色
```

D3 会自动对两种颜色(如上例中的红色和绿色)之间的颜色值(RGB 值)进行插值计算,得到过渡用的颜色值。我们可以观察到颜色变化时的动态渐变效果。

2. duration()

duration()用来指定过渡的持续时间,单位为 ms。

```
1  .attr("fill", "red")        //初始颜色为红色
2  .transition()               //启动过渡
3  .duration(1000)             //设置过渡的持续时间为 1s
4  .attr("fill", "green")      //终止颜色为绿色
```

3. delay()

delay()指定延迟的时间,表示一定时间后才开始转变,单位同样为 ms。此函数可以对整体指定延迟,也可以对个别指定延迟。

如对整体指定延时:

```
1  .transition()
2  .duration(1000)
3  .delay(500)
```

图形整体会在延迟 500ms 后发生变化,变化的时长为 1000ms。因此,过渡的总时长为 1500ms。

也能对一个个的图形(假设已经绑定了数据)分别设置延时:

```
1  .transition()
2  .duration(1000)
3  .delay(funtion(d,i){
4      return 200 * i;
5  })
```

假设有 10 个元素,则第 1 个元素延时 0ms,第 2 个元素延时 200ms,第 3 个元素延时 400ms,以此类推。

4. ease()

ease()指定过渡的缓动函数。常用的有:

(1) d3.easeLinear:普通的线性变化。

(2) d3.easeCircle:慢慢地到达变换的最终状态。

(3) d3.easeElastic:带有弹跳地到达最终状态。

(4) d3.easeBounce:在最终状态处弹跳几次。

调用方式形如.ease(d3.easeLinear)。

14.12.3 什么是交互

交互,指的是用户输入了某种指令,程序接收到指令之后必须做出某种响应。对可视化图表来说,交互能使图表更加生动,能表现更多内容。例如,拖动图表中某些图形、鼠标滑到图形上出现提示框、用触屏放大或缩小图形,等等。

用户用于交互的工具一般有三种:鼠标、键盘、触屏。

14.12.4 如何添加交互

对某一元素添加交互操作十分简单,代码如下。

```
1  var circle = svg.append("circle");
2
3  circle.on("click", function(){
4      //在此处添加交互内容
5  });
```

这段代码在 SVG 中添加了一个圆,然后通过 on()添加了一个监听器。在 D3 中,每一个选择集都有 on()函数,用于添加事件监听器。

其中,on()的第一个参数是监听的事件,第二个参数是监听到事件后响应的内容,第二个参数是一个函数。

对于鼠标,常用的事件有以下几个。

(1) click:鼠标单击某元素时,相当于 mousedown 和 mouseup 组合在一起。

(2) mouseover:光标放在某元素上。

(3) mouseout:光标从某元素上移出来时。

(4) mousemove:鼠标被移动的时候。

(5) mousedown:鼠标按键被按下。

(6) mouseup:鼠标按键被松开。

(7) dblclick:鼠标双击。

键盘常用的事件有以下三个。

（1）keydown：当用户按下任意键时触发，按住时会重复触发此事件。该事件不会区分字母的大小写，例如，"A"和"a"被视为一致。

（2）keypress：当用户按下字符键（大小写字母、数字、加号、等号、回车等）时触发，按住时会重复触发此事件。该事件区分字母的大小写。

（3）keyup：当用户释放键时触发，不区分字母的大小写。

触屏常用的事件有以下三个。

（1）touchstart：当触摸点被放在触摸屏上时。

（2）touchmove：当触摸点在触摸屏上移动时。

（3）touchend：当触摸点从触摸屏上拿开时。

第 **15** 章

DataV数据可视化方法

DataV 与本书其他可视化工具最大的区别就是 DataV 提供在线服务,有丰富的模板,十分便捷。

15.1 DataV 介绍

DataV 是一款阿里云提供的数据可视化在线工具,以可视化的方式来分析并展示庞杂数据的产品。通过拖曳的操作,使用数据连接、可视化组件库、行业设计模板库、多终端适配与发布运维等功能,让非专业人员也可以快速地将数据的价值通过视觉进行传达。DataV 旨在让更多的人看到数据可视化的魅力,帮助非专业的工程师通过图形化的界面轻松搭建专业水准的可视化应用,满足用户会议展览、业务监控、风险预警、地理信息分析等多种业务的展示需求。

同时,DataV 具有如下多种特性,使得工具广泛地受到各行各业有数据分析需求的单位个体的认可。

15.1.1 多种场景模板

DataV 提供指挥中心、地理分析、实时监控、汇报展示等多种场景模板,满足各行各业的分析需求,只需经过简单修改即可快速投入使用。即使没有专业的可视化设计师,也可以做出高设计水准的可视化作品。例如,在短视频、直播等自媒体流行的当下,为了更方便电商对直播数据进行可视化分析,DataV 提供了电商直播数据可视化模板,如图 15-1 所示,在新

图 15-1 电商直播数据可视化模板

建可视化项目时从对应模板创建。

　　应用创建成功后会跳转到画布编辑器页面,如图 15-2 所示,即可看到一款设计精良且有电商直播数据可视化功能模板。创建完成后的模板分为两个主要区域,中间为直播视频区域,外围为上架商品、当前直播商品、订单列表、GMV 趋势等可视化数据。

图 15-2　画布编辑器页面

15.1.2　丰富的图标库与地理绘制支持

　　除针对业务展示优化过的常规图标外,如图 15-3 所示,还能够绘制包括海量数据的

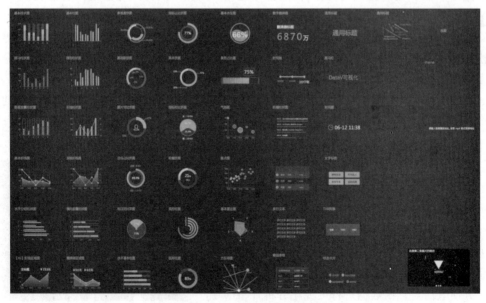

图 15-3　经过优化的常规图标

地理轨迹、地理飞线、热力分布、地域区域、3D 地图、3D 地球,进行地理数据的多层叠加。此外,还接入了 ECharts、Antv-G2 等第三方开源图标库,如图 15-4 所示,就有使用 3D 地球、地理飞线等更为强大的地理绘制。

图 15-4   地理绘制举例

15.1.3   支持多种数据源

如图 15-5 所示,DataV 的所有版本都支持接入主流的数据源,如阿里云分析数据库(AnalyticDB,原 ADS)、RDS for MySQL、本地 CSV 上传和在线 API 接入,以及静态 JSON,更高级的版本支持动态请求等更为丰富高级的数据源。可实现各类大数据实时计算、监控的需求,充分发挥大数据计算能力。

图 15-5   DataV 支持的数据源

15.1.4　容易实现的图形化搭建工具

提供多种业务模块级别而非图表组件的工具,所见即所得的配置方式,无需编程能力,用户只需要通过拖拽,即可创造出专业的可视化应用。如图 15-6 所示,中间的界面是进行 DataV 可视化应用操作的面板,右边的界面是 DataV 可视化应用配置样式。

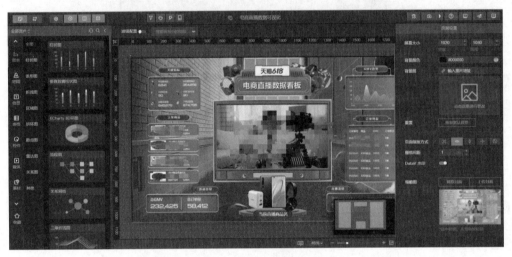

图 15-6　DataV 可视化应用操作

15.1.5　灵活的发布方式

特别针对拼接的可视化应用端的展示做了分辨率优化,能够适配非常规的拼接分辨率。如图 15-7 所示,用户通过 DataV 工具创建的可视化应用能够发布分享,即使没有购买 DataV 产品的用户也可以访问到应用,作为用户对外数据业务展示的窗口,且支持访问限制的设置,可以设置密码或者通过 Token 验证,加强了安全性和保密性。

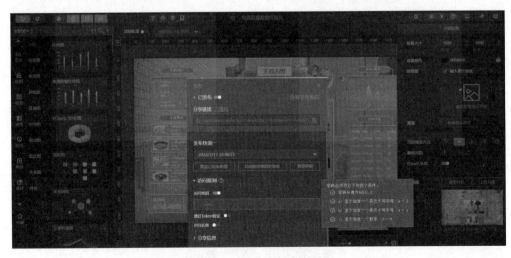

图 15-7　可视化应用发布界面

15.2　可视化应用管理

在管理可视化应用的过程中,首先需要特别注意基础版的 DataV 最多可以创建 5 个可视化应用,企业版最多可以创建 20 个,专业版最多可以创建 40 个,请根据用户的需求合理选择 DataV 版本。

DataV 支持使用模板和"马良"功能两种方式创建可视化应用,本节会主要介绍使用模板创建可视化应用的方法。

15.2.1　模板的使用

通过使用模板创建可视化应用的具体步骤如下。

登录 DataV 控制台。

在"我的可视化"页面,单击"新建可视化"。在"我的可视化"页面,可以查看所创建的所有可视化应用,以及创建的可视化应用的数量。

在模板列表中,如图 15-8 所示,选择一个模板,单击"创建项目"。

在"创建数据大屏"对话框中,输入数据大屏名称,单击"创建"。

创建成功后,系统会跳转到可视化应用编辑器页面。

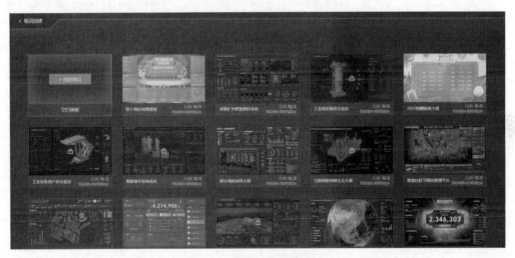

图 15-8　可视化应用模板列表

15.2.2　应用的创建与发布

1. 编辑可视化应用

在"我的可视化"页面中,选择一个可视化应用,单击"编辑"图标,如图 15-9 所示。在可视化应用编辑页面,修改组件的布局和配置,或者添加、删除组件,完成可视化应用的编辑。编辑完成后,可预览或发布可视化应用,查看效果。

同时在编辑界面也可以对可视化应用进行重命名,如图 15-10 所示,在图示界面的底端进行重命名操作,根据需要进行重命名操作。

图 15-9　可视化应用编辑

图 15-10　重命名操作

接下来将介绍可视化应用复制功能,用户可以在现有可视化应用的基础上,开发类似的可视化应用,或者作为开发测试环境来进行修改更新,不会影响在线生产应用。如图 15-11 所示在编辑界面下排图标左数第二个的按钮进行复制操作,复制成功后,系统会自动生成一个名为原名称_copy 的可视化应用。用户可以修改此可视化应用的名称,并在此应用的基础上,修改可视化应用的布局和配置。

删除操作也很简单,在"我的可视化"页面中,选择一个可视化应用,单击"删除"按钮,即可删除当前可视化应用,如图 15-12 所示。

图 15-11　复制操作

图 15-12　删除操作

2. 复制可视化应用

本节将介绍如何将用户的可视化应用复制给其他用户,帮助用户快速地将可视化应用分享给他人,实现与他人合作共同完成可视化应用的开发。

在进行可视化应用的复制前需要注意的是:

复制过去的可视化应用包含完整的数据配置,为避免数据泄露,在复制前请仔细核对用户识别码。

拷屏功能只适用于企业版及以上版本。

关于其具体步骤,在"我的可视化"页面中,选择一个可视化应用,单击位于中间的"拷屏"按钮,如图 15-13 所示。

在"拷贝项目给他人"对话框中,输入对方的用户识别码(区分大小写),如图15-14所示。

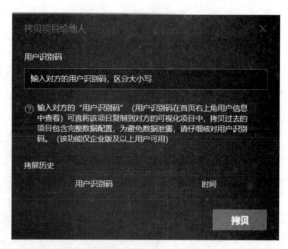

图15-13　拷屏操作　　　　图15-14　在"拷贝项目给他人"对话框中输入用户识别码

关于获取用户识别码:如图15-15所示,在"我的可视化"页面,将鼠标移至用户名称上,即可查看并单击复制用户识别码。

3. 预览与发布可视化应用

通过预览可视化应用,可以帮助用户及时查看开发完成的可视化应用效果,便于可视化应用的修改和完善。如图15-16所示,在"我的可视化"页面中,选择一个可视化应用,单击右上角的"预览"图标。预览成功且可视化应用符合预期后,可将可视化应用发布到线上环境供其他人员在线观看。

图15-15　找到DataV用户识别码　　　　图15-16　预览操作

接下来介绍如何对可视化应用进行发布,选择一个可视化应用,单击"编辑"。在画布编辑器中,单击页面右上角的"发布"图标,如图15-17所示。在"发布"对话框中,单击"发布大屏"按钮,如图15-18所示。

发布成功后,系统会开启"已发布"开关,并生成分享链接。如图15-19所示,单击分享链接右侧的"复制"图标("复制"图标的左侧是"刷新"图标,单击后会重新生成一个分享链接。重新生成后,旧的分享链接将不可用,请使用新的分享链接访问目标可视化应用)。在浏览器中粘贴复制的链接,在线访问用户的可视化应用。

图 15-17　在画布编辑器中找到"发布"图标

图 15-18　"发布"对话框

图 15-19　复制分享链接

DataV 的发布功能提供了三种分享可视化应用的方式(另外两种方式在图 15-19 下方的访问限制中设置)。

(1) 公开分享(默认使用)。

(2) 密码访问(仅企业版及以上用户可用)分享。

(3) 通过 Token 验证(仅企业版及以上用户可用)分享。

本文档面向大众用户编写,仅从以链接形式创建可视化应用公开分享的例子出发介绍如何发布用户创建编辑的可视化应用,有进一步设置密码访问或者通过 Token 验证的用户可以在付费开通企业版或者更高版本后结合阿里云官方文档进行设置。

4. 发布快照

设置分享链接后,可以配置发布快照,指定访问者看到的可视化应用版本(默认为快照发布版本)。屏幕的内容会锁定在快照创建的那一刻。

具体操作方式如下,前 3 步均参考图 15-19 界面进行操作。

在"发布"对话框中,在"发布快照"列表中,选择一个已存档的历史快照即可完成该历史快照的发布。

如果当前大屏没有历史快照,系统会将当前编辑器的内容作为第一个快照进行发布。

如果当前大屏有历史快照,系统会自动发布最新一个快照。

单击下方"覆盖已发布快照"按钮,把已发布快照内的大屏的内容变成当前编辑页下的内容。

单击下方"自动新增快照并发布"按钮,自动新增一个快照并选中新增的快照后立刻发布。

单击下方"快照管理"按钮,可如图 15-20 所示。在快照管理界面管理多个历史快照(注意企业版用户有 3 个管理快照的额度,专业版用户有 10 个快照额度),要注意管理好历史快照的数目,例如,可以在管理界面内多选或全选快照后,单击下方"批量删除"按钮可进行快照批量删除,如图 15-21 所示,注意到批量删除功能无法删除已发布和被锁定的快照。

图 15-20　快照管理界面　　　　　　　　图 15-21　批量删除快照

关于快照管理,用户也可以自定义添加快照的注释内容,便于直观查看不同快照之间的版本差别。

15.3　数据源管理

对于 DataV 工具的数据源管理,除了常规可视化软件都具有的添加、编辑、筛选、排序和删除管理项之外,还有 DataV 特有的配置数据库白名单功能,在添加数据源之前,用户必须先添加对应区域的白名单 IP 地址。

15.3.1　添加 IP 地址白名单

如图 15-22 所示,添加到数据源白名单中,以确保 DataV 能正常访问用户所有的数据库。

如果用户使用的数据源来自阿里云 RDS 数据库,请参考设置白名单,在 RDS 数据库配置中加入相应 IP 地址。

如果用户使用的数据源来自阿里云 ECS 上自建的数据库,需要在 ECS 的安全组规则、系统防火墙和用户的数据库白名单中都加入相应 IP 地址 。

如果用户使用的数据源来自本地物理机上的数据库,需要在该物理机的系统防火墙、网络上的防火墙和用户的数据库白名单中都加入相应 IP 地址。

外网白名单

区域		白名单
所有区域都需要配置的公共白名单。		139.224.92.81/24,139.224.92.22/24,139.224.92.35/24,139.224.4.30/24,139.224.92.102/24,139.224.4.48/24,139.224.4.104/24,139.224.92.11/24,139.224.4.60/24,139.224.92.52/24,139.224.4.26/24,139.224.92.57/24,112.74.156.111/24,120.76.104.101/24,139.224.4.69/24,114.55.195.74/24,47.99.11.181/24,47.94.185.180/24,182.92.144.171/24,139.224.4.32/24,106.14.210.237/24
在公共白名单的基础上，根据区域添加右侧的白名单。	华北3（张家口）	47.92.22.210/24,47.92.22.68/24
	华北1（青岛）	118.190.212.44/24
	华北5（呼和浩特）	39.104.29.35/24

内网（经典网络）白名单

区域		白名单
所有区域都需要配置的公共白名单。		11.192.98.48/24,11.192.98.61/24,11.192.98.47/24,10.152.164.34/24,11.192.98.58/24,10.152.164.17/24,10.152.164.42/24,11.192.98.37/24,10.152.164.31/24,10.152.164.66/24,10.152.164.22/24
在公共白名单的基础上，根据区域添加右侧的白名单。	华东1	11.193.54.74/24,11.193.54.148/24,11.197.246.34/24,11.196.22.196/24
	华南1	11.193.104.240/24,11.192.96.136/24
	华东2	11.192.98.16/24,10.152.164.14/24,11.192.98.36/24
	华北2	11.193.75.233/24,11.193.75.205/24,11.193.83.98/24,11.197.231.75/24
	华北3（张家口）	11.193.62.210/24,11.193.234.81/24
	华北1（青岛）	11.193.179.76/24,11.193.179.75/24
	华北5（呼和浩特）	11.193.183.183/24,11.193.183.184/24

图 15-22　白名单 IP 地址列表

15.3.2　添加数据源

下面将举几个代表性的例子说明如何添加数据源。

1. 从 CSV 文件添加数据源

从 CSV 文件添加数据源是 DataV 工具中最为简单的数据源添加操作，在"我的数据"页面中，单击"添加数据"。从类型列表中，选择 CSV 文件。直接上传即可（注意 CSV 文件大小不能超过 512KB），如图 15-23 所示。

2. 添加静态 JSON

添加静态 JSON 与之前直接在"我的数据"页面中直接添加不同，首先参见创建可视化应用，创建一个可视化应用项目。如图 15-24 所示。单击应用画布中的一个组件，在右侧的配置面板中，单击数据。

在"设置数据源"对话框中，在"数据源类型"列表中选择"静态数据"，如图 15-25 所示。将静态 JSON 文件内容直接粘贴到图 15-24 的数据编辑框区域（注意 JSON 文件大

图 15-23　CSV 格式文件上传添加数据源

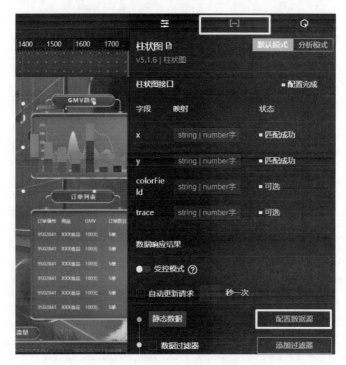

图 15-24　画布配置面板中数据设置

小同样需要小于 512KB)。

3. 添加兼容 MySQL 数据库的数据源

接下来将介绍在 DataV 中添加兼容 MySQL 数据库数据源的方法,以及相关参数配置说明。通过兼容 MySQL 数据库的数据源,用户可以使用包括旧版本在内的 MySQL 数据库作为组件的数据源。

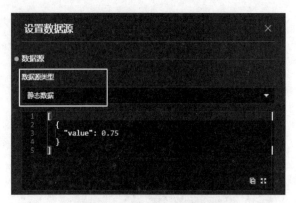

图 15-25 添加静态 JSON 数据

在"我的数据"页面中,单击"添加数据"。从"类型"列表中,选择"兼容 MySQL 数据库"。填写数据库信息,如图 15-26 所示。

图 15-26 兼容 MySQL 数据库数据源信息

填写数据库信息的参数设置如图 15-27 所示。

数据库信息填写完成后,系统会自动进行测试连接,验证数据库是否能连通正常。如果数据库连通正常,连接成功后,确定,完成数据源添加。

更多 DataV 支持的数据源如图 15-28 所示,分为数据库类、文件类、API 类以及其他的数据服务类型,更多数据源的添加方法可以参考阿里云 DataV 官方文档添加其他类型数据源的方法。

参数	说明
名称	数据源的显示名称，可以自由命名。
域名	连接数据库的地址。 🔊 **注意** 该地址是需要DataV服务器能够通过公网或阿里云部分Region内网访问您数据库的域名或IP地址。例如使用DLA的外网地址：umxxxxxxxx-31xxxxxx.cn-hangzhou.datalakeanalytics.aliyuncs.com。
用户名	登录数据库的用户名。
密码	登录数据库的密码。
端口	数据库设置的端口。
数据库	当前所选数据库的名称。
insecureAuth	开启后，能够兼容旧版本的MySQL数据库（低于5.2版本，不保证全部兼容）。
兼容 Azure Database for MySQL	开启后，能够兼容微软的MySQL数据库。

图 15-27　数据库信息参数表格

数据源类型	数据源	说明
数据库类 ⑦ **说明** 如果您在其他地域，或者没有使用阿里云数据库，想连接自建数据库，那就需要暴露数据库的公网IP进行连接。DataV当前不支持IP白名单，如果您担心安全性问题，可以使用阿里云提供的数据库连接代理工具来连接，具体请参见DataV Proxy应用使用说明。	AnalyticDB for MySQL	无。
	RDS for MySQL	无。
	RDS for PostgreSQL	无。
	RDS for SQLServer	无。
	AnalyticDB for PostgreSQL	无。
	TableStore	无。
	Oracle	无。
	兼容MySQL数据库	无。
	对象存储OSS	无。
	交互式分析Hologres	无。
文件类 ⑦ **说明** DataV目前不支持从其他文件存储中读取大型的数据文件。	CSV文件	无。
	静态JSON	无。

图 15-28　DataV 支持的数据源列表

API类	阿里云API网关	您可以在配置页面的**数据**面板中直接粘贴API地址。如果您的API有鉴权,需要在阿里云API网关中进行封装后,再通过阿里云API网关的配置来接入。 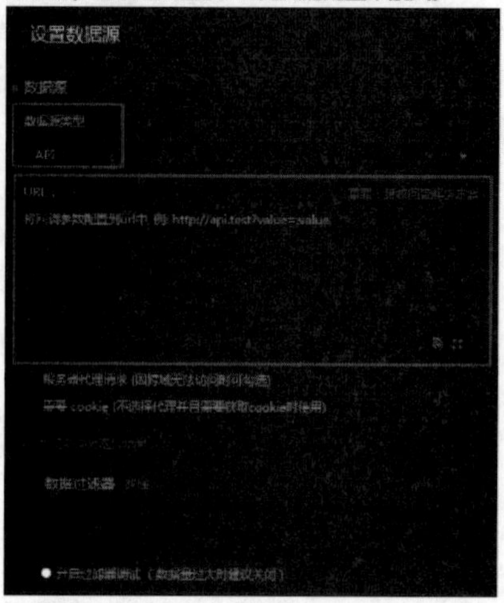
其他	DataV数据代理服务	DataV数据代理服务提供了一个开源的数据库代理服务,可以在ECS上进行部署。通过数据代理服务,可以降低数据库暴露公网IP带来的风险。 关于DataV数据代理服务的部署安装,请参见DataV Proxy应用使用说明。
	业务实时监控服务ARMS	无。
	日志服务SLS	无。
	DataWorks数据服务	无。
	阿里云Elasticsearch	无。
	区块链服务	无。

图 15-28 (续)

15.4 组件管理

丰富的组件需要良好的组件管理,本节介绍了 DataV 的组件管理机制。

15.4.1 组件概览

DataV 支持多种组件类型,接下来将介绍 DataV 支持的组件类型,以及每个类型下所包含的具体组件,帮助读者了解各组件的位置分类,更加高效地开发可视化应用。目前 DataV 支持如图 15-29 所示类型的组件。

组件类型	组件
常规图表	包括柱形图、折线图、饼图、散点图以及其他类型的图表
地图	包括3D地球、基础平面地图、3D平面世界地图、3D平面中国地图、3D球形地图和三维城市
媒体	包括萤石云播放器、单张图片、RTMP视频流播放器、轮播图和视频
文字	包括轮播列表、业务指标趋势、键值表格、通用标题、跑马灯、词云、轮播列表柱状图、数字翻牌器、多行文本、进度条、进度条表格、状态卡片、文字标签和时间器
关系网络	包括关系网络和弦图
素材	包括箭头标绘、自定义背景块、边框、装饰和标志墙
交互	包括轮播页面、全屏切换、iframe、时间轴、地理搜索框、Tab列表和其他高级交互组件
其他	包括一些辅助图形，例如时间选择器

图 15-29　DataV 支持的组件类型

15.4.2　配置组件数据

接下来将介绍配置组件数据的方法，以及组件数据面板的内容，包括数据接口、数据源、数据过滤器和数据轮询频次等。

在"我的可视化"页面，单击创建的可视化应用项目，如果页面中没有可视化应用项目，需要首先创建可视化应用项目。接着在画布编辑器页面，如图 15-30 所示，先单击图层栏或画布中的某一个组件，之后单击编辑器右侧的"数据"按钮，在"数据"面板中，查看并修改当前所选中组件的数据项配置。

接下来将介绍关于各个数据项（数据接口、自动更新请求、数据源、数据过滤器）的详细配置。

1. 数据接口

组件的数据接口中展示了组件所包含的数据字段、对应的映射以及数据响应状态。

字段：展示组件的默认字段。

映射：当所配置的数据源中的字段与组件的默认字段名称不一致时，可以在映射输入框中，输入数据源中的字段，将这些字段映射到组件对应的字段上。无须修改数据源中的字段，就可以实现数据的实时匹配。

响应状态：可实时展示组件的数据响应状态，响应成功时显示为匹配成功。

2. 自动更新请求

有些可视化界面的设计是要求实时更新的，例如，对于商场人流、交通状况等场景下进行实时跟踪的，就对数据源有实时更新的要求，而在 DataV 工具中，支持设置自动更新请求，勾选"自动更新请求"，可以设置动态轮询。除此之外，用户还可以手动输入轮询的时间频次。

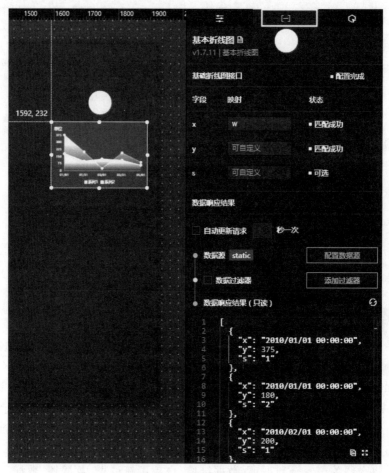

图 15-30　组件数据配置

3. 数据源

DataV 的组件默认使用静态数据源(即静态 JSON 文件)。单击配置数据源,可在设置数据源页面修改数据源的类型和脚本,比如之前在 15.3.2 节当中使用静态 JSON 文件作为数据源就是在组件界面通过数据源页面修改数据源。

4. 数据过滤器

勾选数据过滤器,启用数据过滤器功能。单击"添加过滤器",可在"设置数据源"页面配置数据过滤器脚本,可以使用数据过滤器,自定义数据过滤代码,实现数据结构转换、筛选和一些简单的计算。

下面举一个简单的例子来说明设置数据过滤器的过程,如图 15-31 所示,在"画布编辑器"页面,单击图层栏或画布中的某一个组件。单击编辑器右侧的"数据"按钮。在数据面板中,选中数据过滤器并单击右侧的"添加过滤器"。在"设置数据源"页面中,单击"添加过滤器"右侧的＋,如图 15-32 所示。

图 15-31　在编辑器数据栏中添加过滤器　　　　　图 15-32　单击＋新添加过滤器

在过滤器代码编辑框中，输入当前组件数据的过滤代码，如图 15-33 所示。在图中，过滤器输入的数据是 DataV 生成组件所使用的静态 JSON 文件，在右方数据过滤器中输入过滤代码，之后会在左下方获得过滤器的运行结果。例如，在右方过滤器中输入图 15-33 中的代码，运行结果只会保留一个 value 值为 1 的 JSON 文件。测试成功后，单击数据响应结果右侧的"刷新"按钮，在可视化应用上查看组件的展示效果。

图 15-33　输入过滤代码获得运行结果

15.4.3　配置组件交互

关于组件交互的配置,DataV 工具支持的基础的交互组件有轮播页面、全屏切换、iframe、时间轴、地理搜索框和 Tab 列表。

基础的交互组件有轮播页面、全屏切换、iframe、时间轴、地理搜索框和 Tab 列表,接下来将介绍各个组件的基本使用方法与参数设置,从中可以体会到组件包应用的思想。

1. 轮播页面

轮播页面是基础交互组件的一种,仅支持在数据中配置页面的属性,包括 ID.页面名称和链接,适用于在可视化应用中轮播展示多个网页。

轮播页面组件的数据包括大屏轮播数据接口和当前大屏数据接口,大屏轮播数据接口如图 15-34 所示,可以设置各个轮播页面的 ID.页面名称和轮播页面的链接,对应参数字段 id、serieName、url。

对于当前大屏数据接口,界面如图 15-35 所示,其中,参数 id 代表可视化应用中各轮播页面的 ID,下方数据响应结果代表当前大屏所显示的页面。

图 15-34　大屏轮播数据接口

图 15-35　当前大屏数据接口

2. 全屏切换

全屏切换是基础交互组件的一种，支持切换图标和背景样式配置，支持自定义背景的显隐，能够灵活地在全屏展示和小屏展示中进行切换，设置界面如图15-36所示。全屏切换交互组件的设置参数多样，例如其尺寸、位置、旋转角度、透明度等，最重要的是可以自定义全屏设置与退出全面的图标图案以及背景颜色和图标的圆角。

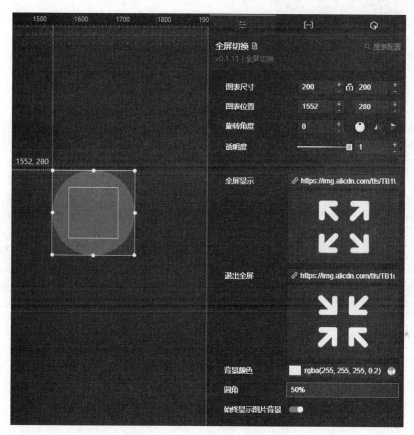

图15-36　全屏切换设置界面

3. iframe

iframe是基础交互组件的一种，支持自定义iframe链接，支持自定义iframe的显隐，适用于将网页嵌入大屏中进行显示。即如果进行iframe交互，则能在用户创建的可视化应用中打开网页并嵌入在大屏中显示，iframe设置界面如图15-37所示，最主要是设置单击后嵌入的网页。

同时iframe交互组件对于嵌入大屏的网页界面有三项重要的参数设置如下：

可关闭：打开开关，在预览或发布页面，组件右上角会出现一个"关闭"按钮，单击此按钮可关闭该网页。

始终显示"关闭"按钮：打开开关，"关闭"按钮始终显示在页面；关闭开关，"关闭"按钮在鼠标离开页面后会消失。仅在开启可关闭后可配置。

不可滚动：打开开关，网页在预览时页面不能上下滚动；关闭开关，页面可以滚动。

以如图 15-38 所示。以 iframe 示例嵌入大屏的网页为例，在该示例中设置了可关闭，可滚动。

图 15-37　iframe 设置界面

图 15-38　iframe 示例嵌入网页

4. 时间轴

时间轴是基础交互组件的一种，支持自定义时间轴的节点标签样式、事件节点样式以及交互等，适用于在可视化应用中展示不同时间段的数据变化情况，例如，使用时间轴组件实现数据轮播。时间轴的关键设置是配置事件节点和相应数据字段的关系。

如图 15-39 所示，组件左侧是时间轴形式的，单击每一个时间轴上的节点就会跳转到相应时间点的可视化组件，右侧可以对时间轴上节点选中的样式(如填充色和边框)进行设置。

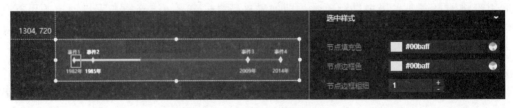

图 15-39　时间轴节点选中样式

对事件节点的设置,事件节点的种类有三种数据格式可选:数值型、类目型和时间型。如图 15-40 所示,如果选择时间型数据格式,需要根据数据格式进行配置,例如数据为 11382-02-01 17:013,则此配置项应该设置为 %Y-%m-%d %H:%M。注意只有当事件种类为时间型时,该配置项(方框圈起的"数据格式"一栏)才会显示。

图 15-40　数据格式配置

关于数据字段,按如图 15-41 所示进行配置,关于各个字段意义的解释如下。

图 15-41　数据字段说明

name:轴线下侧标签的显示文本。

text:(可选)轴线上侧标签的显示文本。

value:设置事件节点的值。如果为日期格式,需要与数据格式配置项保持一致。

width,height:标签文本的宽度和高度,单位为 px,默认不配置。

同时从如图 15-42 所示。时间轴组件实例与右侧的数据字段相互对照可以更为直观地理解各项字段参数的设置。

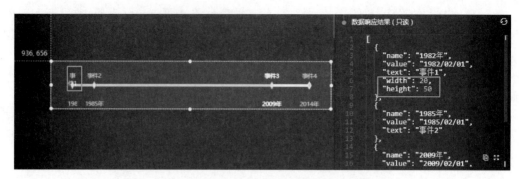

图 15-42　数据响应结果与时间轴实例对照

5. 地理搜索框

地理搜索框是基础交互组件的一种,支持自定义搜索框和结果框大小、位置、颜色和文本样式等,一般情况下需要与地图组件配合使用完成地区的搜索任务,并显示在可视化应用上。如图 15-43 所示,结合地图,在搜索框内输入地名就可以匹配相应的地理搜索结果。

图 15-43　地理搜索结果

如图 15-44 所示,关于地理搜索框的参数设置,除了常规的设置图表尺寸位置、旋转角度和透明度等,地理搜索框主要是设置搜索框的样式与结果框的样式,其中特别的是可以设置提示文字,图中所示。默认设置为"省|市|县|地区代码",在提示框内这样提示有助于可视化应用的使用者更好地输入进行地理搜索。

6. Tab 列表

Tab 列表是基础交互组件的一种,支持自定义 Tab 的颜色、数量、类型以及标签样式等,可以通过交互配置,与其他组件配合使用,在可视化应用中展示所选择 Tab 的标签内容。

Tab 列表主要设置有两个字段,如图 15-45 所示。

id:Tab 选项卡的标签 ID,初始化值配置项需要使用此变量的值,来定义初始化选中的 Tab 标签。

content:Tab 选项卡的标签名称。

Tab 列表的效果如图 15-46 所示,设置后会在可视化应用中展示所选择 Tab 的标签内容。

15.4.4　组件包的使用与管理

如果要使用整合了多个可视化组建的组件包,则需要通过组件包管理功能,企业版以上用户可以将开发完成的组件上传至组件包中进行管理,并对特定人员进行授权,实现组件共享。注意到管理组件包功能为企业版及以上版本的功能,如果用户需要使用此功能,请先将 DataV 升级到相应版本。

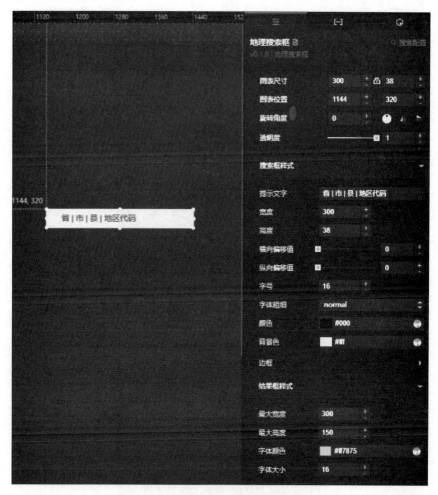

图 15-44　地理搜索框参数设置

如图 15-47 所示,在"我的组件"中选择"我的组件包"新建组件包。接下来如图 15-48 所示,在组件包新建界面中输入中英文名,可选插入项目封面和写描述。组件包创建成功后,会首先进入审核状态,系统会在 1～2 天内审核完毕。如果审核成功,用户可以执行"我的组件"→"我的组件包"→"查看组件包",查看审核通过的组件包并上传用户创建的组件包。

创建组件包后可以对其进行编辑,单击组件包右上角的"编辑组件包"按钮,如图 15-49 所示,可修改组件包的中文名、项目封面和描述。不支持修改组件包的英文名。

用户可以使用授权组件包功能,实现多人共享组件功能。(注意:授权组件包功能目前仅专业版用户可以使用,如果用户需要使用此功能,请先将 DataV 升级到专业版本。)

其具体步骤如下。

登录 DataV 控制台。

在"我的组件"页面,在左侧列表中选择"我的组件包"。

在"我的组件包"页面,单击组件包右上角的"组件包授权"按钮。

图 15-45　Tab 列表主要参数设置

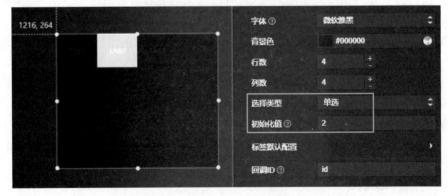

图 15-46　Tab 列表实际使用效果

图 15-47 新建组件包

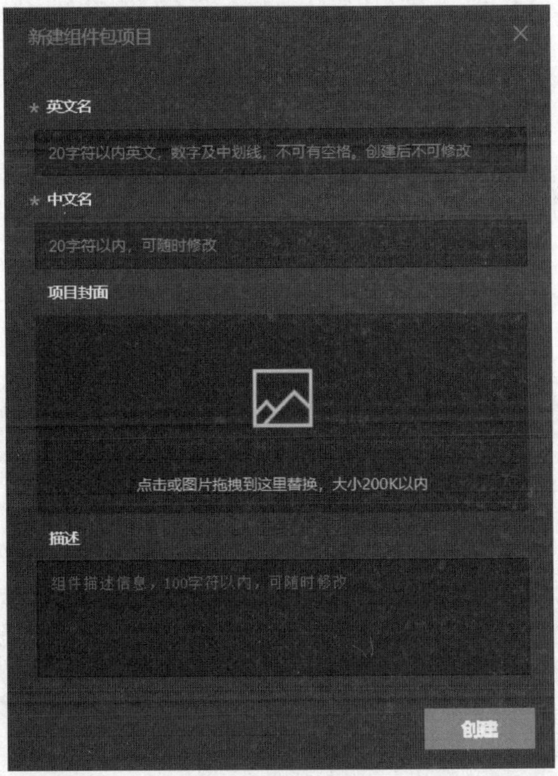

图 15-48 创建组件包初始设置

在"组件包授权"对话框中,如图15-50所示填写如下信息,包括分享用户的识别码、授权等级(授权等级分为订阅者和开发者,订阅者只能在"我的组件"页面中看到已正式上线的组件,而开发者能开发组件、上传组件,并且能在"我的组件"页面中看到审核中和已经正式上线的组件)。

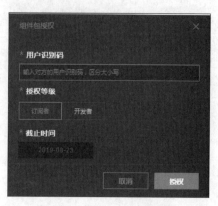

图 15-49　进入编辑界面　　　　　　　图 15-50　组件包授权

15.5　案例:店铺销售数据可视化

在本章的最后,将通过一个案例回顾DataV的使用,因为DataV提供了很多强大且生动形象的模板供广大用户使用,为了便于读者理解,本章末尾将使用店铺销售数据看板来进行案例演示。

1. 创建可视化应用

首先在"我的可视化"中选择"新建可视化",如图15-51所示,在模板列表中选择"店铺销售看板"。

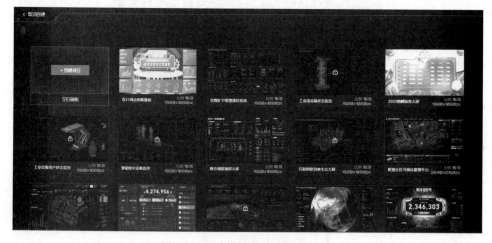

图 15-51　从模板创建可视化应用

2. 模板功能预览

进入可视化应用后，如图15-52所示，模板共计提供了以下组件。

（1）右侧面板：即显示店铺粉丝量、店铺状态、直播弹幕的数据情况。

（2）中间面板：展示店铺总销售额、销售额前三的商品与商品销售排行，同时显示粉丝增长趋势的实时折线图。

（3）左侧面板：店铺数据概览、访问用户来源和流量变化趋势。

图15-52 从模板创建的可视化应用界面

3. 数据源引用示例

以直播弹幕为例，单击"数据"界面，查看数据源，如图15-53所示，直播弹幕采用的是静态数据，在页面右下角可以查看到数据的相应结果。在实际应用中，直播弹幕需要引用其他数据源，设置为动态更新，此时，可以将数据源类型设置为API，如图15-54所示。填入API的URL，配置Headers（可选），即可获取到动态数据源。

图15-53 直播弹幕数据源

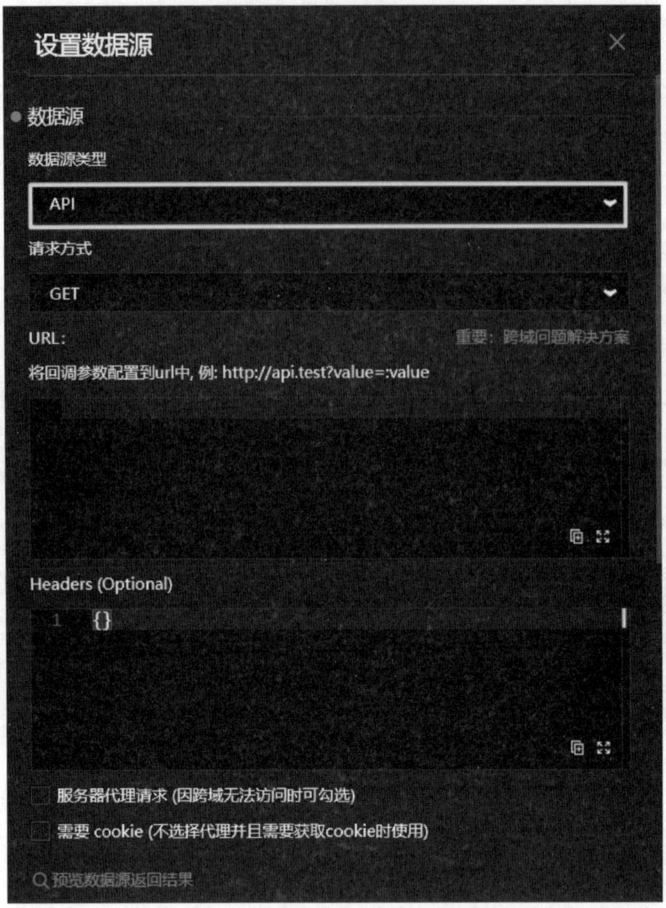

图 15-54　直播弹幕设置 API 数据源

4．分析图操作示例

以粉丝增长趋势图为例，通过配置趋势图展示 DataV 图表的使用。双击粉丝增长趋势图，通过自拟数据或其他来源的数据，来修改下方的折线图，模板中示例的折线图如图 15-55 所示。折线图的绘制思路非常简单，注意三个字段的映射即可，x 字段代表时间，y 字段代表折线图的纵坐标。如图 15-56 所示，该完整折线图会显示进场、离场粉丝数随日期的分布变化。

5．案例小结

通过从店铺销售数据可视化应用这一案例，首先能够体会到 DataV 提供的模板很强大，不需要用户自己花费大量精力去排版布局。在官方提供的模板的基础上，创建可视化应用，然后根据用户需求连接到数据源，做好字段的映射，再微调参数，即可得到用户想要的可视化结果。

图 15-55　模板示例的流行病数据折线图

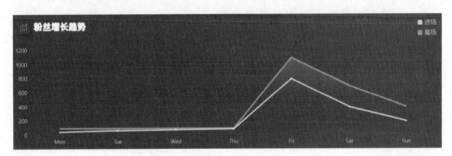

图 15-56　完整折线图

第 **16** 章

Tableau数据可视化方法

16.1　Tableau 介绍

在 Tableau 官网,Tableau 将自身定位为能够帮助大家查看并理解数据的商业智能软件。Tableau 致力于帮助人们查看并理解数据,Tableau 帮助任何人快速分析、可视化并分享信息。超过 42 000 家客户通过使用 Tableau 在办公室或随时随地快速获得结果。数以万计的用户使用 Tableau Public 在博客和网站中分享数据。

16.1.1　软件特点

Tableau 软件有六大特点,如图 16-1 所示。

快速分析	简单易用
在数分钟内完成数据连接和可视化。Tableau 比现有的其他解决方案快 10 到 100 倍。	任何人都可以使用直观明了地拖放产品分析数据。无须编程即可深入分析。
大数据,任何数据	**智能仪表板**
无论是电子表格、数据库还是 Hadoop 和云服务,任何数据都可以轻松探索。	集合多个数据视图,进行更丰富的深入分析。数据可视化最佳做法等待您去体验。
自动更新	**瞬时共享**
通过实时连接获取最新数据,或者根据制定的日程表获取自动更新。	只需数次单击,即可发布仪表板,在网络和移动设备上实现实时共享。

图 16-1　Tableau 软件六大特点

1. 支持数据类型的任意性

如图 16-2 所示,Tableau 软件支持多种数据连接电子表格、数据库、Hadoop 和云服务,例如,支持 Excel、TXT、JSON 等文件格式,最重要的是 Tableau 软件支持很多类型的数据库和云服务,尤其是数据库,除了支持 MySQL 这类主流 JDBC 数据库外,也支持各种各样其他类型的数据库。

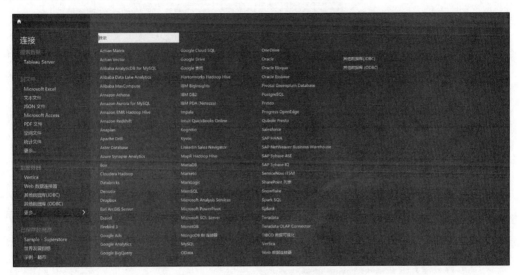

图 16-2　Tableau 软件支持数据源类型

2. 简单易用性

使用 Tableau 软件进行数据分析无须复杂的编程操作,最简单的方式就是直接通过拖放字段来进行分析或可视化操作,如图 16-3 所示。以 Tableau 软件自带的世界发展指标数据集为例,单击数据集便进入如图 16-3 所示界面,比如需要直观地查看各个国家/地区的城市人口数,在左侧"数据"一栏选择字段,将"国家/地区"字段拖入行,将"总和(城市人口)"字段拖入列,如图 16-4 所示在界面右上方"智能推荐"选择合适的可视化图示,如选择直方图,便可以即刻生成如图 16-3 所示的各国城市人口的直方图,非常直观。

3. 智能仪表板与瞬时共享

仪表板是为展示进行数据分析而创建的可视化组件的面板,即在面板上嵌入多个可视化的结果并且可以设置联动与页面交互关系,能集合多个数据视图以进行更深入丰富的数据分析。如图 16-5 所示是 Tableau 官网首页的公司绩效可视化案例,案例中的可视化仪表板便将 100 家公司的公司增长明细表与直观反映各个公司增长的折线图整合在一起,并且设置了交互栏,通过与仪表板交互可以选择增长组以筛选查看某一特定部分公司,或者选择细分市场以查看各个公司在特定市场领域的增长情况。

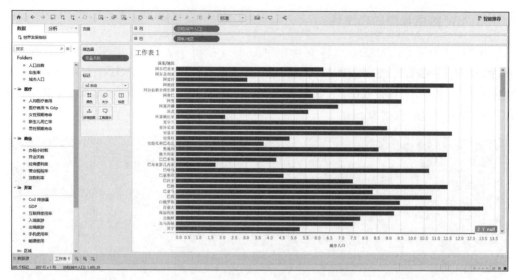

图 16-3　Tableau 软件易用性实例

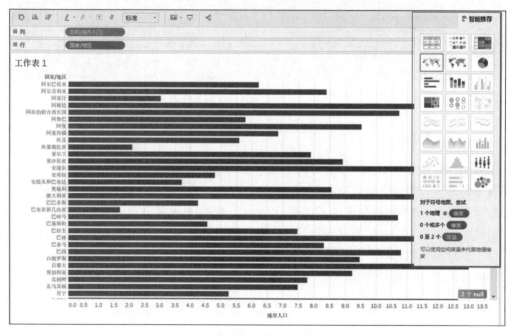

图 16-4　选择智能推荐的可视化图表类型

16.1.2　软件下载与安装

如图 16-6 所示,在 Tableau 官方界面可以单击"免费试用 TABLEAU"按钮进行软件下载与安装,免费试用版可以输入电子邮箱以获得 15 天的试用期。如果选择购买激活,有个人版与团队版可供购买,但是需要注意的是由于 Tableau 软件在国内相对比较冷门,如果要购买软件的话只能使用 Visa、MasterCard、American Express 的信用卡用美金支付。

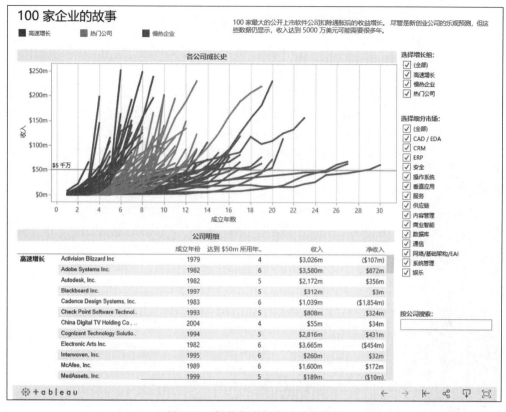

图 16-5　智能仪表板公司增长实例

图 16-6　Tableau 软件官网下载界面

　　关于 Tableau 软件运行的技术规范，以 Windows 平台为例，Tableau 软件要求 Windows 7 或更高版本。Tableau 的产品能在配置适当基础操作系统和硬件的虚拟环境中运行，支持 VMware、Citrix、Hyper-V 和 Parallels 虚拟环境。Tableau 产品系列支持 Unicode，并兼容用任何语言存储的数据。界面和文档的语言有英语、法语、德语、西班牙语、葡萄牙语、日语、韩语和简体中文。

16.2 案例：超市销售数据可视化分析

16.2.1 Tableau Desktop 的使用

Tableau Desktop 即 16.1 节中介绍的在 Tableau 官网首页即可下载到的 Tableau 软件，安装完成后即可开始使用。进入软件后，主界面如图 16-7 所示，左边是连接数据栏，中间是历史创建的工作簿，如果已经创建过工作簿，可以直接在主界面处打开。

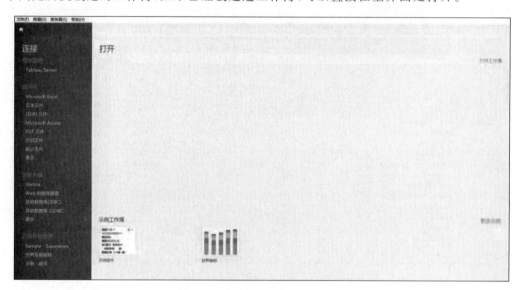

图 16-7　Tableau Desktop 主界面

1. 软件特点简介

关于 Tableau Desktop 软件的特点，参考官方网站在主页的介绍可以总结为以下几点。

(1) 快速获取易于理解的可视化结果。

人类天生就能快速发现视觉图案，对于视觉图案呈现出来的信息更为敏感，Tableau Desktop 软件充分利用这种能力，揭示日常生活中的各种可以通过可视化呈现的结果，让软件用户尽情享受通过视觉获取想要信息时豁然开朗的喜悦。抛开图表构建器，无须复杂的编程语句操作，实时的可视化分析让用户实现随心所欲的数据探索。并且这类交互式仪表板帮助用户即时发现隐藏的见解。如图 16-8 所示，以这个美国部分城市天气趋势的仪表板为例，创建该仪表板最基本的操作就是将周(日期)字段拖入列，将平均降雨量、风速、每小时的气温三个字段拖入行，选择折线图就能查看从降雨量、风速和气温三个角度反映的天气变化趋势，通过进一步的细化，如用颜色区分白天和夜晚，在城市处设置过滤以查看某个城市的天气趋势，也可以将鼠标指针放在折线图上具体某一点以查看某个时间点的天气数据，可以很轻松地构建一个可交互天气趋势仪表板。

(2) 连接更多数据。

Tableau Desktop 软件支持连接本地或云端数据——无论是大数据、SQL 数据库、电

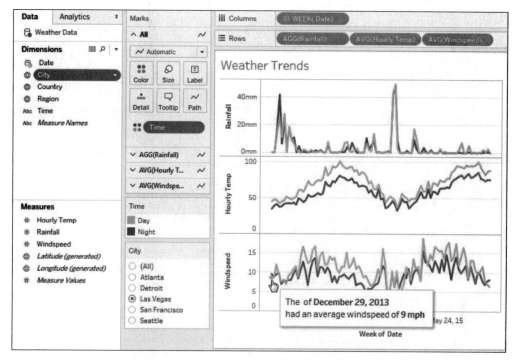

图 16-8　美国城市天气趋势仪表板

子表格，还是 Google Analytics 和 Salesforce 等云应用，全都支持。无须编写代码，即可访问和合并异构数据。高级用户可以透视、拆分和管理元数据，以此优化数据源。分析始于数据，Tableau Desktop 软件能够让数据发挥出更大价值，如图 16-9 所示是一个管理数据库导入数据的例子。

（3）对数据进行更加深入的分析。

出色的数据分析需要的不仅是好看的仪表板，借助 Tableau Desktop 软件，可以使用现有数据快速构建强大的计算字段，以拖放方式操控参考线和预测结果，还可以查看统计概要。可以利用趋势分析、回归和相关性来证明自己的观点，用屡试不爽的方法让人们真正理解统计数据。此外，还可以提出新问题、发现趋势、识别机会，信心十足地制定数据驱动型决策。如图 16-10 所示，例如，对于销售额与利润的散点图关系，可以在分析一栏处选中趋势图线，可以选择进行线性回归、对数回归、指数回归以及多项式回归，这里散点图反映出来的线性关系更为明显，如图 16-11 所示便可以得出线性回归分析趋势的可视化结果。

（4）以地图的形式直观呈现自己的数据。

不仅可以找出具体地点，还可以洞悉原因。在 Tableau Desktop 可以自动创建交互式地图。产品中内置了邮政编码，软件能够快速绘制全球 五十多个国家/地区的地图。还可以使用自定义的地理编码和地区来创建个性化区域，例如销售区。Tableau 软件系列的开发者精心设计了 Tableau 地图，为了让使用者导入的数据一目了然地呈现出来，如图 16-12 所示，用 Tableau 地图分析非洲不同气候区域的谷物产量，将经纬度字段作为行

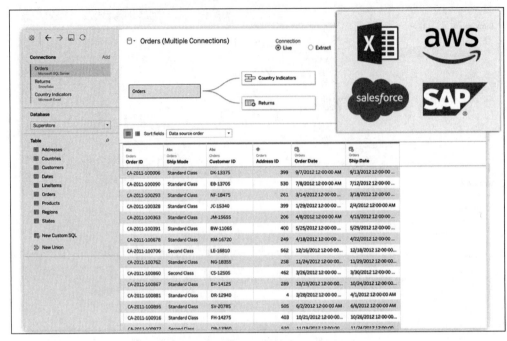

图 16-9　管理数据库导入数据的实例

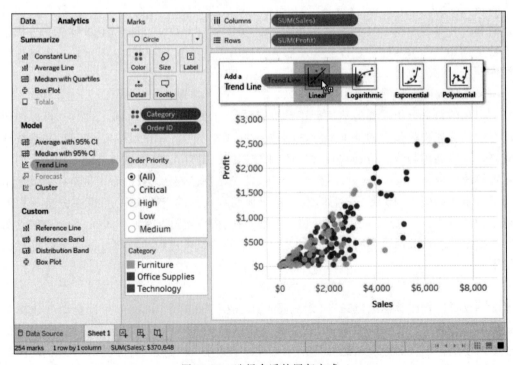

图 16-10　选择合适的回归方式

列即可生成世界地图,再将气候区域用颜色标记,将谷物产量数据字段拖入细节选项,之后与可视化地图进行交互时,将鼠标指针移动到地图上某点即可查看相应数据。

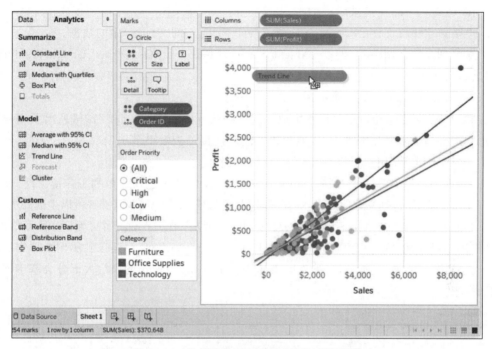

图 16-11　选择线性回归后销售额与利润关系

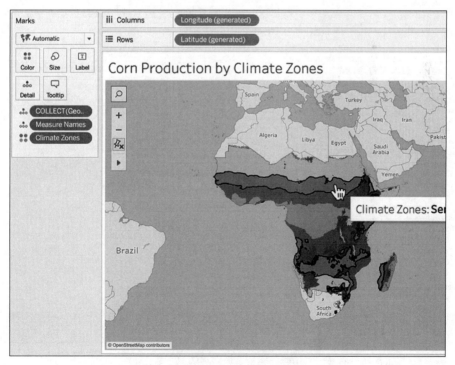

图 16-12　非洲不同气候区域谷物产量图

2. 连接到数据

在"连接"下面,用户可以:

连接到存储在文件(例如 Microsoft Excel、PDF、空间文件等)中的数据。

连接到存储在服务器(例如 Tableau Server、Microsoft SQL Server、Google Analytics 等)上的数据。

连接到之前已连接到的数据源。

Tableau 支持连接到存储在各个地方的各种数据的功能。"连接"窗格列出了用户可能想要连接到的最常见的地方,或者单击"更多"链接以查看更多选项。

在"打开"下面,用户可以打开已经创建的工作簿。

在"示例工作簿"下面,查看 Tableau Desktop 附带的示例仪表板和工作簿。

在"发现"下面,查找其他资源,如视频教程、论坛或"本周 Viz",以了解可以生成的内容。

Tableau 附带 Sample-Superstore 数据集。它包含有关产品、销售额、利润等信息。在"连接"窗格中的"已保存数据源"下,单击 Sample-Superstore 以连接到示例数据集。用户的屏幕将如图 16-13 所示,接下来关于 Tableau Desktop 使用的介绍大部分会基于该示例数据集。

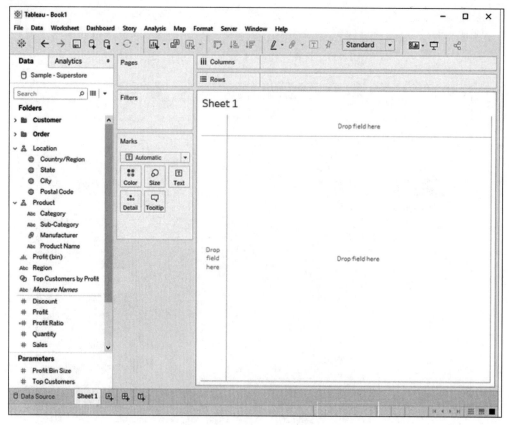

图 16-13　连接到示例数据集

连接到数据之后,Tableau 将执行以下操作。

打开新工作表。这是一块白板,用户可以在其中创建第一个视图。

显示软件目前连接到的数据源。如果使用多个数据源,用户可以看到它们都列在此处。

将数据源中的列添加到左边的"数据"窗格中。列会添加为字段。

将数据类型(如日期、数字、字符串等)和角色(维度或度量)自动分配给用户导入的数据,如图 16-14 所示。

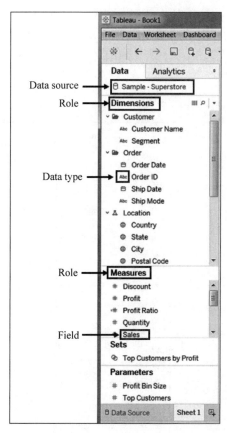

图 16-14 软件自动给字段分配类型

3. 使用 Tableau 软件拖放字段可视化

如图 16-14 所示,Order Date(订单日期)这类字段适合用于列的维度,如图 16-15 所示,作为折线图的横坐标,而像 Sales(销售额)、Profit(获利)等适合用于行的维度,作为纵坐标。图 16-15 就展示了制作年度销售额折线图的过程,将字段分别拖入列功能区和行功能区,软件自动智能推荐画成折线图,也可以如图 16-16 所示手动调整图表的类型,除了折线图,也可以选择条形图、饼图等图表类型。假如对于该数据集,要进一步分析该商场每一年具体到某一类商品的销售额,可以在行维度再添加 Category(分类)字段,将图表类型调为条形图,就能得到如图 16-17 所示的结果,相对更加直观。

图 16-15 年度销售额折线图

图 16-16 在标记栏选择图表类型

　　如图 16-18 所示,Tableau 会使用累计(聚合)为总和的销售额生成以下图表。可以按订单日期查看每年的总聚合销售额,即将鼠标指针移动至折线图上查看对应年份的销售额,或者若要将数据点信息作为标签添加到用户创建的视图中,单击工具栏上的"显示标记标签",结果如图 16-18 所示,就能直观显示每年每类商品的销售额。

　　关于视图的透视效果还有如下的效果,例如,可以对于条形图等允许交换行列显示,或者设置组内排序,例如,图 16-19 的条形图就可以设置以年份为组别,每组内按不同商品类别的销售额进行排序,如图 16-20 所示就是进行条形图行列交换并选择升序排序的结果,非常直观地反映出商场每年的销售额总体趋势是 Technology(科技产品)高于 Furniture(家具)高于 Office Supplies(办公用品)。

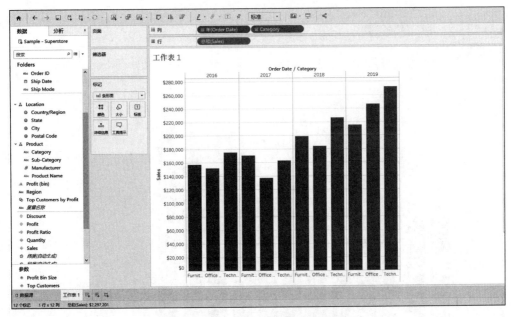

图 16-17　每一类商品年销售额条形图

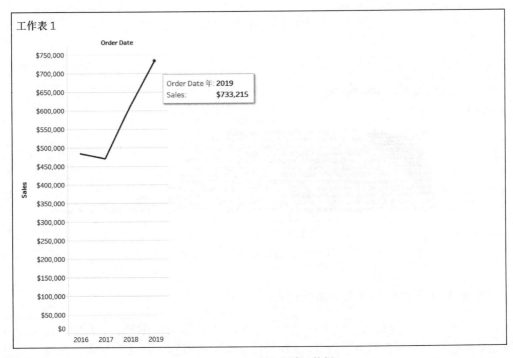

图 16-18　查看图形详细数据

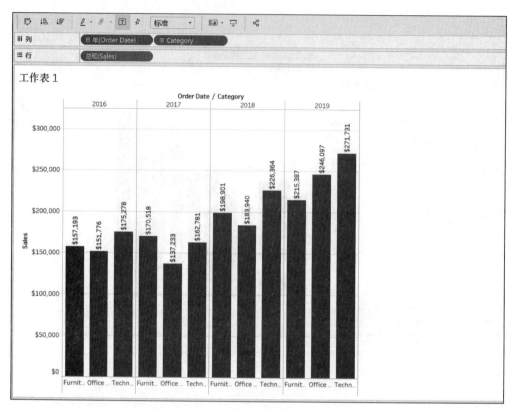

图 16-19 开启显示标记标签后条形图结果

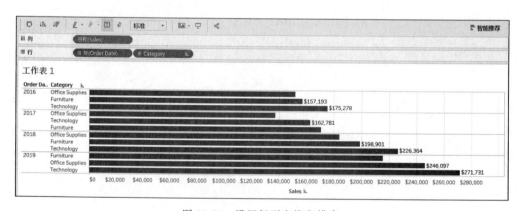

图 16-20 设置行列交换和排序

4. 使用筛选器和颜色添加细化视图

之前在 16.2.3 节创建了按类别和子类细分的产品销售额的视图。但是 Superstore 数据集含有要进行分类的大量数据,需要能够轻松地找到感兴趣的数据点并重点关注特定结果。那么,Tableau 具有一些非常适合做这项工作的选项,如利用筛选器和颜色,软件用户可以更多地去关注那些感兴趣的详细信息。在增加对数据的重点关注后,用户可以使用其他 Tableau Desktop 功能与该数据进行交互。

（1）将筛选器添加到视图中。

用户可以使用筛选器在视图中包含或排除值。在本示例中，将两个简单的筛选器添加到工作表中，以便能够更轻松地按子类查看特定年度的产品销售额。如图 16-21 所示，对 Order Date 设置年份的筛选，在"数据"窗格中的"维度"下面，右击 Order Date（订单日期），并选择"显示筛选器"，如不查看 2016 年的数据，则在界面右端的筛选器中不勾选 2016。

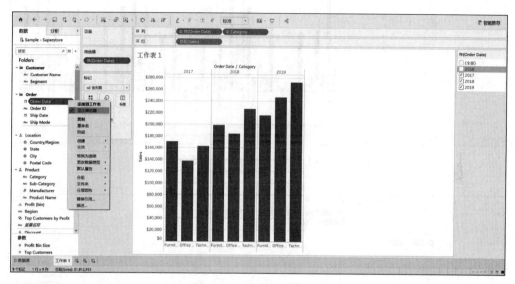

图 16-21　设置年份筛选器

筛选器将按照用户选择它们的顺序添加到视图的右侧。筛选器是卡类型，并且通过单击筛选器并将其拖到视图中的另一个位置在画布上移动筛选器。拖动筛选器时，将会出现一条深黑色的线，显示用户可拖动筛选器将其移动的位置。

（2）将颜色添加至视图。

接下来将以各个具体的销售产品小分类的利润情况为例讲解如何将颜色引入视图，在基于按 Category 分类的基础上，再往列维度引入 Sub-Category 字段显示家具、办公用品和科技产品更往下细分的产品销售额，如图 16-22 所示。在对销售额进行分析的同时我们注意到有的商品销售额高，有的很低，要考虑到不同商品的价格和销量有差别，为了更全面地分析销售状况，还需要考虑各类商品最后卖出后带来的利润，如图 16-23 所示，将 Profit（利润）字段往标记栏的颜色选项拖入，结果是条形图中每一栏都有染色，同时在视图的右侧有一个利润的色调表，颜色越蓝代表利润越高，颜色越黄代表利润越低，如家具分类下的 Table（桌子）近几年一直在高亏损，而科技产品分类下的 Phone（手机）近几年利润都相对较高。总体来讲，将颜色加入视图后对每类产品的利润情况通过颜色的深浅有一个直观的反映。

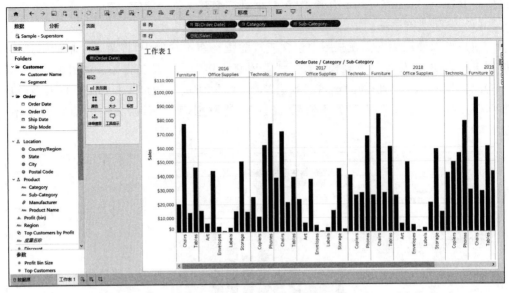

图 16-22 引入 Sub-Category 的商品分类细分

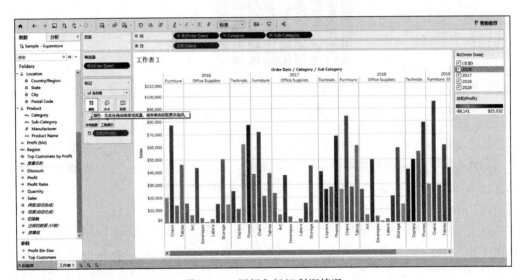

图 16-23 用颜色标记利润情况

5. 通过地理方式浏览数据

在之前的例子中,查看完产品销售额和盈利能力之后,接下来可按区域来研究商品的销售趋势。由于要查看地理数据("区域"字段),用户可以选择生成地图视图。地图视图非常适用于显示和分析这种信息。对于此示例,Tableau 已经为"国家/地区""州/省/市/自治区""城市"和"邮政编码"字段分配了适当的地理角色。这是因为软件智能地认识到这些字段中的每个字段都包含地理数据。用户可以开始并立即创建地图视图。

如图 16-24 所示,用户将经纬度分别拖入列和行的维度即可生成一个世界地图。

图 16-24　拖入经纬度字段生成的地图

　　因为 Superstore 数据集是基于美国各州的销售情况，把 Country/Region（国家/地区）字段和 State（州）字段拖入详细信息字段，如图 16-25 所示即会在地图上标注出美国各州，如果要查看各州的销售额情况，即可将 Sales（销售额）字段拖入标记栏下的颜色区域，得到的结果如图 16-26 所示，颜色的深浅代表销售额的多少，直观得出加利福尼亚州的销售额最多，而美国东部地区的平均颜色相比西部地区要深，说明东部地区平均销售额更多。

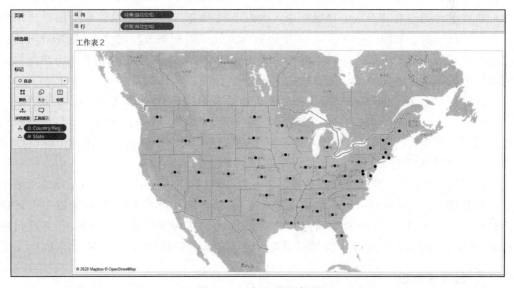

图 16-25　标记美国各州

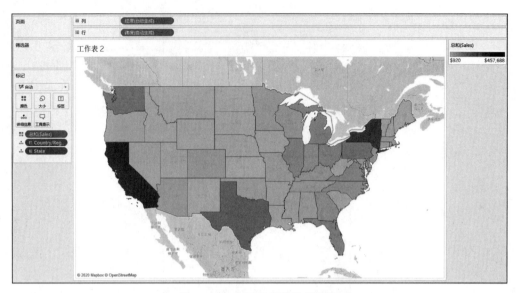

图 16-26　美国各州销售额情况

当然也可以在地图视图中结合筛选器使用,例如,数据集的 Region(地区)字段将全美分为东部地区、西部地区、南部地区和中部地区,从图 16-26 可以看出,除了少数销售额较多的州,其他各州的颜色深浅差别并不明显,可以选择查看具体某一个地区的销售额情况以获得更详细的信息,于是将 Region(地区)字段拖入筛选器,如图 16-27 所示,可以勾选以选择要查看的地区,以选择 East(东部地区)为例,筛选器使用结果如图 16-28 所示,从东部地区销售额图可以看出纽约州的销售额最多。

6. 在 Tableau Desktop 实现下钻

数据下钻能够有助于从汇总数据深入到细节数据进行观察,还可以帮助用户增加新的维度进行观察。如图 16-29 所示,如果研究东部地区的利润情况,会发现俄亥俄州和宾夕法尼亚州的利润是负数,在亏损,此时需要进行下钻,具体研究这两个州商场利润亏损的具体情况。

此时复制一个工作表,在"智能推荐"里将图表类型改为条形图,如图 16-30 所示,Tableau Desktop 软件会自动根据之前筛选器与颜色的设置更改行列维度的字段,此时只需要研究利润为负的两个州,如图 16-31 所示鼠标选中这两个州,右击,在弹出的快捷菜单中选择"只保留"选项。

接下来,为了进一步下钻分析这两个州亏损的原因,决定往下查看这两个州每个城市的销售利润情况,如图 16-32 所示,将 City(城市)字段拖入行的维度,即可查看每个城市的销售利润情况,可以发现两个州的大部分城市的销售都是亏损的,其中,俄亥俄州的 Lancaster(兰卡斯特市)和宾夕法尼亚州的 Philadelphia(费城)亏损情况最为严重。

7. 创建仪表板

之前创建了三张工作表,一张是各个商品门类销售利润条形图,一张是东部地区销售

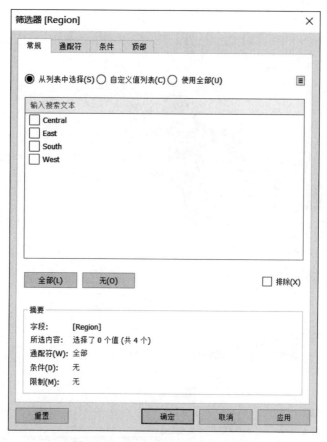

图 16-27 Region(地区)字段筛选器

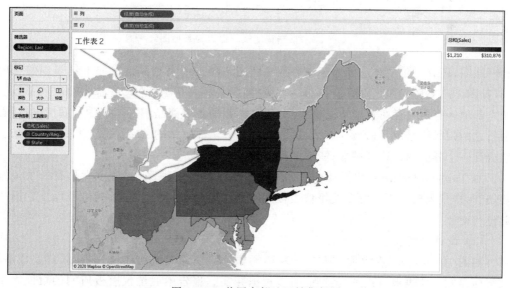

图 16-28 美国东部地区销售额图

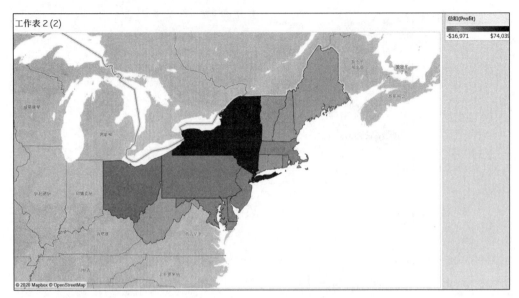

图 16-29　东部地区利润地图

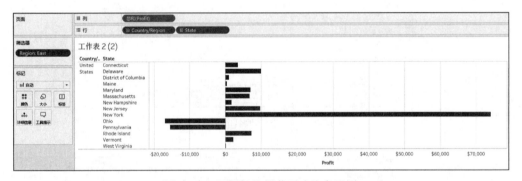

图 16-30　根据智能推荐更改为条形图

利润地图,还有一张是对东部地区销售亏损两州各城市销售利润情况的下钻得到的条形图(见图 16-23、图 16-29 和图 16-32),如果在实际的报告中,业务人员需要就这三张表说明东部地区有两州存在亏损情况,然后分析这两州的各个商品细类销售的利润情况,接着分析这两州哪些城市亏损最为严重,这三者存在一个往下钻的逻辑关系,如果能将三张表整合到一个界面内进行可视化,能够使得分析更加直观。

而 Tableau Desktop 软件具有适合做这项工作的应用程序,或者至少具有一个工作表,它叫作仪表板。用户可以使用仪表板同时显示多个工作表,如果需要,可以让它们彼此进行交互。

(1) 设置仪表板。

如图 16-33 所示,在界面下方单击新建操作的第二个按钮新建仪表板,新建完成后,在界面左侧对仪表板格式进行设置,可以根据在实际报告中展示仪表板所用的桌面大小(如笔记本屏幕大小、通用桌面大小等)设置仪表板的大小。设置正下方是可供拖入仪表

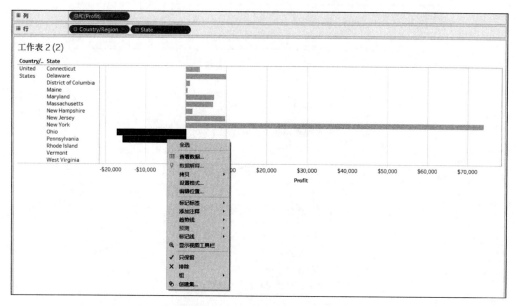

图 16-31　选区筛选只保留的行

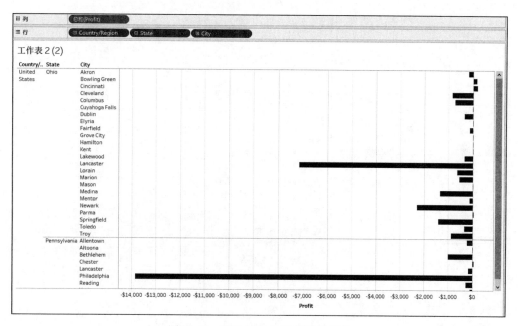

图 16-32　下钻至各个城市利润情况

板的工作表,均是之前在演示 Tableau Desktop 使用时基于 SuperStore 数据集创建的工作表,单击即可将其拖入右方的仪表板。除了拖入工作表以外,也可以在其正下方的对象设置内插入文本、图像等自定义对象以完善仪表板的排版,如图 16-34 所示。

图 16-33　新建仪表板

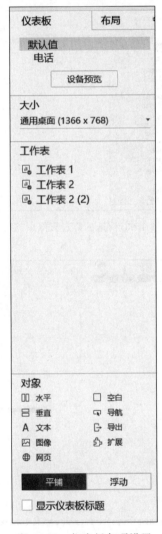

图 16-34　仪表板各项设置

(2) 排列仪表板。

如图 16-35 所示,将界面左侧的三张工作表拖入右边的仪表板工作区内,这样便得到一个仪表板,但是很明显这个仪表板排版十分混乱,并且业务人员希望通过这样一个逻辑顺序进行讲解,先讲解仪表板左上角的东部地区利润地图,再分析右边亏损的两个州各类商品的利润情况,最后在下方进行下钻的讲解,分析这两个州哪些城市亏损最为严重。这时需要对仪表板进行重新排列,如图 16-36 所示,选中要排列移动的工作表,会显示一个边框,拖动边框可以实现移动或者缩放工作表,调整排版后仪表板如图 16-37 所示。

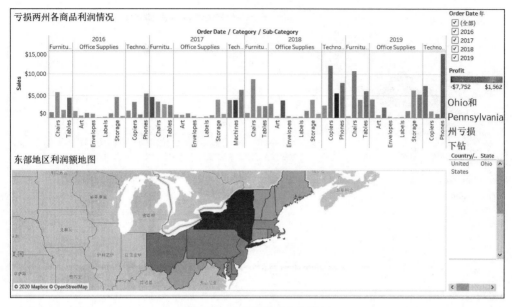

图 16-35　原始创建的仪表板

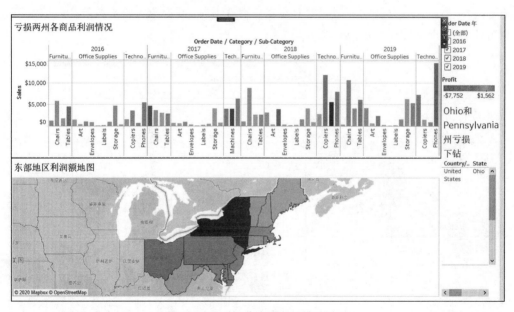

图 16-36　对工作表进行缩放或移动

（3）添加交互功能。

在本案例中，将以在仪表板内设置使用筛选器来实现通过单击地图具体某个州，进而使右方的利润情况的条形图产生变化，实现与仪表板交互。如图 16-38 所示，单击东部地区利润地图边框上的漏斗形状按钮设置使用筛选器，此时单击地图上的某一个州，右边的条形图也会随之变化，显示对应州各类商品的利润数据，如图 16-39 所示，比如单击宾夕法尼亚州的区块，右边的条形图明显发生变化，显示的是宾夕法尼亚州的数据，从右边的

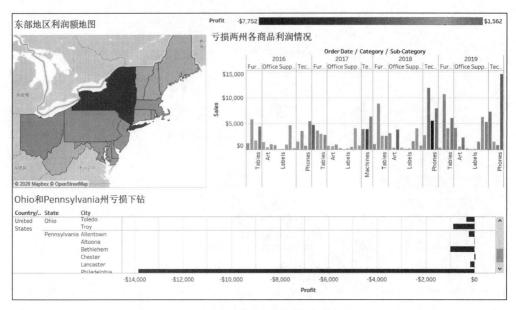

图 16-37　仪表板调整完排版展示

条形图可以看出,宾夕法尼亚州卖家具基本一直在亏损,而近两年来卖科技产品虽然销售额相对更高,但是亏损程度也在增大。

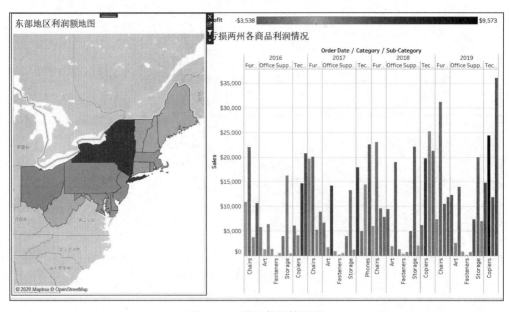

图 16-38　设置使用筛选器

8. 创建故事

(1) 故事功能简介。

前面讲解到 Tableau Desktop 软件可以创建将各个工作表组件整合到一张仪表板

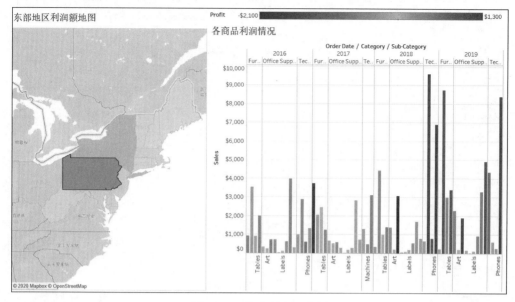

图 16-39　仪表板交互实例

上,而比仪表板更进一步的是,Tableau Desktop 提供了故事创作功能,比较类似于 PPT。故事功能中设置每一个故事点就如同 PPT 中设置幻灯片,而每一个故事点都支持拖入工作表甚至创建好的仪表板,如果业务人员不希望在实际报告的时候再花费大量时间制作 PPT,可以选择使用 Tableau Desktop 软件创建故事进行演示,并且可以通过设置联动和自定义图片文字等对象达到不输 PPT 的展示效果,并且在 Tableau Desktop 软件内部进行展示与工作表和仪表板的可交互性是使用其创建故事进行演示的一大优势。

（2）创建故事。

在界面下方选中新建故事,界面如图 16-40 所示,中间的空白部分可以通过将左边区域的工作表或者仪表板拖入以添加内容。接着在新建故事点界面中通过新建或者复制故事点,进行类似 PPT 新建幻灯片的操作,以拖入更多的工作表或仪表板。类似于仪表板创建的过程,故事的创建也支持自定义插入文字,在界面左下方拖动以添加文本,或者根据屏幕大小来调整故事点的大小。

（3）通过故事总结介绍案例。

在 16.2 节对于 Tableau Desktop 软件的介绍中,最开始从最为浅显的商场近四年来销售额的变化分析,然后开始分析利润,再细分到各个商品分类的销售利润,再之后通过地图结合利润颜色设置分析各州的销售利润情况,以东部地区为例发现有两个州出现较大亏损,便继续下钻,分析这两个州哪些城市或哪些商品类型的出售出现亏损。可以将这一过程所建立的工作表或仪表板整合,创建一个基于 SuperStore 数据集进行的案例分析故事,预览如图 16-41 所示,如果业务人员要展示这个案例,只需要在展示过程中像放映幻灯片一般按顺序切换故事点即可。

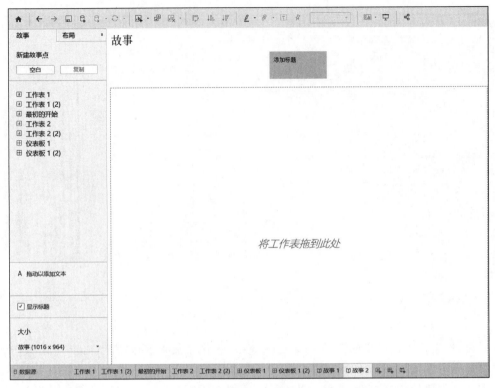

图 16-40　新建故事

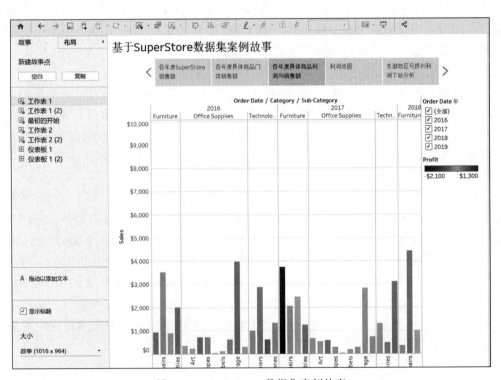

图 16-41　SuperStore 数据集案例故事

16.2.2 Tableau Server 的使用

1. 软件简介

Tableau 软件是旨在帮助任何人查看并理解其数据的一系列分析工具。利用 Tableau,用户可以根据数据进行提问、查找答案以及分享见解。之前在 16.2 节介绍的 Tableau Desktop 是可视化的探讨与分析应用程序,而用户也可以使用 Tableau Server 或 Tableau Online 在 Web 上进行协作。

通过让 Tableau 为用户管理 Tableau Online,在前期以及从长远来看,用户可以为自己节省大量维护 Tableau Server 而产生的工作。Tableau Online 是 Tableau 托管的云解决方案。它执行 Tableau Server 的工作,但是用户不必在自己的硬件上安装任何内容,而只需要创建一个 Tableau Online 账户并在线托管用户的工作簿和数据源。不用购买和设置服务器。不用集成网络,也不用下载驱动程序以及安装更新。在 Tableau Online 内部发布、共享和编辑工作簿与使用 Tableau Server 进行操作完全相同。如果用户对生成和共享分析感兴趣,并且想永远不必考虑底层基础结构,那么 Tableau Online 可能是用户的最佳选择,Tableau Online 的使用是完全免费的。

如果作为专业用户,那么为什么要安装 Tableau Server 呢? 以下是在本地安装 Tableau Server 的一些原因。

(1) 控制。Tableau 的大多数客户最关注的是控制和合规性。例如,行业特定法规可能要求进行本地部署。通过在本地安装 Tableau Server,用户可以进行合规性审计,并保证实际控制 Tableau Server 包含的内容和数据。

(2) 来宾用户访问。根据用户的许可证,本地安装允许用户配置服务器,以便人员可以查看嵌入式视图,而无须向服务器进行身份验证(我们将此称为"来宾用户")。这非常适合具有少数作者和发布者但有很多只需要服务器查看访问权限的用户的组织。

(3) 内部实时数据源连接。为了连接到可能在用户的组织内部运行的许多不同数据源,Tableau Server 进行了优化。虽然 Tableau Online 支持大量云数据源的实时连接,但它对组织内数据源的实时连接提供的支持有限。如果用户的业务需要实时查询内部数据,则 Tableau Server 是适合用户的更佳替代方案。

(4) Active Directory 集成。Tableau Server 与 Windows Active Directory 用户和组集成。用户也可以使用 Kerberos 身份验证实现流行关系数据库(如 Microsoft SQL Server)单点登录和无缝连接。

除了选择在本地安装以外,还有另一种选项:用户可以在云服务中安装某个 Tableau Server 版本,如 Amazon Web Services、Google Cloud Services 或 Microsoft Azure,关于在云服务中安装 Tableau Server 可以参考官方支持。

2. 软件安装

如图 16-42 所示,在 Tableau Server 官方界面可以下载来免费试用版或在右上角单击购买。

图 16-42　Tableau Server 下载

软件下载安装成功后,在本地运行的 Tableau Server 运行界面如图 16-43 所示。

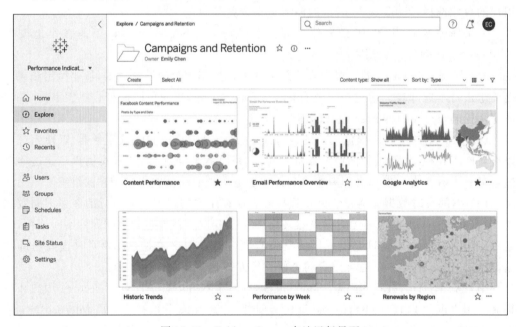

图 16-43　Tableau Server 本地运行界面

3. 软件特点与使用

在 Tableau Server 软件中创建可视化图表组件或仪表板等组件与在 Tableau Desktop 软件中的方法基本一致,在本节中会更加强调 Tableau Server 软件的可管控性、安全性和更为智能的数据解释。

（1）可管控性。

Tableau Server 可帮助整个组织充分利用数据价值。让用户所在组织或公司能够在可信环境中自由探索数据，不受限于预定义的问题、向导或图表类型。再不用担心自己的数据和分析是否受到管控、是否安全、是否准确。IT 组织青睐 Tableau，因为它部署轻松、集成稳定、扩展简单、可靠性高。为业务人员提供更多功能和保护数据不再是相互冲突的选择。管控不再是从业务的灵活性和有用性与紧密的 IT 控制中二选一。现在，IT 和业务用户可以共同确定一个管控模式，既能为每个人提供支持，又能够保证数据质量、内容安全性和一致性。适当的管控可保护用户的数据，同时还可以鼓励用户所在组织广泛采用分析，从而使业务用户轻松访问相关资源，以探索和发现隐藏的见解。

一个很重要的管控思想的体现便是创建内容项目、组和权限的结构，组、项目和权限是内容管理的核心。如果 Tableau 作者想要在 Tableau Server 上共享其数据源和报表（内容），他们需要知道应在何处发布该内容，以便他们要与之共享内容的用户可以轻松地找到内容。若要在 Tableau Server 上发布或查看内容，用户必须登录服务器。登录之后，每个用户都必须具有处理内容的权限。为此 Tableau 管理员必须在设置服务器的过程中构建可满足以下目标的内容管理框架。

① 使权限模型可预测并可随着 Tableau 社区的增长扩展。

② 帮助用户自行操作。

为了成功设置 Tableau Server 内容环境，用户将协调以下几项内容。

① 组：需要相同类型内容访问权限的用户的集合。Tableau Server 软件建议管理员将用户分组。然后，管理员可以在组级别设置权限，将一组功能应用于组中的所有用户。有新的 Tableau 用户时，只需将用户添加到可为其提供所需权限的组。

② 项目：工作簿和数据源的容器，其中每个容器通常都代表一个内容类别。项目可以很好地帮助用户自行完成操作。管理员可以设置项目，让项目名称清楚地指明其所容纳内容的类型，并且每个用户都只能在完整项目列表中看到他们需要处理的项目。

③ 权限：功能的集合，用于定义谁能够处理什么内容。

接下来将演示如何在 Tableau Server 中管理组、项目与权限。

（2）对项目进行权限管理。

如图 16-44 所示，Tableau Server 中的每个站点都有一个"默认"（default）项目。默认项目旨在作为站点中新项目的模板，用于创建一组默认权限。

以管理员身份登录到 Tableau Server 时，选择页面顶部的"内容"菜单，然后选择"项目"。

打开"默认"项目的权限。在"操作"菜单（…）中，选择"权限"，如图 16-44 所示。

在"所有用户"（默认组）旁边，单击"…"按钮，然后选择"编辑"，如图 16-45 所示，之后就可以在右方设置用户访问项目、工作簿和数据源的权限。

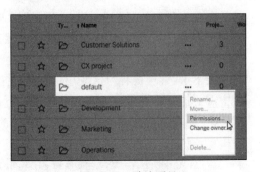

图 16-44 默认项目

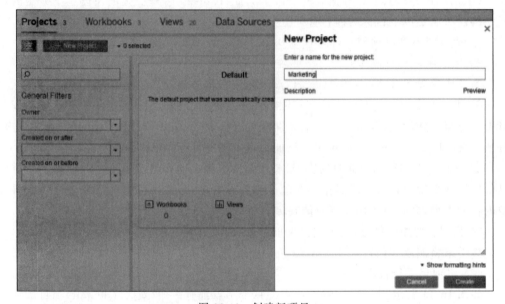

图 16-45　选择编辑

（3）项目创建。

然后尝试创建一个最简单的项目，如图 16-46 所示，背景是为假设的"营销"部门创建新项目，步骤如下。

图 16-46　创建新项目

在页面顶部的菜单中，单击"项目"（Project），然后单击"新建项目"（New Project）。

将项目命名为"Marketing"（营销），然后单击"创建"（Create）。

（4）创建组。

接下来，管理员将为这些用户创建两个组。这些组允许管理员根据用户在"营销"项目中需要执行的操作向用户分配权限。下面是管理员将创建的组。

① 营销-内容开发人员：此组适用于能够发布、编辑和管理工作簿以及连接到数据源的用户。

② 营销-内容 Viewer（查看者）：此组适用的用户能够查看项目中的内容并有时与之交互，但无法发布或保存任何内容。

具体步骤如下。

在页面顶部的菜单中，选择“组”(Group)。

单击“新建组”(New Group)，然后将此组命名为“市场营销-内容开发人员”。

重复这些步骤创建其他组。完成后，管理员的组列表看起来与图16-47中的列表类似。

(5) 创建用户角色。

再接下来，关于用户的注册，通常按照“名称-项目角色-站点角色”来进行设定，例如，要创建一个用户名为Ashley，项目角色为内容开发人员，站点角色为Creator，步骤如下。

在页面顶部的菜单中，选择“用户”。

单击“添加用户”按钮。

单击“本地用户”按钮，如图16-48所示，然后输入Ashley的用户详细信息。对于“显示名称”，请使用详细名称，对于“用户名”，请输入“Ashley”。跳过“电子邮件”，并设置Ashley的站点角色。

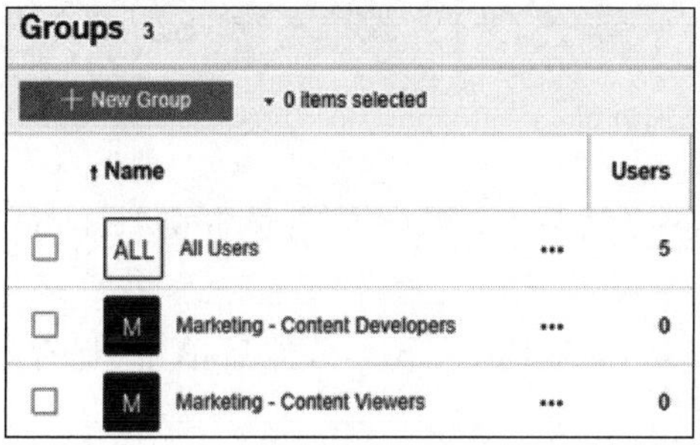

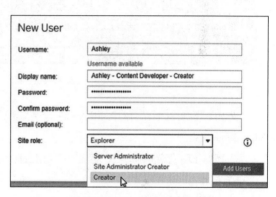

Groups 3
+ New Group
0 items selected
Name
Users
ALL
All Users
5
Marketing - Content Developers
0
Marketing - Content Viewers
0

图16-47 创建组

New User
Username:
Ashley
Username available
Display name:
Ashley - Content Developer - Creator
Password:
Confirm password:
Email (optional):
Site role:
Explorer
Server Administrator
Site Administrator Creator
Creator
Add Users

图16-48 创建新用户

按照类似的步骤多创建几个用户，最后可以得到如图16-49所示的结果，展示名采用的是“名称-项目角色-站点角色”方式，便于使用者查看用户的名字、项目角色和站点角色。

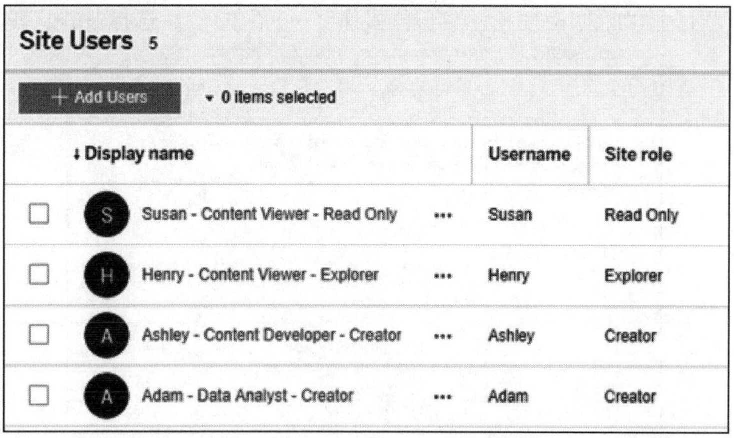

Site Users 5
+ Add Users
0 items selected
Display name
Username
Site role
Susan - Content Viewer - Read Only
Susan
Read Only
Henry - Content Viewer - Explorer
Henry
Explorer
Ashley - Content Developer - Creator
Ashley
Creator
Adam - Data Analyst - Creator
Adam
Creator

图16-49 用户注册完成结果

（6）向组内添加用户。

设置了组并向服务器添加了用户后，管理员可以将用户添加到之前创建的组内，具体步骤如下。

如图 16-50 所示，在页面顶部的菜单中，单击"用户"（Users）。

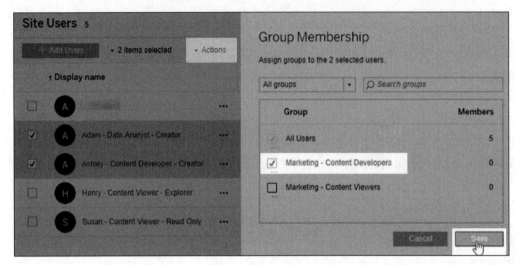

图 16-50　将用户添加进组

例如，选择 Adam 和 Ashley，然后在"操作"（…）菜单中，单击"组成员资格"（Group Membership）。

选择"市场营销-内容开发人员"（Marketing-Content Developers），然后单击"保存"（Save）按钮。

（7）在项目级别为组分配权限。

（1）中在默认项目中分配权限，现在将在营销项目中不给单个用户分配权限，用户将从其所在的组中获取其权限。

在 Tableau Server 中，转到"内容"→"项目"。

在"营销"项目上，如图 16-51 所示，打开"操作"（…）菜单，然后选择"权限"（Permissions）。

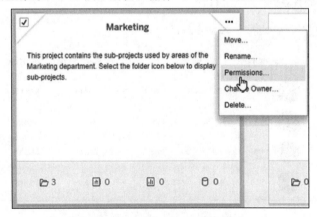

图 16-51　营销项目权限设置

如图 16-52 所示,单击"添加用户或组规则"(Add a user or group rule),然后选择"市场营销-内容开发人员"组(Marketing-Content Developers),之后在"项目""工作簿"和"数据源"下面选择权限角色的操作与(1)中对默认项目的操作一致。

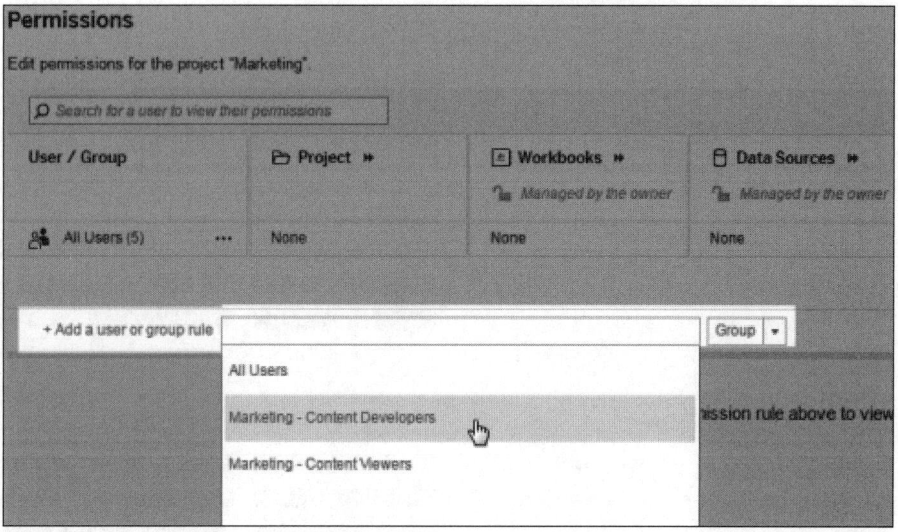

图 16-52　添加用户或组规则

关于更为详细的权限设置,如图 16-53 所示,可以在 Tableau Server 软件内设置访问许可,分为三大方面,分别是查看(View)、交互(Interact)与编辑(Edit),其中三大方面又细分为多个方面,例如,对编辑权限的设置中分为两大方面,从左到右依次为删除和保存,在图 16-53 的示例界面中,既可以以用户/组的形式管理访问权限,也可以根据单个用户的职位或角色定位来设置访问权限,例如,单个用户的设置中,角色为管理员(Administrator)的就拥有查看、交互和编辑全部权限。

4. 数据源的多样性

Tableau Server 能够安全连接到本地或云端的任何数据源。以实时连接或加密数据提取的形式发布和分享数据源,让每个人都可以使用用户的数据。兼容热门的企业数据源,如 Cloudera Hadoop、Oracle、AWS Redshift、多维数据集、Teradata、Microsoft SQL Server 等。借助 Web 数据连接器和 API,用户还可以访问数百种其他数据源,Tableau Server 与 Tableau Desktop 同属 Tableau 系列软件,支持的数据源基本一致,如图 16-2 所示。

5. 安全性

无论使用的是 Active Directory、Kerberos、OAuth 还是其他标准,Tableau 都可与用户的现有安全协议无缝集成。管理用户级别和组级别的身份验证。采用传递式数据连接权限和行级筛选,维护数据库的安全。利用多租户选项和细粒度的权限控制,保证用户和内容的安全。关于详细的安全性介绍,如下。

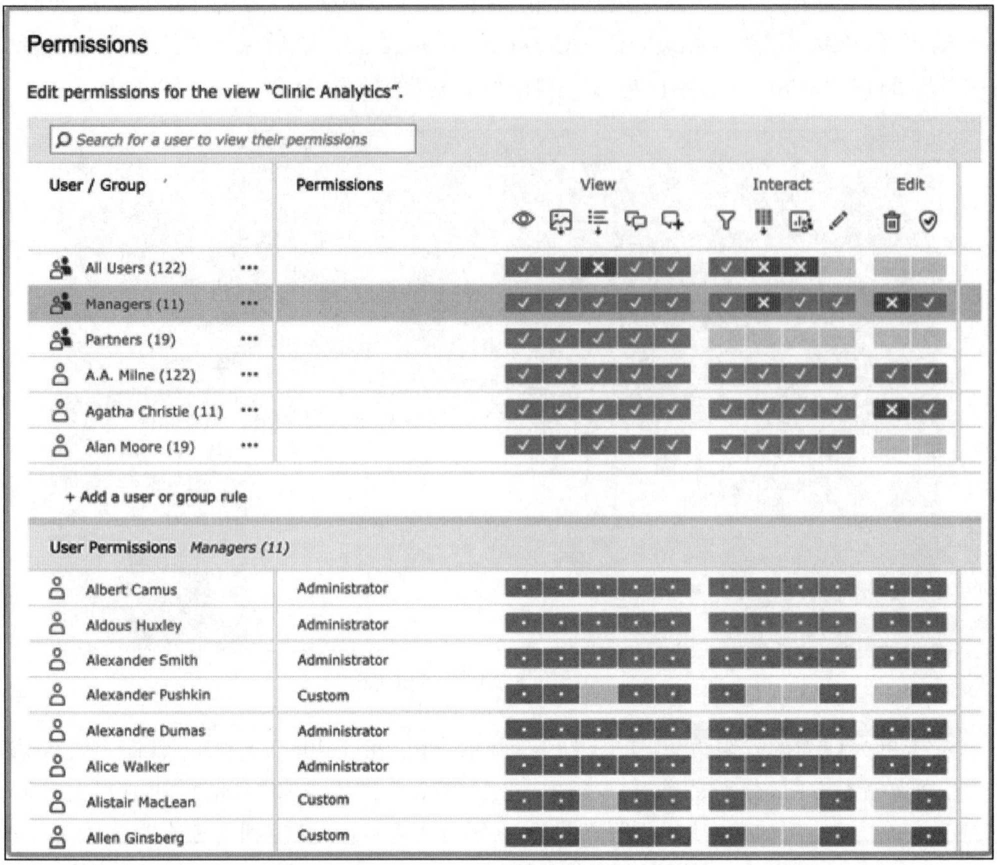

图 16-53　访问许可权限设置

身份验证：Tableau Server 支持行业标准身份验证，包括 Active Directory、Kerberos、OpenId Connect、SAML、受信任票证和证书。Tableau Server 还具备自己的内置用户身份服务"本地身份验证"。Tableau Server 会为系统中的每位指定用户创建并维护一个账户，该账户在多个会话间保留，实现一致的个人化体验。此外，作者和发布者可在其发布的视图中使用服务器范围的身份信息，以控制其他用户可以查看和下载哪些数据。

授权：Tableau Server 角色和权限为管理员提供细化控制，以便控制用户可以访问哪些数据、内容和对象，以及用户或群组可对该内容执行什么操作。管理员还可以控制谁能添加注释，谁能保存工作簿，谁能连接到特定数据源。凭借群组权限，管理员可以一次性管理多名用户。也可在工作簿中处理用户和群组角色，以便筛选和控制仪表板中的数据。这意味着，管理员只需为所有区域、客户或团队维护单个仪表板，而每个区域、客户或团队只会看到各自的数据。

数据安全：无论是银行、学校、医院还是政府机构，都承担不起因丧失数据资产控制权而带来的风险。Tableau 提供了许多选项来帮助用户实现安全目标。用户可以选择仅基于数据库身份验证来实现安全性，或者仅在 Tableau 中实现安全性，还可以选择混合安全模型，其中，Tableau Server 内的用户信息对应于基础数据库中的数据元素。Tableau

Online 加强了现有的数据安全策略，并符合 SOX、SOC 和 ISAE 行业合规标准。

网络安全设备有助于防止不受信任的网络和 Internet 访问用户的 Tableau Server 本地部署。当对 Tableau Server 的访问不受限制时，传输安全性就变得更为重要。Tableau Server 使用 SSL/TLS 的强大安全功能，对从客户端到 Tableau Server，还有从 Tableau Server 到数据库的传输进行加密。Tableau 可用于保护来自外部的数据、用户和内容。

6. 数据解释

利用 AI 的强大功能，只需单击一下即可解释数据点。"数据解释"（Explain Data）基于高级统计模型，可以帮助用户发现更多尚未被发现的见解，例如，可向用户提供一系列具有侧重性的解释，使用户避免花费时间寻找不存在的答案，并且在常规趋势的基础上进一步深入，获取目标问题的答案。"数据解释"针对用户感兴趣的特定数据点以 Tableau 可视化形式提供具有侧重性的交互式解释。无须离开分析工作流，即可深入获取相关解释。

关于其具体使用方法，如图 16-54 所示，在工作簿中，如这个条状图，选中一个月份的数据，选中灯泡图表即可进入数据解释模式，"数据解释"会自动针对所选值提供由 AI 驱动的解释。此功能会在后台检查数百个可能的解释，并呈现可能性最大的那些解释。

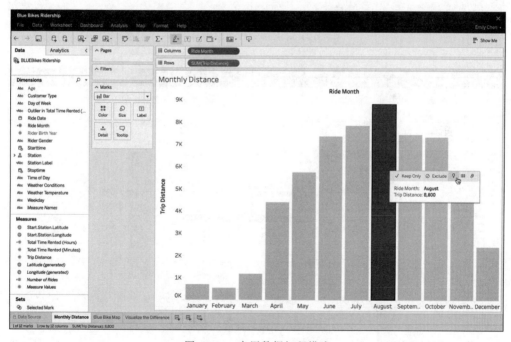

图 16-54　启用数据解释模式

这个工作簿是分析这一年 Blue Bikes 品牌的共享单车的总里程数情况，8 月份共享单车的总里程数最高，我们尝试使用 Tableau Server 提供的数据解释功能尝试解释为什么是 8 月份总里程数最高的原因，如图 16-55 所示，数据解释给出了三种可能的解释，第一种解释是天气的分布决定了 8 月份的值很高；第二种解释是 8 月份共享单车的使用记录数最多，也就是使用共享单车的人次数最多，如图 16-56 所示；第三种解释是 8 月份中，出现单次骑行超过 6km 的极端值数次数多拉高了总里程数，如图 16-57 所示。综合这三种解释可以分析得出为什么 8 月份的总骑行里程数多，其中有偶然的成分比如恰好骑行里程超过 6km 的极端值出现次数多，也有跟季节气候状况的因素，8 月份的气候状况对人们出门骑车的积极性有一定的影响，综合使得 8 月份骑行总里程最多。

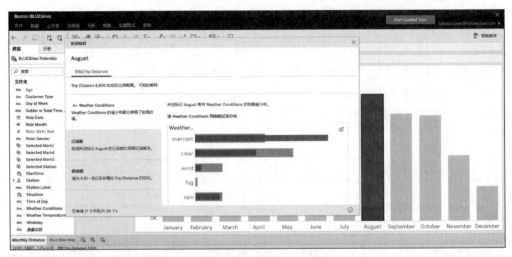

图 16-55　第一种数据解释

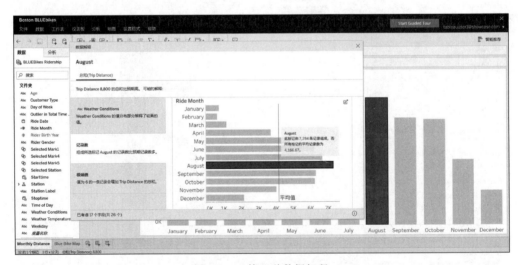

图 16-56　第二种数据解释

Tableau Server 数据存放部署灵活，无论是将数据存放在本地还是云端，Tableau Server 都能被用户灵活集成到现有的数据基础架构中。在本地的 Windows 或 Linux 系统上安装 Tableau Server，可在防火墙保护下实现终极控制。在 AWS、Azure 或 Google Cloud Platform 上进行公有云部署，从而利用现有云端投资，本节只介绍了在 Windows

图 16-57　第三种数据解释

本地安装，在 AWS、Azure 等云服务上进行云部署或在 Linux 系统上安装等更多内容可以参照 Tableau 官网对 Server 的支持。

16.2.3　Tableau Reader 的使用

1. 软件简介

在 Tableau Desktop 软件中创建的仪表板可以导出 twbx 格式的文件，除了创建者可以在 Tableau Desktop 软件进行修改以外，如果不是创建者而是其他用户要查看而不修改仪表板的话，则需要使用专门的预览软件，即可以查阅 Tableau Desktop 创建的可视化的免费软件 Tableau Reader，如图 16-58 所示在官网可以免费下载 Tableau Reader。

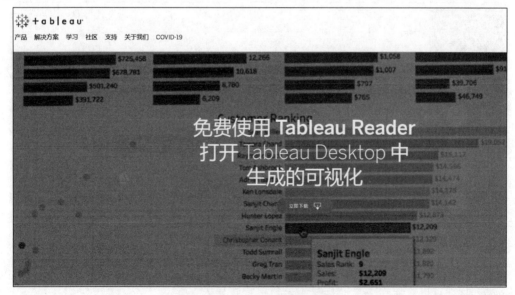

图 16-58　官网免费下载页面

2. 在 Tableau Desktop 简单导出仪表板

如图 16-59 所示,在 Tableau Desktop 界面右击选中仪表板,在弹出的快捷菜单中选择"导出仪表板"选项,选择路径后仪表板将保存为 twbx 文件。

图 16-59　仪表板导出界面

3. 打开仪表板文件

打开 Tableau Reader 软件,选择打开工作簿,选中之前在 SuperStore 数据集案例中导出的东部地区利润仪表板的 twbx 文件,直接打开即可,如图 16-60 所示。

图 16-60　Tableau Reader 打开界面

工作簿一经打开,就会在主界面留下历史记录,如图 16-61 所示,下次启动 Tableau Reader 时就可以直接在主界面打开而无须再重新导入。

图 16-61　工作簿打开的历史记录

如图 16-62 和图 16-63 所示，打开仪表板会同时导入生成的仪表板和创建仪表板所用的工作簿，导入的工作表与仪表板不能像在 Tableau Desktop 软件中进行编辑，但是之前创建工作表时加入的筛选器和图示均有保留，同时在 Tableau Reader 也支持与仪表板进行交互，就像在图 16-38 和图 16-39 一样设置过筛选器后，单击地图区域实现交互右边的条形图也会相应变化，如图 16-64 所示。

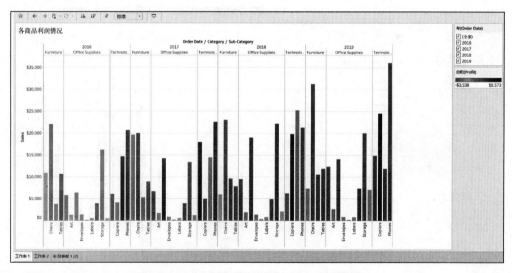

图 16-62　导入仪表板同时导入的工作簿

当然 Tableau Reader 软件也支持打开单个工作表或者创建的故事，如图 16-65 所示，导入故事时同样导入创建故事时所使用的工作表和仪表板。除了不能进行编辑以外，都保留了 Tableau Desktop 的交互功能。

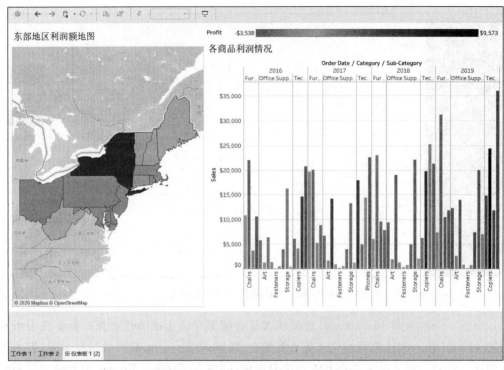

图 16-63　导入 Tableau Reader 的仪表板

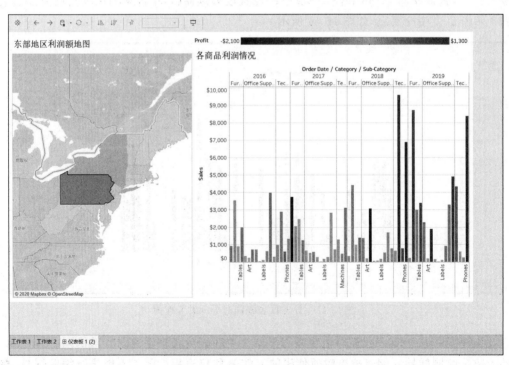

图 16-64　仪表板支持的交互功能

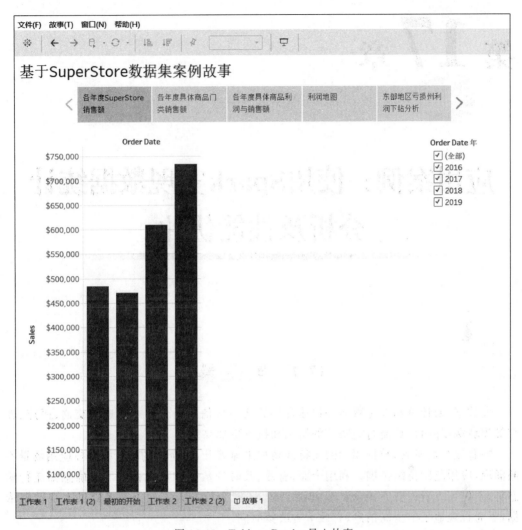

图 16-65　Tableau Reader 导入故事

第 **17** 章

应用案例：使用Spark实现数据统计分析及性能优化

17.1 背　　景

大数据、云计算和人工智能等快速发展的新一代信息通信技术加速与交通、医疗、教育等领域深度融合，让流行病防控的组织和执行更加高效。

随着流行病发展，数据驱动的流行病防控迅速展开，各企业的流行病防控应用场景不断涌现，应用范围持续拓展。利用全面、有效、及时的数据和可视化技术准确感知流行病态势，不仅可以看作普通民众的一剂强心针，还能为管理人员和决策者提供宏观数据依据，更为直观地了解全局信息，有效节省决策时间。

基于以上背景，本章实现了流行病大数据的分析处理，搭建了交互式的展示界面并优化了 Spark 的读取和查询等操作，提高了系统的运行效率。

17.2 系 统 架 构

17.2.1 总体方案

本案例完成的是一个基于大数据分析的可视化系统，不是一个简单的没有界面的分布式文件系统，由于系统包含前后端和通信等较为复杂的部分，因此需要针对系统进行自底向上的架构设计。

图 17-1 显示了系统总体方案，整体结构分为四个模块：最底层是基础设施；倒数第二层是基础运行系统，包括 Ubuntu 和 HDFS 等；再上层是提供服务的核心组件；最上层是系统支持的主要业务。对于前后端的通信架构，采用 Flask 处理前后端请求。下面我们将分别阐述每一层的详细设计。

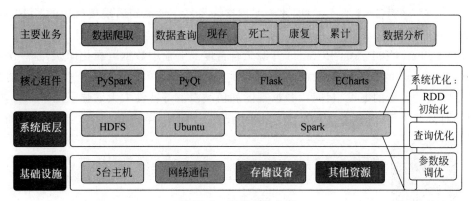

图 17-1 系统总体方案

17.2.2 详细设计

1. 基础设施

如图 17-2 所示是最底层的基础设施，我们直接采用五台可用服务器。五台主机提供了网络通信资源、存储设备和计算资源等，五台主机互联互通，形成了整个大数据分析系统的基础硬件设备。

2. 系统底层

五台主机上运行的是 Ubuntu 5.4.0-6ubuntu1~16.04.12，作为操作系统平台。

在其上已经搭建好了 HDFS 和 Spark。Hadoop 分布式文件系统（HDFS）指被设计成适合运行在通用硬件（Commodity Hardware）上的分布式文件系统（Distributed File System），和现有的分布式文件系统有很多共同点。但同时，它和其他的分布式文件系统的区别也是很明显的。HDFS 是一个具有高度容错性的系统，适合部署在廉价的机器上。HDFS 能提供高吞吐量的数据访问，非常适合大规模数据集上的应用。

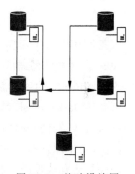

图 17-2 基础设施图

Spark 则是一种与 Hadoop 相似的开源集群计算环境，但是两者之间还存在一些不同之处，这些有用的不同之处使 Spark 在某些工作负载方面表现得更加优越。换句话说，Spark 启用了内存分布数据集，除了能够提供交互式查询外，它还可以优化迭代工作负载。因此我们系统使用的是基于 Spark 的内存计算，在数据读取和内存计算方面有着显著的优势。

3. 核心组件

核心组件主要有四个，分别支持了不同层面的需求。在后端的数据存取和计算中，使用 PySpark；在前端可视化展示中，使用 ECharts 和 PyQt；在前后端数据的通信中，使用 Flask。

（1）PySpark：Spark 是用 Scala 编程语言编写的。为了用 Spark 支持 Python，Apache Spark 社区发布了 PySpark 工具。在 PySpark 中可以使用 Python 编程语言中的 RDD。

正是由于一个名为 Py4j 的库,他们才能实现这一目标。考虑到后端接口用的是 Flask 进行处理,我们用 PySpark 能够更好地与 Python 环境兼容。

(2) ECharts 和 PyQt:ECharts 开源来自百度商业前端数据可视化团队,是一个基于 HTML5 Canvas 的纯 JavaScript 图表库,提供直观、生动、可交互和可个性化定制的数据可视化图表。创新的拖曳重计算、数据视图和值域漫游等特性大大增强了用户体验,赋予了用户对数据进行挖掘和整合的能力。ECharts 提供的多样的图表形式如图 17-3 所示。

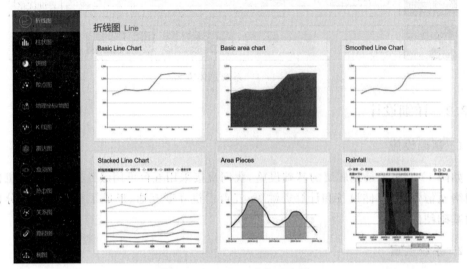

图 17-3　ECharts 功能示意图

我们用 ECharts 实现流行病发展态势的区域地图和折线图的绘制。Qt 库是目前最强大的图形用户界面库之一。PyQt 是 Python 语言的一个 GUI 程序包;也是 Python 编程语言和 Qt 库的成功融合,为开发人员提供了良好的可视化界面。

(3) Flask:Flask 是一个轻量级的可定制框架,使用 Python 语言编写,较其他同类型框架更为灵活、轻便、安全且容易上手。它可以很好地结合 MVC 模式进行开发,开发人员分工合作,小型团队在短时间内就可以完成功能丰富的中小型网站或 Web 服务的实现。另外,Flask 还有很强的定制性,用户可以根据自己的需求添加相应的功能。在保持核心功能简单的同时实现功能的丰富与扩展,其强大的插件库可以让用户实现个性化的网站定制,开发出功能强大的网站。我们主要利用 Flask 简单易部署的框架实现前后端的通信功能。

4. 主要业务

主要业务包括对现存感染、已经死亡、累计感染和已经康复人数的查询功能,在这些基础查询任务之上,我们对数据进行可视化分析,包括某一地区感染人数的地图可视化分析以及单个地区相关数据的变化趋势。

17.2.3　优化设计

系统的优化设计也是系统架构的一个方面,我们进行了以下三个层面的优化。

(1) Spark 系统的资源参数级别的优化,包括设置执行 Spark 作业需要的 Executor

进程数量、每个 Executor 进程的内存和 CPU 内核数量等。

（2）RDD 初始化策略方面的优化，加快了 RDD 从内存到计算的过程。

（3）数据库操作方面的优化，包括数据库基本操作投影和连接等。

17.3　具　体　实　现

17.3.1　数据获取

1. 数据构成分析

本案例使用模拟疾病数据进行可视化展示，数据格式仿照了世界卫生组织发布的流行病数据的格式，主要来自著名的 worldmeters.com 和其他重要的网站。

采用爬虫从模拟的数据发布 API 中爬取了 2019 年 1—5 月的确诊、死亡和康复的时序数据，分别存储在 cvs 格式的文件中，并上传至 Hadoop 系统分布式存储。

表 17-1 反映了具体的数据规模，可以看出确诊信息、死亡信息和恢复信息都在 3 万条以上，保证了处理数据的规模。

表 17-1　数据规模

数据集	确诊信息	死亡信息	恢复信息
记录规模/条	41 656	41 656	40 109

表 17-2 反映了每一条数据字段的格式，其中每一条数据包含 10 个字段，对应不同的含义，包含了大量的信息。第一个字段 Province/State 指对应的州或省；第二个字段 Country/Region 指对应的国家或者地区；第三个字段 Lat 指该地区的纬度信息；第四个字段 Long 指该地区的经度信息，它与 Lat 共同定位了该地区的 GPS 位置；第五个字段 Data 指本条数据获取的日期，在本数据集中截止到 2020 年 5 月 19 日；第六个字段 Value 指本条数据对应的人数，在不同的文件中有不同的含义，例如在 confirmed.csv 中就是指确诊人数；第七个字段 ISO 3166-1 Alpha 3-Codes 对应的是国家的代码，在实际的编程中使用国家代码比使用实际名字更方便一些；第八个字段 Region Code 指省份或州的代码；

表 17-2　数据字段的格式

字　段	形　式	含　义	例　子
Province/State	#adml+name	省份/州	
Country/Region	#country+name	国家/地区	Afghanistan
Lat	#geo+lat	纬度	33
Long	#geo+lon	经度	65
Date	#date	日期	2020-05-19
Value	#num	人数	178
ISO 3166-1 Alpha 3-Codes	#country+code	国家代码	AFG
Region Code	#region+main+code	地区代码	142
Sub-region Code	#region+sub+code	子地区代码	34
Intermediate Region Code	#region+intermediate code	中立区代码	

第九个字段 Sub-region Code 指子地区的代码；第十个字段 Intermediate Region Code 指中立区代码,对应了世界上的一些特殊地区。

2. 相关代码

代码主要利用 Python 的 socket 接口实现了数据的爬取,由于我们只是进行初步实验,并没有爬取数据库的全部数据,因此读者可直接使用压缩包中的 csv 数据进行实验。

17.3.2　数据可视化

1. 可视化功能

为了进行更细节的数据展示,我们制作了一个展示 Demo。本节将从 UI 设计、功能实现和具体效果依次讲解 Demo 的实现和数据分析的可视化。

Demo 有两个功能,一个功能是展示世界上各个地区的各项信息数据,具体包括确诊、死亡、康复和现存确诊数据。其中现存确诊数据并不是从数据库中直接读取,而是通过式(17-1)计算得到：

$$N_{active} = N_{confirmed} - N_{death} - N_{recover} \tag{17-1}$$

另一个功能是展示某个地区的疫情信息随时间的变化情况,其中展示的也是上述四个数据。

Demo 的 UI 设计包括两个主要部分：功能区和展示区。功能区包括两个功能控件：选择地区的下拉选择列表和选择时间的日期输入控件。当用户使用日期选择控件时,确认了一个日期之后,展示区将会展示对应日期世界上各个地区的各项数据。展示区 1 展示的是现存确诊人数,展示区 2 展示的是累计死亡人数,展示区 3 展示的是累计康复人数,展示区 4 展示的是累计确诊人数。日期选择控件在时间范围上做了限定,用户只能选择 2020 年 1 月 19 日到 2020 年 5 月 18 日的日期,以保证 Demo 能从后台得到需要的展示数据。当用户选择日期时,地区选择控件的信息是无用的,因为后台返回的信息是当天世界上所有的地区的数据。功能 1 示意图参见随书资源。

对应的展示区并不是一张图,而是一个 HTML 格式的 ECharts 表,可以放大、缩小、拖动和选中展示更详细的信息。

Demo 的第二个功能是展示某个地区的各项数据随着时间变化的趋势。功能 2 示意图参见随书资源。

2. 功能实现

整体的代码框架使用 PyQt 5,它是 Python 的 GUI 编程的主要解决方案之一。PyQt 包含大约 440 个类型、超过 6000 个的函数和方法。本 Demo 主要使用 QtCore 和 QtWebKit。QtCore 模块主要包含一些非 GUI 的基础功能,例如事件循环与 Qt 的信号机制。此外,还提供了跨平台的 Unicode、线程、内存映射文件、共享内存、正则表达式和用户设置。QtWebKit 与 QtScript 两个子模块支持 WebKit 与 EMCAScript 脚本语言。

界面布局上采用的是网格布局，总体布局是 2×1 的网格，分别放置展示区和功能区。在展示区内部是一个 2×2 的网格，分别对应了现存确诊、累计死亡、累计康复和累计确诊四项展示内容。在功能区内部是一个 4×1 的网格，分别对应了选择地区指示标签、地区选择控件、选择日期指示标签和日期选择控件。

展示区使用的控件为 QWebEngineView()，Web 视图是 QWebEngineView() 浏览模块的主要 Widget 组件。它可以被用于各种应用程序以实时显示来自 Internet 的 Web 内容。地区选择列表使用的控件是 QComboBox()，它是一个集按钮和下拉选项于一体的控件，也称作下拉列表框。日期选择空间使用的控件是 QDateTimeEdit()，它提供了一个用于编辑日期和时间的小部件，允许用户通过使用键盘上的箭头键增加或减少日期和时间值编辑日期。箭头键可用于在 QDateTimeEdit 框中的一个区域移动。

通信过程使用的是 Flask 通信模块，Flask 是一个使用 Python 编写的轻量级 Web 应用框架。它使用简单的核心，用 extension 增加其他功能。Flask 没有默认使用的数据库和窗体验证工具。然而，Flask 保留了扩增的弹性，可以用 Flask-extension 页面存档备份以及实现如下的多种功能：ORM、窗体验证工具、文件上传和各种开放式身份验证技术。

具体地，本节创立了两个用于通信的 URL 接口，分别用于获取功能 1 和功能 2 的数据。首先，用户通过两个功能控件选择自己的操作，控件会读取当前的值，将这个值作为一个查询的 key 通过上述的 URL 向后端发送数据请求。其次，后端接收到请求之后，会使用 Spark 处理数据集，整理成一个字典后用 json 的格式通过 Flask 传输到用户界面，用户经过解码后就可以得到对应的数据。最后，Demo 通过绘图产生 HTML 文件并在展示区展示。

获得对应数据后，前端调用画图模块生成对应的 HTML 文件。本 Demo 使用 ECharts 绘图，ECharts 是一个使用 JavaScript 实现的开源可视化库，涵盖各行业图表，满足各种需求。ECharts 遵循 Apache-2.0 开源协议，免费商用。ECharts 兼容目前绝大部分浏览器（IE8/9/10/11、Chrome、Firefox 和 Safari 等）及多种设备，可随时随地任性展示。它提供了丰富的可视化类型、无需转换直接使用的多种数据格式和千万数据的前端展现。

前端代码位于 code/UI/ 目录下，前端代码不过多赘述，读者可以自行查看。

3. 具体效果

部分 UI 效果展示参见随书资源，当用户选择的时间不同时，展示区体现出不同的颜色深度，表示了数据量变化的一个趋势。

17.4　性　能　优　化

17.4.1　读取优化

1. 原理分析

由于系统涉及对三个分布式存储的数据表的频繁操作，因此每次进行数据的读取会涉及频繁的磁盘 I/O 操作和额外的网络传输开销，而在 Spark 中，数据的读取速度往往比数据的计算慢得多,因此实现系统性能优化的关键步骤之一在于数据读取过程的优化。

我们采取的优化方式遵循了从同一个数据源尽量只创建一个 RDD 的设计准则,使得后续的不同业务逻辑可以多次重复使用 RDD,避免因数据的重复读写而增加系统的时间开销。

考虑到实际的业务特点,读取数据表并创建三个 RDD 后涉及多次的 RDD 操作,Spark 根据持久化策略,将 RDD 中的数据保存到内存或者磁盘中,并在后续对这几个 RDD 进行算子操作时,直接从内存或磁盘中提取持久化的 RDD 数据。在 Spark 中,对数据的操作需要遵循以下准则:如果需要对某个 RDD 进行多次不同的 Transformation 和 Action 操作以应用于不同的业务分析需求,可以考虑对该 RDD 进行持久化操作,以避免 Action 操作触发作业时多次重复计算该 RDD。数据读取逻辑如图 17-4 所示。

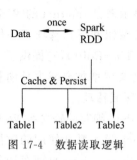
图 17-4 数据读取逻辑

对此,我们对不同读取策略进行了定量的比较,比较结果如表 17-3 所示。我们分别比较了多次创建 RDD、只创建一次 RDD、创建一次 RDD 并持久化进行连续三次的查询操作的耗时情况。在初始化时间方面,只创建一次 RDD 相比于多次重复创建来说节省了大量的初始化时间,尤其是在第二次查询和第三次查询上省去了较多的初始化时间开销;在查询时间方面,进行 RDD 持久化操作能够极大地提高系统的查询性能,相比于原先数十秒的查询时间,进行 RDD 持久化操作后的查询时间缩短到了 2s 多,速度提升超过 8 倍。

表 17-3 读取实验结果

连续三次查询	第一次查询		第二次查询		第三次查询	
初始化时间与查询时间	初始化时间/s	查询时间/s	初始化时间/s	查询时间/s	初始化时间/s	查询时间/s
多次创建 RDD	37.080	7.129	13.006	8.758	7.862	5.699
只创建一次 RDD	37.549	16.509		18.452		12.661
创建一次 RDD 并持久化	34.845	13.992		**2.746**		**2.760**

2. 代码实现

通过例 17-1 的代码可以看出,对 RDD 进行一次创建并且持久化,可以提高查询效率。

【例 17-1】 spark_sql.py。

```
1    confirm = spark.read.format(self._csv_file_type) \
2          .option("inferSchema", infer_schema).option("header", first_row_is_header) \
3          .option("sep", delimiter).load(self._confirmed_cases_csv)
4
```

```
5    death = spark.read.format(self._csv_file_type) \
6        .option("inferSchema", infer_schema) \
7        .option("header", first_row_is_header) \
8        .option("sep", delimiter).load(self._deaths_cases_csv)
9
10   recover = spark.read.format(self._csv_file_type) \
11       .option("inferSchema", infer_schema) \
12       .option("header", first_row_is_header) \
13       .option("sep", delimiter).load(self._recovered_cases_csv)
14
15   confirm.cache()
16   death.cache()
17   recover.cache()
18   confirm.persist()
19   death.persist()
20   recover.persist()
```

17.4.2　查询优化

1. 原理分析

对于数据查询我们有这样的先验知识,即对于多个数据表的查询,往往会涉及对表的连接和过滤操作,因此,为了进一步提高系统的运行效率,减小系统的运行开销,我们往往会避免过早地使用连接操作,而优先选择尽快使用过滤操作去除不必要的数据。尽管先进行连接操作后进行过滤操作与先进行过滤操作后进行连接操作最终得到的数据查询结果相同,但在系统实现时,过早的连接操作会造成大量的数据冗余,不利于系统的高效运行,原理如图 17-5 所示。

另一方面,由于数据过滤后会得到多个小文件,因此系统并行度会对系统的性能造成很大的影响。例如在一次查询中系统给任务分配了 1000 个 core,但是一个 Stage 中只有 30 个 Task,此时可以提高并行度以提升硬件的利用率。当并行度太大时,Task 通常只需要几微秒就能执行完成,或者 Task 读写的数据量很小,这种情况下,Task 频繁进行开辟与销毁而产生的不必要开销太大,则需要减小并行度。对于本系统中的业务场景,则属于过滤后 Task 的数据量很小这一情况,我们可以通过 coalesce 操作人为地减小过滤后的并行度,使得资源的利用率尽可能地提高,原理如图 17-6 所示。

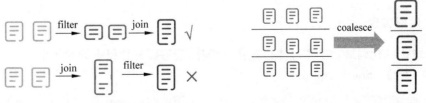

图 17-5　表的连接和过滤操作　　　　　图 17-6　表的 coalesce 操作

为了验证本场景中减小并行度的必要性,我们设置了在不同并行度下的查询实验,多次对比了两个查询任务在不同并行度下的耗时,并统计了任务的平均值,其结果如表 17-4 所示。

表 17-4　查询实验结果

并行度	第一次		第二次		第三次		平均值	
	任务 1 时间/s	任务 2 时间/s	任务 1 时间/s	任务 2 时间/s	任务 1 时间/s	任务 2 时间/s	任务 1 时间/s	任务 2 时间/s
8	23.569	24.476	20.198	23.805	21.716	21.395	21.827	23.225
7	19.472	18.135	21.381	20.588	19.863	17.105	20.238	18.609
6	18.490	17.708	22.363	21.611	25.303	17.481	22.502	18.933
5	15.281	19.205	18.042	18.012	20.629	17.339	17.984	18.185
4	15.665	22.142	20.147	18.406	18.263	15.437	18.025	18.661
3	18.181	21.775	21.262	17.968	16.004	17.575	18.482	19.106
2	22.375	18.779	16.608	20.482	16.341	18.341	18.441	19.200
1	15.576	19.205	10.594	14.572	13.238	16.663	13.136	16.813

为了更加直观地体现并行度对系统性能的影响,我们将实验的结果以柱状图的形式显示,折线图则表示三次实验的平均值的结果,两个任务的耗时柱状图如图 17-7 所示。

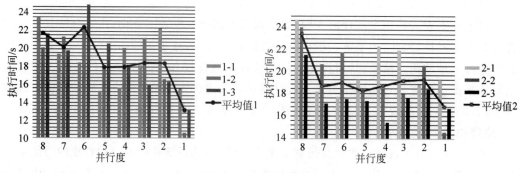

图 17-7　查询实验结果

根据表格以及柱状图的实验结果,我们的业务场景在对数据进行过滤后只剩下很少一部分需要处理的数据,因而及时减小任务运行的并行度十分重要,从结果可以看出,当我们将并行度减小为 1 时,相比于并行度为 8,平均运行效率提升了约两倍之多,这也进一步证实了过高的并行度反而会增加 Task 开辟与销毁的开销,对于少量数据而言,及时减小并行度十分重要。

2. 代码实现

例 17-2 的代码展示了先过滤再连接的操作,能够提升数据查询的效率。

【例 17-2】　Spark_sql.py。

```
1    confirmed = self._confirm.select("Country/Region",
     col("Value").alias("confirmed")) \
```

```
2        .filter("Date = '%s'" % date).coalesce(self._coal) \
3        .groupBy("Country/Region").agg(sum("confirmed").alias("confirmed"))
4
5  recovered = self._recover.select("Country/Region",
   col("Value").alias("recovered")) \
6        .filter("Date = '%s'" % date).coalesce(self._coal) \
7        .groupBy("Country/Region").agg(sum("recovered").alias("recovered"))
8
9  deaths = self._death.select("Country/Region", col("Value").alias("deaths")) \
10       .filter("Date = '%s'" % date).coalesce(self._coal) \
11       .groupBy("Country/Region").agg(sum("deaths").alias("deaths"))
12
13 df = confirmed.join(recovered, "Country/Region", "outer") \
14       .join(deaths, "Country/Region", "outer")
```

17.4.3 Spark 参数级优化

1. 原理分析

Spark 资源参数调优，其实主要就是对 Spark 运行过程中各个使用资源的地方，通过调节各种参数优化资源使用的效率，从而提升 Spark 作业的执行性能。

在我们的项目中，着重关注了几个参数：spark. driver. memory 表示设置 Driver 的内存大小；spark. num. executors 表示设置 Executors 的个数；spark. executor. memory 表示设置每个 spark_executor_cores 的内存大小；spark. executor. cores 表示设置每个 Executor 的 cores 数目；spark. executor. memory. over. head 表示 Executor 额外预留一部分内存；spark. sql. shuffle. partitions 表示设置 Executor 的 Partitions 个数。参数设置如图 17-8 所示。

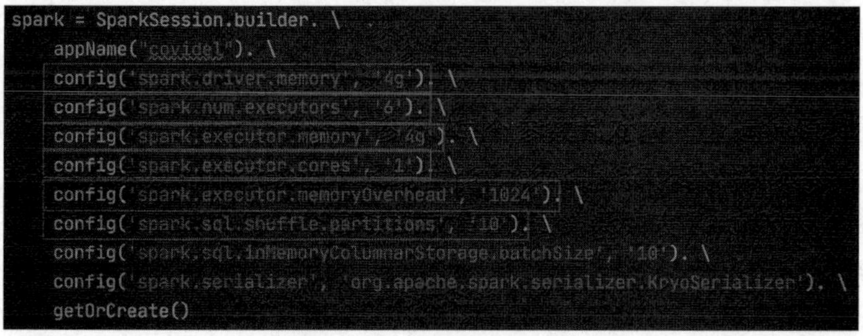

图 17-8 参数设置示意图

以上参数就是 Spark 中主要的资源参数，每个参数都对应作业运行原理中的某个部分，我们同时将各个参数的不同取值对系统性能的影响进行对比。并以系统的默认参数作为 Baseline，每次改变其中的一个参数的取值，测试结果如表 17-5 所示。

表 17-5 不同参数对系统性能的影响

参 数 取 值	值 1	值 2	值 3
memory=1g,2g,4g	37.398+26.308	37.923+26.770	37.628+26.096
excutors=1,2,4	37.730+26.389	37 845+25.975	38.098+26.612
excutor.memory=1,2,4g	47.806+25.901	36.055+16.475	33.887+11.889
excutor.core=1,2,4	34.862+24.959	35.279+18.351	31.741+13.758
over.head=1024,2048,4096	37.274+25.193	37.095+25.872	37.872+25.661
Partitions=1,5,10	37.78+20.815	37.686+16.868	37.677+22.202
Spark 默认值		39.772+28.164	

如表 17-5 所示,不同的参数取值会对系统的性能产生显著的影响,特别是 spark.executor.memory、spark.executor.cores、spark.sql.shuffle.partitions 三项指标对系统的性能有很重要的影响。相比于默认值,不同的参数取值能为系统的性能带来提高,其中在参数设定时需要综合权衡系统的资源情况和性能需求,同时,我们给出了不同参数取值的系统性能柱状图,如图 17-9 所示。

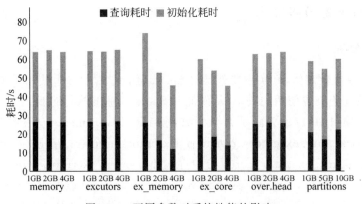

图 17-9 不同参数对系统性能的影响

可以发现,参数的选取对系统初始化的影响较小,而对数据的查询有很大的影响,为了便于理解,我们给出各个参数的相关介绍,总结如下。

1) num-executors

参数说明:该参数用于设置 Spark 作业总共要用多少个 Executor 进程执行。这个参数非常重要,如果不设置的话,默认只会启动少量的 Executor 进程,此时 Spark 作业的运行速度是非常慢的。

参数调优建议:设置太少或太多的 Executor 进程都不好。设置得太少,无法充分利用集群资源;设置的太多,大部分队列可能无法给予充分的资源。

2) executor-memory

参数说明:该参数用于设置每个 Executor 进程的内存。Executor 内存的大小很多时候直接决定了 Spark 作业的性能,而且与常见的 JVM OOM 异常也有直接的关联。

参数调优建议:每个 Executor 进程的内存设置为 4GB~8GB 较为合适。但是这只是一个参考值,具体的设置还是得根据不同部门的资源队列确定。

3）executor-cores

参数说明：该参数用于设置每个 Executor 进程的 CPU core 数量。这个参数决定了每个 Executor 进程并行执行 Task 线程的能力。因为每个 CPU core 同一时间只能执行一个 Task 线程，因此每个 Executor 进程的 CPU core 数量越多，越能够快速地执行完分配给自己的所有 Task 线程。

参数调优建议：Executor 的 CPU core 数量设置为 2～4 个较为合适。如果是跟他人共享这个队列，那么 num-executors * executor-cores 不要超过队列总 CPU core 的 1/3～1/2 左右比较合适，也是避免影响他人的作业运行。

4）driver-memory

参数说明：该参数用于设置 Driver 进程的内存。

参数调优建议：Driver 的内存通常来说不设置，或者设置为 1GB 左右应该就够了。唯一需要注意的一点是，如果需要使用 collect 算子将 RDD 的数据全部拉取到 Driver 上进行处理，那么必须确保 Driver 的内存足够大，否则会出现 OOM 内存溢出的问题。

2. 代码分析

PySpark 通过在初始化 Spark 会话时对其中的参数进行设定，从而对 Spark 进行参数级的优化。具体代码如例 17-3 所示。

【例 17-3】　Spark_sql.py。

```
1    spark = SparkSession.builder. \
2        appName("covidel"). \
3        config('spark.num.executors', '100').getOrCreate()
4
5    spark = SparkSession.builder. \
6        appName("covidel"). \
7        config('spark.driver.memory', '4g'). \
8        config('spark.num.executors', '6'). \
9        config('spark.executor.memory', '4g'). \
10       config('spark.executor.cores', '1'). \
11       config('spark.executor.memoryOverhead', '1024'). \
12       config('spark.sql.shuffle.partitions', '10'). \
13       config('spark.sql.inMemoryColumnarStorage.batchSize', '10'). \
14       config('spark.serializer', 'org.apache.spark.serializer.KryoSerializer'). \
15       getOrCreate()
```

第 **18** 章

应用案例：爬取二手房数据并绘制热力图

本章将选取二手房房价数据，作为要爬取的数据内容。除了爬取数据，还将通过房价数据，结合地理坐标信息，绘制城市房价关注度的热力图，通过可视化的方式呈现，让读者对数据有更直观的认识。在这个例子中，选取热点二线城市沈阳的房价关注度，选取二手房数据质量比较高的链家网作为数据采集的来源网站，爬取的数据主要有二手房小区的名称、地理位置、户型、面积、价格、关注度这几个维度，地理位置转换用百度的地图 API，绘制热力图用可视化组件 Echarts。

18.1　数　据　抓　取

本节研究要抓的目标网站为链家网，主要内容包括找到数据来源的网站、抓包分析网站、选取解析方法、数据如何存储等。

18.1.1　分析网页

链家网不同城市用了不同的二级域名，通过链家首页，找到了沈阳二手房对应的页面，该页面包括了在售、成交、小区等，按照需求，需要找到在售二手房的关注度，通过浏览网页，因此最终找到需要的数据的入口地址，发现目标网站 https://sy.lianjia.com/ershoufang/pg1/。

然后再看翻页。可以通过变换 URL 实现有些网站的翻页；有些则需要找到翻页的接口，通过访问接口的方式翻页；还可以通过图形化的方法，模拟手动单击去完成翻页并获取下一页的数据。当然，用浏览器驱动自动化单击，性能会有所损失，耗时增加。在本章目标网站中，发现通过单击翻页按钮，页面的 URL 随着页数不同而变化，而且该网站的页数可以通过 URL 控制，其中 pg 后面的数字表示页码，所以访问时设置一个列表循环访问即可。

　　再来看看链家网的 HTML 规律。用 Chrome 浏览器开发者模式查看元素，可以看到，二手房的信息全部保存在 li class＝'clear'里面，如图 18-1 所示。找到规律，方便 Beautiful Soup 库解析网页。

图 18-1　链家网页界面以及 HTML 标签特征

　　确定了 URL，接下来再分析如何请求和下载网页。通过上面的分析可知，需要网页响应的全部内容，以便从里面取出每条在售房源的基本信息。在这个案例中，选取了 Python 中功能更强大的 Requests 库，当然也可以用 urllib 库。

　　为了尽可能地模拟真实请求，在这个案例中请求的时候加了 header，header 中定制 User-Agent 信息，不过由于爬虫程序规模不大，被封禁（ban）的可能性很低，因此只写了一个固定的 useragent。如果要大规模地使用 useragent，可以使用 Python 的 fake-useragent 库。接下来请求添加 HTTP 头部，只要简单地传递一个 dict 给 headers 参数就可以了。需要注意的是，所有的 header 值必须是 string、bytestring 或者 unicode。尽管传递 Unicode header 也是允许的，但不建议这样做。

　　此外，Requests 在许多方面做了优化，比如对字符集解码时，Requests 会自动解码来自服务器的内容。大多数 Unicode 字符集都能被无缝地解码，所以在大部分情况下，都可以忽略字符集的问题。

　　【提示】　请求发出后，Requests 会基于 HTTP 头部对响应的编码作出有根据的推测。当访问 r. text 之时，Requests 会使用其推测的文本编码。可以找出 Requests 使用了什么编码，并且能够使用 r. encoding 属性来改变它。如果改变了编码，每当访问 r. text，Request 都将会使用 r. encoding 的新值。我们可能希望在使用特殊逻辑计算出文本的编码的情况下来修改编码。比如 HTTP 和 XML 自身可以指定编码。这样的话，应该使用 r. content 来找到编码，然后设置 r. encoding 为相应的编码。这样就能使用正确地编码解析 r. text 了。

　　接下来再分析如何定位正文元素，使用开发者模式来查看元素（见图 18-2），发现可以使用 houseInfo、priceInfo、followInfo 这几个 class 名称的值来定位房屋基本信息、价格、关注度这几个维度的数据。简单地搜索页面 HTML,发现这几个 className 没有在其他地方体现,指向很清楚,所以可以选用一个简单的 HTML 解析工具,在这里选取了 BeautifulSoup(简称 bs4)。用 BeautifulSoup 的 find_all,比如 soup.find_all('div',class_＝ 'priceInfo'),就可以提取到需要的数据。BeautifulSoup 的 find_all 获取到的是一个 list 类型的数据,在使用的时候需要注意。

```
▼<div class="info clear">
  ▶<div class="title">…</div>
  ▼<div class="address"> == $0
    ▼<div class="houseInfo">
        <span class="houseIcon"></span>
        <a href="https://sy.lianjia.com/xiaoqu/3111058356603/" target="_blank" data-log_index="1" data-el="region">阳光尚城4.1期 </a>
        " | 2室2厅 | 98.26平米 | 南 北 | 精装"
    </div>
  </div>
  ▶<div class="flood">…</div>
  ▼<div class="followInfo">
      <span class="starIcon"></span>
      "517人关注 / 共34次带看 / 4个月以前发布"
  </div>
  ▶<div class="tag">…</div>
  ▼<div class="priceInfo">
    ▼<div class="totalPrice">
        <span>81</span>
        "万"
    </div>
    ▶<div class="unitPrice" data-hid="102100610102" data-rid="3111058356603" data-price="8244">…</div>
  </div>
  ::after
  </div>
  ▶<div class="listButtonContainer">…</div>
```

图 18-2　开发者模式下的二手房基本信息

18.1.2　地址转换成经纬度

由于爬虫获取到的只有小区名称,不能精确展示到地图上,因此,需要对地址进行转换,变成经纬度。地址转经纬度的接口,各地图厂商均有提供,使用方法也大同小异,一般也都有免费使用次数,比如百度地图 API,接口免费使用次数是 10000 次/天,按抓到数据的量级,免费的次数已经够用。

下面介绍百度正地理编码服务 API 的用法,正地理编码服务提供将结构化地址数据转换为对应坐标点(经纬度)功能,参考文档为 http://lbsyun.baidu.com/index.php? title＝webapi/guide/webservice-geocoding。

使用方法:

(1) 申请百度账号;

(2) 申请成为百度开发者;

(3) 获取服务密钥(ak);

(4) 发送请求,使用服务。

在使用时首先需要申请百度开发者平台账号以及该应用的 ak,申请地址为 http:// lbsyun.baidu.com/。需要注册百度地图 API 以获取免费的密钥,才能完全使用该 API,因为是按小区名称去调用地图 API 获取经纬度,而同一个小区名称在全国其他城市也会有重名的小区,所以在调用地图接口的时候需要指定城市,这样才会避免获取到的坐标值分布在全国的情况。接口示例如下。

http://api.map.baidu.com/geocoder/v2/?address = 北京市海淀区上地十街 10 号 &output = json&ak = 您的 ak&callback = showLocation //GET 请求

请求参数主要包括：

- address，待解析的地址。最多支持 84 字节。可以输入两种样式的值，分别是：①标准的结构化地址信息，如北京市海淀区上地十街十号【推荐，地址结构越完整，解析精度越高】。②支持"*路与*路交叉口"描述方式，如北一环路和阜阳路的交叉路口。第 2 种方式并不总是有返回结果，只有当地址库中存在该地址描述时才有返回。
- city，地址所在的城市名。用于指定上述地址所在的城市，当多个城市都有上述地址时，该参数起到过滤作用，但不限制坐标召回城市。
- ak，用户申请注册的 key，自 v2 开始参数修改为"ak"，之前版本参数为"key"。
- output，输出格式为 json 或者 xml。

返回结果参数：

- status，返回结果状态值，成功返回 0，其余状态可以查看官方文档。
- location，经纬度坐标，lat：纬度值；lng：经度值。

学习完该 API 的基本用法，我们就可以着手编写了，将这个功能单独写成一个方法，爬虫解析完数据存储之前调用，见爬虫代码例 18-1，getlocation() 方法。

18.1.3 编写代码

通过以上的分析和学习，我们就可以编写代码了，如上面所说，用到的 requests、bs4、百度地图 API 等，解析具体字段的时候用到了正则表达式，数据存储可以放在 CSV 文件中，方便在绘制热力图的时候使用。爬虫代码见例 18-1。

【例 18-1】 lianjiasyfj.py，链家沈阳房价抓取程序。

```
from bs4 import BeautifulSoup
import requests
import csv
import re
def getlocation(name):                          #调用百度 API 查询位置
    bdurl = 'http://api.map.baidu.com/geocoder/v2/?address = '
    output = 'json'
    ak = '你的密匙'                              #输入你刚才申请的密匙
    ak = 'VMfQrafP4qa4VFgPsbm4SwBCoigg6ESN'     #输入你刚才申请的密匙
    callback = 'showLocation'
    uri = bdurl + name + '&output = t' + output + '&ak = ' + ak + '&callback = ' + callback + '&city = 沈阳'
    print (uri)
    res = requests.get(uri)
    s = BeautifulSoup(res.text)
    lng = s.find('lng')
    lat = s.find('lat')
```

```
        if lng:
            return lng.get_text() + ',' + lat.get_text()


url = 'https://sy.lianjia.com/ershoufang/pg'
header = {'User - Agent':'Mozilla/5.0 (Windows NT 6.1; Win64; x64) AppleWebKit/537.36
(KHTML, like Gecko) Chrome/68.0.3440.106 Safari/537.36'}          #请求头,模拟浏览器登录
page = list(range(0,101,1))
p = []
hi = []
fi = []
for i in page:                                            #循环访问链家的网页
    response = requests.get(url + str(i),headers = header)
    soup = BeautifulSoup(response.text)
    #提取价格
    prices = soup.find_all('div',class_ = 'priceInfo')
    for price in prices:
        p.append(price.span.string)

    #提取房源信息
    hs = soup.find_all('div',class_ = 'houseInfo')
    for h in hs:
        hi.append(h.get_text())

    #提取关注度
    followInfo = soup.find_all('div',class_ = 'followInfo')
    for f in followInfo:
        fi.append(f.get_text())
    print(i)

print(p)
print(hi)
print(fi)
# houses = []                                             #定义列表用于存放房子的信息
n = 0
num = len(p)

file = open('syfj.csv', 'w', newline = '')
headers = ['name', 'loc', 'style', 'size', 'price', 'foc']
writers = csv.DictWriter(file, headers)
writers.writeheader()
while n < num:                                            #循环将信息存放进列表
    h0 = hi[n].split('|')
    name = h0[0]
    loc = getlocation(name)
    style = re.findall(r'\s\d.\d.\s', hi[n])              #用到了正则表达式提取户型
    if style:
        style = style[0]
    size = re.findall(r'\s\d + \.?\d + ',hi[n])           #用到了正则表达式提取房子面积
```

```
    if size:
        size = size[0]
    price = p[n]
    foc = re.findall(r'^SymbolYCp\d + ',fi[n])[0]  # #用到了正则表达式提取房子的关注度
    house = {
        'name': '',
        'loc': '',
        'style': '',
        'size': '',
        'price': '',
        'foc': ''
    }
    #将房子的信息放进一个 dict 中
    house['name'] = name
    house['loc'] = loc
    house['style'] = style
    house['size'] = size
    house['price'] = price
    house['foc'] = foc
    try:
        writers.writerow(house)  # 将 dict 写入到 csv 文件中
    except Exception as e:
        print (e)
        # continue
    n += 1
    print(n)
file.close()
```

Requests 模块在这个案例中，用的是最基本的 requests.get()方法，构造一个基本的 HTTP get 请求。

在解析的时候，用到的 BeautifulSoup 库，是 Python 爬虫很常用的解析 HTML 的工具，官方解释为"Beautiful Soup 提供一些简单的、Python 式的函数用来处理导航、搜索、修改分析树等功能。它是一个工具箱，通过解析文档为用户提供需要抓取的数据，因为简单，所以不需要多少代码就可以写出一个完整的应用程序。Beautiful Soup 自动将输入文档转换为 Unicode 编码，输出文档转换为 utf-8 编码。你不需要考虑编码方式，除非文档没有指定一个编码方式，这时，Beautiful Soup 就不能自动识别编码方式了。然后，你仅仅需要说明原始编码方式就可以了。Beautiful Soup 已成为和 lxml、html6lib 一样出色的 Python 解释器，为用户灵活地提供不同的解析策略或强劲的速度。"

Beautiful Soup 将复杂 HTML 文档转换成一个复杂的树状结构，每个节点都是 Python 对象，所有对象可以归纳为 4 种：Tag、NavigableString、BeautifulSoup、Comment。

- Tag：通俗地讲就是 HTML 中的一个个标签。每个 Tag 有两个重要的属性 name 和 attrs，name 指标签的名字或者 tag 本身的 name，attrs 通常指一个标签的 class。
- NavigableString：获取标签内部的文字，如 soup.p.string。

- BeautifulSoup：表示一个文档的全部内容。
- Comment：Comment 对象是一个特殊类型的 NavigableString 对象，其输出的内容不包括注释符号。

BeautifulSoup 主要用来遍历子节点及子节点的属性，通过点取属性的方式只能获得当前文档中的第一个 tag，例如，soup. li。如果想要得到所有的<li>标签，或是通过名字得到比一个 tag 更多的内容的时候，就需要用到 find_all()，find_all() 方法搜索当前 tag 的所有 tag 子节点，并判断是否符合过滤器的条件 find_all() 所接受的参数如下：

```
find_all(name, attrs, recursive, string, ** kwargs)
```

find_all() 几乎是 Beautiful Soup 中最常用的搜索方法。以下是 find_all() 常见的用法：

- 按 name 搜索：name 参数可以查找所有名字为 name 的 tag，字符串对象会被自动忽略掉：soup. find_all("li")
- 按 id 搜索：如果包含一个名字为 id 的参数，搜索时会把该参数当作指定名字 tag 的属性来搜索：soup. find_all(id='link2')
- 按 attr 搜索：有些 tag 属性在搜索不能使用，比如 HTML5 中的 data-* 属性，但是可以通过 find_all() 方法的 attrs 参数定义一个字典参数来搜索包含特殊属性的 tag：data_soup. find_all(attrs={"data-foo": "value"})
- 按 CSS 搜索：按照 CSS 类名搜索 tag 的功能非常实用，但标识 CSS 类名的关键字 class 在 Python 中是保留字，使用 class 做参数会导致语法错误. 从 Beautiful Soup 的 4.1.1 版本开始，可以通过 class_ 参数搜索有指定 CSS 类名的 tag：soup. find_all('li', class_="have-img")
- string 参数：通过 string 参数可以搜搜文档中的字符串内容. 与 name 参数的可选值一样，string 参数接受 字符串，正则表达式，列表，True。看例子：soup. find_all("a", string="Elsie")
- recursive 参数：调用 tag 的 find_all() 方法时，Beautiful Soup 会检索当前 tag 的所有子孙节点，如果只想搜索 tag 的直接子节点，可以使用参数 recursive=False. 如：soup. find_all("title", recursive=False)

【提示】

1. find_all()方法很常用，可以使用其简写方法，soup. find_all("a")和 soup("a")等价。

2. get_text()方法也比较常用，如果只想得到 tag 中包含的文本内容，那么可以用此方法，这个方法获取到 tag 中包含的所有文版内容包括子孙 tag 中的内容，并将结果作为 Unicode 字符串返回，用法：tag. p. a. get_text()。

18.1.4　数据下载结果

由于链家限制未登录用户查看的页数为 100 页，所以将爬虫中页数限制为 100，运行脚本，如果触发了目标网站的发爬，可以尝试将时间间隔设置长一点，待爬取完成之后，在项目文件夹下看到输出文件 syfj.csv，部分样例见图 18-3。

	A	B	C	D	E	F
1	name	loc	style	size	price	foc
2	御泉华庭	123.469293676, 41.8217831815	4室2厅	188	235	131
3	雍熙金园	123.514657521, 41.7559905968	3室1厅	114.45	105	37
4	金地檀溪		3室2厅	123.97	168	76
5	格林生活坊一期	123.399860338, 41.7523981056	3室2厅	136.56	212	4
6	格林生活坊三期	123.403824342, 41.7530579154	3室2厅	119.94	208	12
7	沿海赛洛城	123.466932152, 41.7359842248	1室0厅	53.73	44.5	170
8	河畔花园	123.44647624, 41.7626893176	2室2厅	119.46	95	92
9	格林英郡	123.398062037, 41.7313954715	2室2厅	72.8	76	63
10	锦绣江南	123.467625065, 41.7721605513	2室1厅	74	58	108
11	越秀星汇蓝海	123.392916381, 41.7443826647	2室1厅	78.49	123	5
12	沿海赛洛城	123.466932152, 41.7359842248	1室1厅	65.29	61.5	55
13	万科鹿特丹	123.40598605, 41.735764965	2室2厅	91.99	148	14
14	第一城F组团	123.353059079, 41.8133700476	1室1厅	54.85	60	17
15	金地国际花园	123.492244161, 41.7499846845	2室1厅	97.43	115	318
16	阳光尚城4.1期	123.404506578, 41.8694649509	2室2厅	98.26	81	166
17	第一城A组团	123.353059079, 41.8133700476	3室1厅	98.59	94	97
18	格林生活坊三期	123.403824342, 41.7530579154	3室2厅	109.67	178	4
19	万科城二期	123.398145174, 41.7557053445	3室2厅	127.25	190	8
20	新世界花园朗怡居	123.427037331, 41.7630801404	4室2厅	160.26	260	20
21	SR国际新城	123.458870231, 41.738396671	2室1厅	91.08	83	23
22	锦绣江南	123.467625065, 41.7721605513	4室3厅	162.46	105	63
23	首创国际城	123.45412981, 41.7393217732	4室2厅	186.22	200	5
24	第五大道花园	123.469323482, 41.7747212688	3室2厅	134.86	140	22
25	华茂中心	123.470507089, 41.6942226532	1室1厅	42.6	42.5	11

图 18-3　链家爬虫的输出

18.2　绘制热力图

数据可视化是对于大数据渲染的一个形象表达形式。本章使用 ECharts，以房源关注度为维度，绘制热力图。百度地图制作热力图的官方文档 URL 为 http://developer. baidu.com/map/jsdemo.htm♯c1_15％E3％80％82。

通过介绍，可以发现，热力图点的数据部分为：

```
var points = [
    {"lng": 123.469293676, "lat": 41.8217831815, "count": 131},
    {"lng": 123.514657521, "lat": 41.7559905968, "count": 37},
    ...
]
```

所以要将存储在 csv 中的数据输出成这样的格式，代码如例 18-2 所示（将二手房的关注度作为 count 的值）。

【例 18-2】　读取 csv 文件中的经纬度并转换成热力图需要的数据格式，csv2js.py。

```
import csv

reader = csv.reader(open('syfj.csv'))
```

```
for row in reader:
    loc = row[1]
    sloc = loc.split(',')
    lng = ''
    lat = ''
    if len(sloc) == 2:  #第一行是列名需要做判断
        lng = sloc[0]
        lat = sloc[1]
        count = row[5]
        out = '{\"lng\":' + lng + ',\"lat\":' + lat + ',\"count\":' + count + '},'
        print(out)
```

例 18-2 这几行代码将爬虫输出的 csv 文件中的地理坐标,格式化成了热力图需要的数据格式,输出位置在 console 中,运行完成之后替换 HTML 中的 points 值。

运行之后,在编译器中会输出格式化好的经纬度信息,如图 18-4 所示。

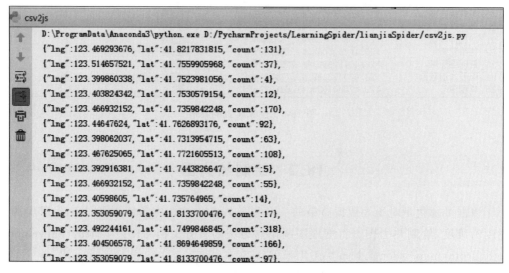

图 18-4　csv 文件读取地理坐标并格式化的输出结果

在例 18-1 以及例 18-2 中,使用了 csv 模块来读写数据,csv 文件格式是一种通用的电子表格和数据库导入导出格式。Python 的 csv 模块可以满足大部分 csv 相关操作。下面总结 csv 的基本操作步骤。

1. 写入 csv 文件

```
import csv
csvfile = open("test.csv", 'w')
csvwrite = csv.writer(csvfile)
fileHeader = ["id", "score"]
d1 = ["1", "100"]
```

```
d2 = ["2", "99"]
csvwrite.writerow(fileHeader)
csvwrite.writerow(d1)
csvwrite.writerow(d1)
csvfile.close()
```

2. 续写 csv 文件

```
import csv
add_info = ["3", "98"]
csvFile = open("test.csv", "a")
writer = csv.writer(csvFile)
writer.writerow(add_info)
csvFile.close()
```

3. 字典读入

```
import csv
data = open("test.csv",'r')
dict_reader = csv.DictReader(data)
for i in dict_reader:
    print (i)
#>>> {'score': '100', 'id': '1'}
#>>> {'score': '99', 'id': '2'}
```

4. 读某一列

```
import csv
data = open("test.csv",'r')
dict_reader = csv.DictReader(data)
col_score = [row['score'] for row in dict_reader]
```

【提示】 除了 csv 模块，pandas 也可以读写 csv，第三方 pandas 也是 Python 数据处理中经常用到的模块，功能很强大，内容很丰富，请读者自行查阅相关文档 https://pandas.pydata.org/。

在格式化地理坐标之后，新建一个 HTML 文件，将百度 API 中的示例代码复制进去，将 var points 中的点值换成刚才输出的值。最后，因为百度由于百度地图 JavaScript API 热力图默认的是以北京为中心的地图，而数据是沈阳的，所以这里还需要对热力图中"设置中心点坐标和地图级别"的部分进行修改。修改 BMap. Point 中的值为沈阳市中心的值，修改级别为 12。

```
var map = new BMap.Map("container");                    // 创建地图实例

var point = new BMap.Point(123.48, 41.8);
map.centerAndZoom(point, 12);                           // 初始化地图,设置中心点坐标和地图级别
map.setCurrentCity("沈阳");                              //设置当前显示城市
map.enableScrollWheelZoom();                            // 允许滚轮缩放
```

完整的 HTML 代码如下例 18-3,其中的 ak 为在 16.1.2 节申请的 key,坐标点数值显示 3 条。

【例 18-3】 沈阳二手房关注度热力图 hotdata.html。

```
<! DOCTYPE html >
< html lang = "en">
< head >
    <! DOCTYPE html >
    < html >
    < head >
        < meta http - equiv = "Content - Type" content = "text/html; charset = utf - 8"/>
        < meta name = "viewport" content = "initial - scale = 1.0, user - scalable = no"/>
        <! -- < script type = "text/javascript" src = "http://api.map.baidu.com/api?v =
2.0&ak = 这里是自己的 ak 码"></script > -->
        < script type = "text/javascript"
                src = "http://api.map.baidu.com/api?v = 2.0&ak = A5ea0e9c8ffa101d232686-
0328b6a5dd"></script >
        < script type = "text/javascript" src = "http://api.map.baidu.com/library/Heatmap/
2.0/src/Heatmap_min.js"></script >
        < title >热力图功能示例</title >
        < style type = "text/css">
            ul, li {
                list - style: none;
                margin: 0;
                padding: 0;
                float: left;
            }

            html {
                height: 100 %
            }

            body {
                height: 100 % ;
                margin: 0px;
                padding: 0px;
                font - family: "微软雅黑";
            }

            # container {
```

```
                    height: 100%;
                    width: 100%;
                }

                #r-result {
                    width: 100%;
                }
        </style>
    </head>
<body>
<div id="container"></div>
<div id="r-result" style="display:none">
    <input type="button" onclick="openHeatmap();" value="显示热力图"/>
    <input type="button" onclick="closeHeatmap();" value="关闭热力图"/>
</div>
</body>
</html>
<script type="text/javascript">
    var map = new BMap.Map("container");         // 创建地图实例

    var point = new BMap.Point(123.48, 41.8);
    map.centerAndZoom(point, 12);                //初始化地图,设置中心点坐标和地图级别
    map.setCurrentCity("沈阳");                   //设置当前显示城市
    map.enableScrollWheelZoom();                 //允许滚轮缩放


    var points = [
        {"lng": 123.469293676, "lat": 41.8217831815, "count": 131},
        {"lng": 123.514657521, "lat": 41.7559905968, "count": 37},
        {"lng": 123.399860338, "lat": 41.7523981056, "count": 4},
    ];                                           //这里面添加经纬度


    if (!isSupportCanvas()) {
        alert('热力图目前只支持有canvas支持的浏览器,您所使用的浏览器不能使用热力图
功能~')
    }
    //详细的参数,可以查看 heatmap.js 的文档 https://github.com/pa7/heatmap.js/blob/
master/README.md
    //参数说明如下:
    /* visible 热力图是否显示,默认为 true
     * opacity 热力的透明度,1-100
     * radius 势力图的每个点的半径大小
     * gradient {JSON} 热力图的渐变区间 . gradient 如下所示
     * {
    .2:'rgb(0, 255, 255)',
    .5:'rgb(0, 110, 255)',
    .8:'rgb(100, 0, 255)'
```

```
        }
    其中 key 表示插值的位置, 0～1
    value 为颜色值
    */
    heatmapOverlay = new BMapLib.HeatmapOverlay({"radius": 30, "visible": true});
    map.addOverlay(heatmapOverlay);
    heatmapOverlay.setDataSet({data: points, max: 100});

    //closeHeatmap();


    //判断浏览区是否支持 canvas
    function isSupportCanvas() {
        var elem = document.createElement('canvas');
        return !!(elem.getContext && elem.getContext('2d'));
    }

    function setGradient() {
        /* 格式如下
        {
        0:'rgb(102, 255, 0)',
        .5:'rgb(255, 170, 0)',
        1:'rgb(255, 0, 0)'
        } */
        var gradient = {};
        var colors = document.querySelectorAll("input[type='color']");
        colors = [].slice.call(colors, 0);
        colors.forEach(function (ele) {
            gradient[ele.getAttribute("data-key")] = ele.value;
        });
        heatmapOverlay.setOptions({"gradient": gradient});
    }

    function openHeatmap() {
        heatmapOverlay.show();
    }

    function closeHeatmap() {
        heatmapOverlay.hide();
    }
</script>
</body>
</html>
```

最后,用浏览器打开该 HTML 文件,可以看到热力图效果如图 18-5 所示。

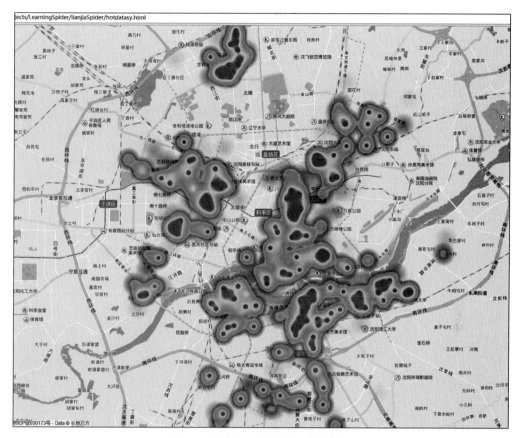

图 18-5 沈阳二手房关注度热力图

18.3 本 章 小 结

本章使用了 Requests 加上 BeautifulSoup 的组合来抓取链家二手房信息，并以关注度为维度绘制了热力图，通过数据可视化操作，使爬取到的数据能更直观的解读，同时对爬虫程序中用到的模块做了一些简单的介绍，本章中出现的 Python 库在爬虫程序中经常用到，在日常学习中掌握这些常用模块的基本用法是很有用的。

参 考 文 献

［1］　SHARDA R，DELEN D，TURBAN E. Business intelligence and analytics：systems for decision support［M］. 10th Edition. New York：Pearson Education Limited，2014.

［2］　姜枫，许桂秋.大数据可视化技术［M］.北京：人民邮电出版社，2019.

图书资源支持

感谢您一直以来对清华版图书的支持和爱护。为了配合本书的使用，本书提供配套的资源，有需求的读者请扫描下方的"书圈"微信公众号二维码，在图书专区下载，也可以拨打电话或发送电子邮件咨询。

如果您在使用本书的过程中遇到了什么问题，或者有相关图书出版计划，也请您发邮件告诉我们，以便我们更好地为您服务。

我们的联系方式：

地　　址：北京市海淀区双清路学研大厦 A 座 714

邮　　编：100084

电　　话：010-83470236　010-83470237

客服邮箱：2301891038@qq.com

QQ：2301891038（请写明您的单位和姓名）

资源下载：关注公众号"书圈"下载配套资源。

资源下载、样书申请

书圈

图书案例

清华计算机学堂

观看课程直播